GAODENG SHUXUE

高等数学

主　编　冯　梅

副主编　管颂东　宋然兵　张学兵

主　审　于正权

西北工業大學出版社

【内容简介】 本书共分 8 章，内容包括函数的极限与连续、导数与微分、导数的应用、积分及其应用、常微分方程、级数、向量与空间解析几何、线性代数等.

本书适合高职高专理工科类、经济管理类等专业的师生使用，同时也可供自学者参考.

图书在版编目（CIP）数据

高等数学/冯梅主编．—西安：西北工业大学出版社，2015.8(2019.1 重印)
ISBN 978－7－5612－4573－6

Ⅰ．①高…　Ⅱ．①冯…　Ⅲ．①高等数学—高等职业教育—教材　Ⅳ．①O13

中国版本图书馆 CIP 数据核字(2015)第 209355 号

出版发行：西北工业大学出版社
通信地址：西安市友谊西路 127 号　　邮编：710072
电　　话：(029)88493844　88491757
网　　址：www.nwpup.com
印 刷 者：兴平市博闻印务有限公司
开　　本：787 mm×1 092 mm　1/16
印　　张：11.875
字　　数：284 千字
版　　次：2015 年 9 月第 1 版　　2019 年 1 月第 3 次印刷
定　　价：30.00 元

前 言

为满足高等教育大众化阶段高职高专数学教学的需要，我们以教育部制定的《高职高专教育高等数学课程教学基本要求》为依据，以培养学生必要的数学素养为前提，结合高职高专学制短、学时少的教学特点，编写了本书．

本书注重由实际问题引入概念，重视数学在实践中的应用，强化了学生对数学知识的应用，激发其学习兴趣，从而有利于应用能力的提高．

本书在内容的组织和结构设计上注重循序渐进的原则，语言表述通俗易懂，有利于学生课后阅读和进一步的提高训练．全书精心设计内容，大胆改革创新，在保证主线完整的前提下，删除了一些较难的、不必要的内容，使其符合高职高专教学与学生学习的特点．在例题、习题的选择安排上，都围绕理解基本概念、掌握基本运算方法为目标展开．

本书不注重数学概念的严密推理，避免繁杂的理论证明，对有利于培养学生思维能力的定理证明或说明，尽可能做到表达确切、思路清晰，使学生从已有的知识当中理解其来龙去脉，并获得解决问题的能力，使数学教育不仅具备工具功能，还具备思维训练、综合素质提高的功能．

本书由淮安信息职业技术学院冯梅教授任主编，管颂东、宋然兵及张学兵副教授任副主编，于正权主审了本书．在编写过程中还得到了数理教研室其他同仁的大力支持，在此一并表示感谢；编写本书曾参阅了相关书籍资料，向其作者深致谢忱．

由于水平有限，难免存在疏漏与不足之处，敬请各位专家与读者批评指正．

编　者

2015 年 5 月

目　录

第1章　函数的极限与连续

第1节　函数及其性质

一、函数的概念

(一)函数的定义

1. 函数定义

定义 1.1　在某一变化过程中有两个变量 x 和 y，如果对于给定的非空数集 D 中的每一个值 x，按照一定的规律，总有唯一的值 y 与它对应，则称 y 是 x 的函数，并且记作 $y=f(x)$. 其中 x 叫做函数的自变量，f 是函数符号，表示 y 与 x 的对应规律，数集 D 叫做函数的定义域，数集 $\{f(x) \mid x \in D\}$ 叫做函数的值域.

对应法则和定义域是函数的两个要素. 只有两个要素都相同，函数才相同.

例 1　下列函数是否相同，为什么？

(1) $f(x)=x$ 与 $g(x)=\sqrt{x^2}$；

(2) $y=x+1$ 与 $y=\dfrac{x^2-1}{x-1}$.

解　(1) 因为 $f(x)=x$，而 $g(x)=|x|$，两函数的对应法则不同，所以是不相同的函数；(2) 因为两函数的定义域不同，所以是不相同的函数.

说明　$x=a$ 所对应的 y，叫 $x=a$ 时的函数值，记为 $f(a)$ 或 $y\Big|_{x=a}$.

例 2　已知 $f(x)=\dfrac{x-1}{x+1}$ 求 $f(0)$，$f(2)$，$f(-x)$，$f(x+1)$.

解　$f(0)=\dfrac{0-1}{0+1}=-1$，　$f(2)=\dfrac{2-1}{2+1}=\dfrac{1}{3}$

$f(-x)=\dfrac{-x-1}{-x+1}=\dfrac{x+1}{x-1}$，　$f(x+1)=\dfrac{x+1-1}{x+1+1}=\dfrac{x}{x+2}$

2. 函数的表示

常用的函数表示法有解析法(公式法)、表格法和图形法.

(1) 用数学表达式表示自变量与对应函数值关系的方法叫做解析法，也叫公式法；

(2) 将自变量值与对应函数值关系列成表格的方法叫做表格法；

(3) 用图形来表示自变量与对应函数值关系的方法叫做图形法.

例 3 设一矩形面积为 A，建立周长 s 与宽 x 的函数.

解 $s=2(x+\frac{A}{x}),x\in(0,+\infty)$.

3. 分段函数

在解决实际问题时，有些函数在定义域的不同范围内用不同的解析式表示，这样的函数称为分段函数. 对分段函数求函数值时，应把自变量的值代入相应范围的表达式中去计算.

例 4 分段函数 $y=f(x)=\begin{cases}2\sqrt{x}, & 0\leqslant x\leqslant 1\\ 1+x, & x>1\end{cases}$，求 $f(\frac{1}{2}),f(1),f(3)$.

解 $f(\frac{1}{2})=2\sqrt{\frac{1}{2}}=\sqrt{2},f(1)=2\sqrt{1}=2,f(3)=1+3=4$

例 5 某工厂生产某种产品，年产量为 x 台，每台售价 250 元，当年产量 600 台以内时，可以全部售出，当年产量超过 600 台时，经广告宣传又可再多售出 200 台，每台平均广告费 20 元，生产再多，本年就再售不出去. 建立年销售总收入 R 与年产量 x 的函数关系.

解 (1) 当 $0\leqslant x\leqslant 600$ 时，$R=250x$；

(2) 当 $600<x\leqslant 800$ 时，$R=250x-20(x-600)=230x+12\,000$；

(3) 当 $x>800$ 时，$R=230\times 800+12\,000=196\,000$.

故
$$R=\begin{cases}250x, & 0\leqslant x\leqslant 600\\ 230x+12\,000, & 600<x\leqslant 800\\ 196\,000, & x>800\end{cases}$$

4. 求函数定义域

函数定义域是确定函数的要素之一，在研究函数时，只有在函数定义域内进行研究才有意义. 求函数定义域，即解相应的不等式(组).

例 6 求下列函数的定义域.

(1) $f(x)=\sqrt{4-x^2}$；

(2) $f(x)=\ln(1-x)+\sqrt{x+2}$.

解 (1) 由 $4-x^2\geqslant 0$，得 $-2\leqslant x\leqslant 2$，故函数的定义域为 $D=\{x|-2\leqslant x\leqslant 2\}$.

(2) 由 $\begin{cases}1-x>0\\ x+2\geqslant 0\end{cases}$，得 $-2\leqslant x<1$，故函数的定义域为 $D=\{x|-2\leqslant x<1\}$.

(二) 区间的相关概念

1. 区间

(1) 闭区间 $[a,b]=\{x|a\leqslant x\leqslant b,x\text{为实数}\}$.

(2) 开区间 $(a,b)=\{x|a<x<b,x\text{为实数}\}$.

(3) 半闭半开 $[a,b)=\{x|a\leqslant x<b,x\text{为实数}\}$.

由此，例 6 的定义域可分别表示为 $[-2,2]$ 及 $[-2,1)$.

2. 邻域

(1) 设 δ 为任一正数，开区间 $(x_0-\delta,x_0+\delta)$ 叫 x_0 的一个 δ 邻域，记为 $N(x_0,\delta)$.

(2) $(x_0-\delta,x_0)\cup(x_0,x_0+\delta)$ 叫 x_0 的一个 δ 空心邻域，记为 $N(\hat{x}_0,\delta)$.

二、函数的几种特性

(一) 单调性

定义 1.2　设函数 $y=f(x)$ 在区间 (a,b) 内有定义，如果对于 (a,b) 内任意两点 x_1 和 x_2，当 $x_1<x_2$ 时，有 $f(x_1)<f(x_2)$，则称函数 $f(x)$ 在 (a,b) 内是单调增加的；如果对于 (a,b) 内任意两点 x_1 和 x_2，当 $x_1<x_2$ 时，有 $f(x_1)>f(x_2)$，则称函数 $f(x)$ 在 (a,b) 内是单调减少的.

单调增加函数与单调减少函数统称为单调函数.

在几何上，单调增加函数的图形是随 x 的增加而上升的曲线；单调减少函数的图形是随 x 的增加而下降的曲线.

(二) 有界性

定义 1.3　设函数 $y=f(x)$ 在 D 上有定义，若存在正数 M，使得对于一切 $x\in D$，都有 $|f(x)|\leqslant M$，则称 $f(x)$ 在 D 上为有界函数，否则称 $f(x)$ 在 D 上为无界函数.

例如，$y=\sin x$，对一切 $x\in\mathbf{R}$ 都有 $|\sin x|\leqslant 1$，所以 $\sin x$ 是有界函数.

(三) 奇偶性

定义 1.4　设函数 $y=f(x)$ 在区间 D 上有定义，且 D 为关于原点对称的区间，那么

(1) 若对任何 $x\in D$，恒有 $f(-x)]=f(x)$，则称 $f(x)$ 为偶函数；

(2) 若对任何 $x\in D$，恒有 $f(-x)=-f(x)$，则称 $f(x)]$ 为奇函数.

在几何上，偶函数图形关于 y 轴对称，奇函数图形关于原点对称.

例如，$y=\cos x$ 在其定义域上是偶函数，因为 $\cos(-x)=\cos x$；$y=\sin x$ 在其定义域上是奇函数，因为 $\sin(-x)=-\sin x$；$y=x^2+x$ 在其定义域上是非奇非偶函数.

(四) 周期性

定义 1.5　设函数 $y=f(x)$ 的定义域为 D，如果存在一个不为零的常数 L，使得一切 $x\in D$，$x+L\in D$，都有 $f(x+L)=f(x)$ 成立，则称 $f(x)$ 在 D 上为周期函数，L 称为这个函数的周期.

通常，我们所说的周期函数的周期是指最小正周期，记为 T.

例如，$y=\sin x$ 和 $y=\cos x$ 是以 $T=2\pi$ 为周期的周期函数，$y=\tan x$ 和 $y=\cot x$ 是以 $T=\pi$ 为周期的周期函数.

三、基本初等函数

幂函数 $y=x^{\mu}$（μ 为实数）；指数函数 $y=a^x\,(a>0,a\neq 1)$；对数函数 $y=\log_a x\,(a>0,a\neq 1)$；三角函数 $y=\sin x$，$y=\cos x$，$y=\tan x$，$y=\cot x$，$y=\sec x$，$y=\csc x$ 及反三角函数 $y=\arcsin x$，$y=\arccos x$，$y=\arctan x$，$y=\operatorname{arccot} x$ 统称为基本初等函数. 其定义域、值域及特性见表 1-1.

表 1－1　基本初等函数的其定义域、值域及特性

函数	表达式	定义域与值域	图　形	特　性
幂函数	$y=x^{\mu}$	定义域与值域随μ的不同而不同，但不论μ取什么值，函数在$(0,+\infty)$内总有定义		若$\mu>0$，x^{μ}在$[0,+\infty)$单调增加；若$\mu<0$，x^{μ}在$(0,+\infty)$内的减少
指数函数	$y=a^{x}$ $a>0,a\neq 1$	$x\in(-\infty,+\infty)$ $y\in(0,+\infty)$	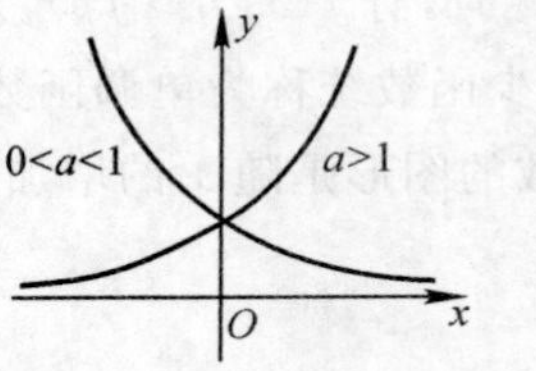	若$a>1$，a^{x}单调增加；若$0<a<1$，a^{x}单调减少
对数函数	$y=\log_a x$ $a>0,a\neq 1$	$x\in(0,+\infty)$ $y\in(-\infty,+\infty)$	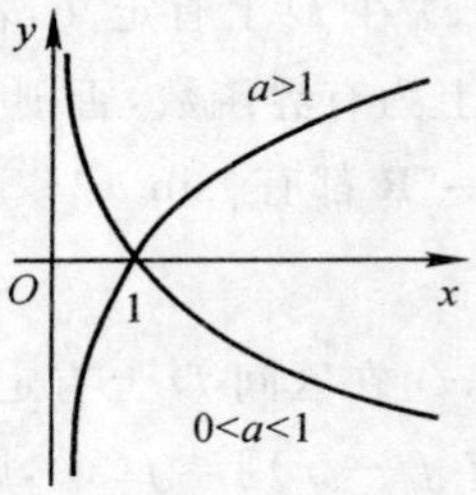	若$a>1$，$\log_a x$单调增加，若$0<a<1$，$\log_a x$单调减少
正弦函数	$y=\sin x$	$x\in(-\infty,+\infty)$ $y\in[-1,+1]$	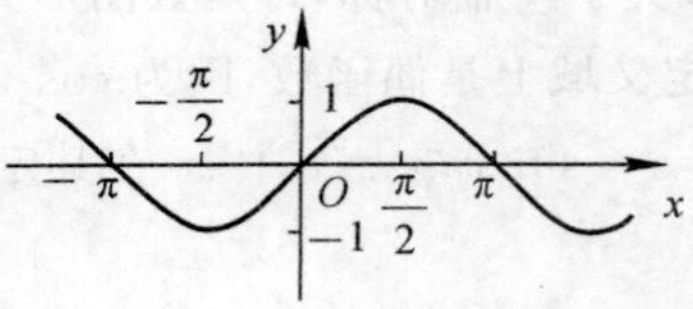	奇函数，周期为2π，有界，在$\left(2k\pi-\frac{\pi}{2},2k\pi+\frac{\pi}{2}\right)$内单调增加；在$\left(2k\pi+\frac{\pi}{2},2k\pi+\frac{3\pi}{2}\right)$内单调减少
余弦函数	$y=\cos x$	$x\in(-\infty,+\infty)$ $y\in[-1,+1]$	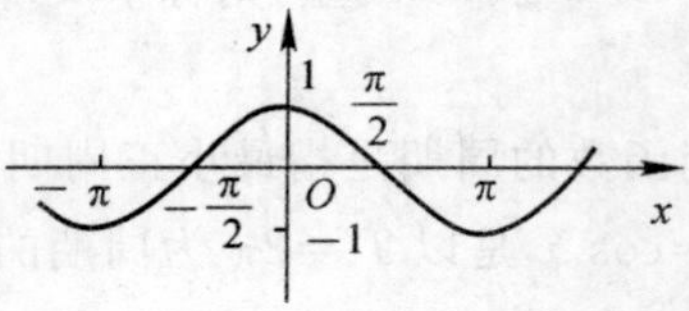	偶函数，周期为2π，有界，在$(2k\pi,2k\pi+\pi)$内单调减少；在$(2k\pi+\pi,2k\pi+2\pi)$内单调增加
正切函数	$y=\tan x$	$x\neq k\pi+\frac{\pi}{2}(k\in\mathbf{Z})$ $y\in(-\infty,+\infty)$	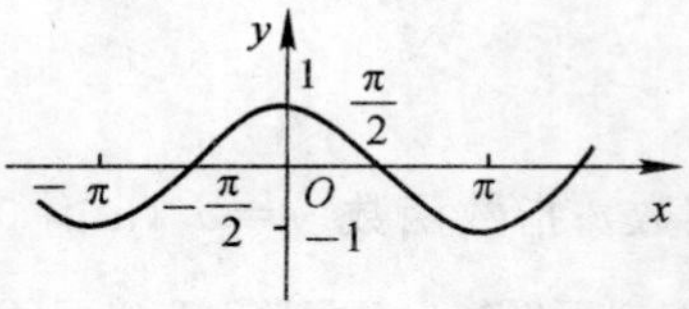	奇函数，周期为π. 在$\left(k\pi-\frac{\pi}{2},k\pi+\frac{\pi}{2}\right)$内单调增加

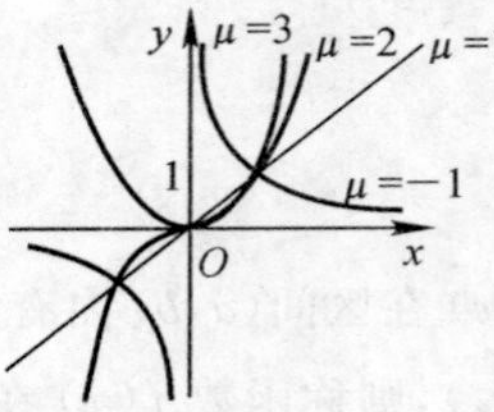

续表

函数	表达式	定义域与值域	图形	特性
余切函数	$y=\cot x$	$x\neq k\pi(k\in\mathbf{Z})$ $y\in(-\infty,+\infty)$	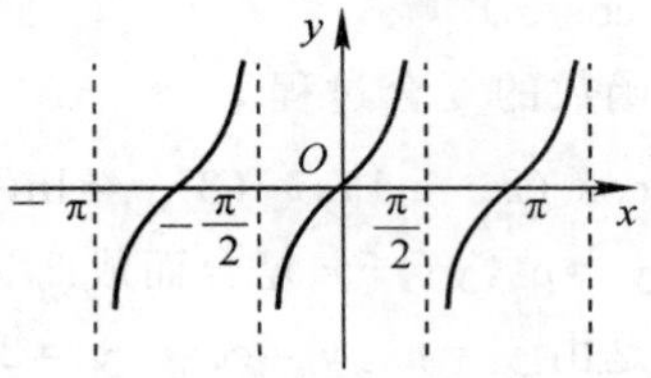	奇函数，周期为 π. 在 $(k\pi,k\pi+\pi)$ 内单调减少
反正弦函数	$y=\arcsin x$	$x\in[-1,+1]$ $y\in\left[-\frac{\pi}{2},\frac{\pi}{2}\right]$	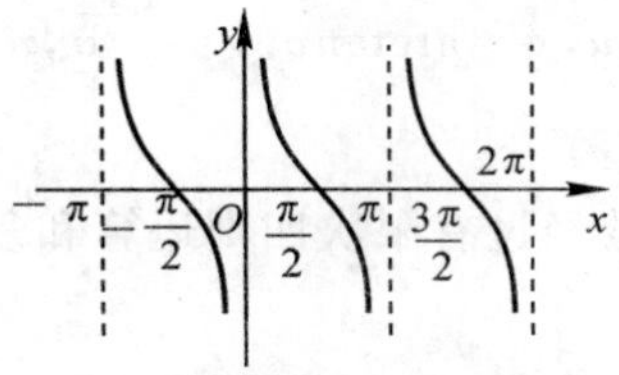	奇函数，单调增加，有界
反余弦函数	$y=\arccos x$	$x\in[-1,+1]$ $y\in[0,\pi]$	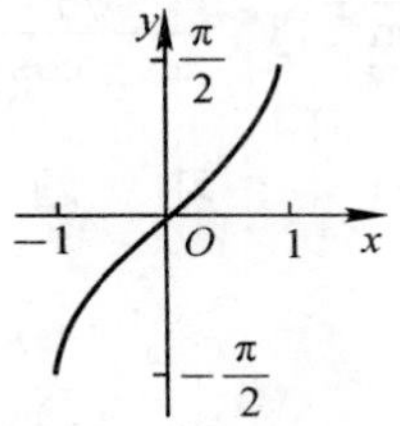	单调减少，有界
反正切函数	$y=\arctan x$	$x\in(-\infty,+\infty)$ $y\in\left(-\frac{\pi}{2},\frac{\pi}{2}\right)$	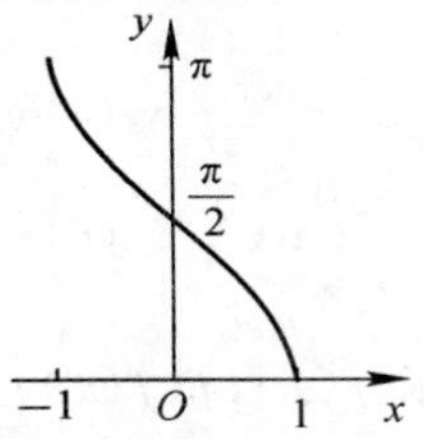	奇函数，单调增加，有界
反余切函数	$y=\operatorname{arccot} x$	$x\in(-\infty,+\infty)$ $y\in(0,\pi)$	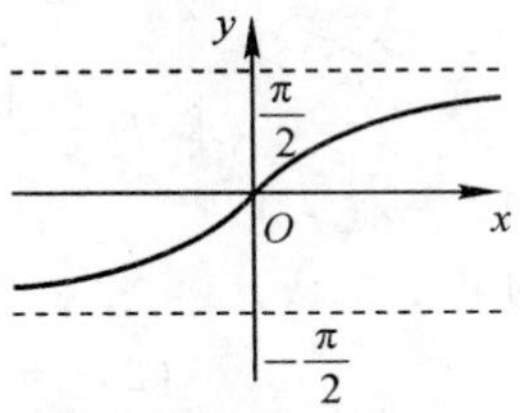	单调减少，有界

四、初等函数

(一) 复合函数

定义 1.6　设 y 是 u 的函数 $y=f(u)$，u 是 x 的函数 $u=\varphi(x)$，若 $y=f(u)$ 的定义域与 $u=\varphi(x)$ 的值域的交集非空，则 y 通过 u 成为 x 的函数，这个函数称为由 $y=f(u)$ 和 $u=\varphi(x)$ 构成的复合函数，记为 $y=f[\varphi(x)]$，其中 u 称为中间变量.

例 7　求 $y=u^2$ 与 $u=\cos x$ 构成的复合函数 .

解　将 $u=\cos x$ 代入 $y=u^2$ 中得到所求的复合函数为 $y=\cos^2 x$.

例 8 已知 $y=\ln u, u=4-v^2, v=\cos x$，将 y 表示成 x 的函数．

解 将 $v=\cos x$ 代入 $u=4-v^2$ 中得到 $u=4-\cos^2 x$，再将 $u=4-\cos^2 x$ 代入 $y=\ln u$，得到复合函数 $y=\ln(4-\cos^2 x)$．

例 9 指出下列复合函数的复合过程．

(1) $y=e^{5x}$； (2) $y=\cos^3(2x+1)$； (3) $y=\ln(\arctan\sqrt{x+1})$．

解 (1) $y=e^{5x}$ 是由 $y=e^u, y=5x$ 复合而成．

(2) $y=\cos^3(2x+1)$ 是由 $y=u^3, y=\cos v, y=2x+1$ 复合而成．

(3) 复合过程为 $y=\ln u, y=\arctan v, y=\sqrt{w}, w=x+1$．

（二）初等函数

由基本初等函数和常数经过有限次四则运算和复合而形成的，并且能用一个解析式表示的函数，称为初等函数．

例如，$y=\sqrt{\ln 5x-3^x+\sin^{2x}}$，$y=\dfrac{\sqrt[3]{x}}{x+\cos x}$ 都是初等函数，分段函数不是初等函数．

习 题 1-1

1. 求下列函数的定义域．

(1) $y=\dfrac{1-x}{\sqrt{4-x^2}}$； (2) $y=\arcsin\dfrac{x-1}{2}$；

(3) $y=\lg(x^2+2x-3)$； (4) $y=\sqrt{e^{2x}-1}$；

(5) $y=\begin{cases}1 & x, & -1\leqslant x<0\\ 1+x, & 0\leqslant x\leqslant 1\end{cases}$； (6) $y=\dfrac{1}{1-x^2}+\sqrt{x+2}$．

2. 设 $f(3-2x)=\dfrac{x}{1+x}$，求 $f(x), f(f(x)), f(0)$．

3. 设函数 $f(x)=\begin{cases}2x+1, & x<0\\ 0, & x=0\\ x^2-1, & x>0\end{cases}$，求 $f(-\dfrac{1}{2}), f(0), f(\dfrac{1}{2})$．

4. 写出下列函数的复合过程．

(1) $y=\sin(4x-3)$； (2) $y=(3-2x)^5$；

(3) $y=\tan^2\dfrac{x}{3}$； (4) $y=\cos\sqrt{\ln x}$；

(5) $y=3^{\arctan\frac{1}{x}}$； (6) $y=\ln[\ln(\ln x)]$．

第 2 节 极 限

一、函数的极限

（一）$x\to x_0$ 时函数的极限

1. $x\to x_0$ 时函数的极限

定义 1.7　设函数 $f(x)$ 在 x_0 的一个空心邻域内有定义(在 x_0 处可以没有定义),如果当 x 越来越接近 $x_0(x \neq x_0)$ 时,函数 $f(x)$ 越来越接近一个常数 A,则称函数 $f(x)$ 当 $x \to x_0$ 时以 A 为极限,记作 $\lim\limits_{x \to x_0} f(x) = A$ 或 $f(x) \to A(x \to x_0)$.

例 1　考察极限 $\lim\limits_{x \to x_0} x$ 和 $\lim\limits_{x \to x_0} C$($C$ 为常数).

解　观察图 1-1 知,当 $x \to x_0$ 时,$f(x) = x$ 的值无限接近于 x_0,$f(x) = C$ 的值无限接近于 C,所以 $\lim\limits_{x \to x_0} x = x_0$,$\lim\limits_{x \to x_0} C = C$.

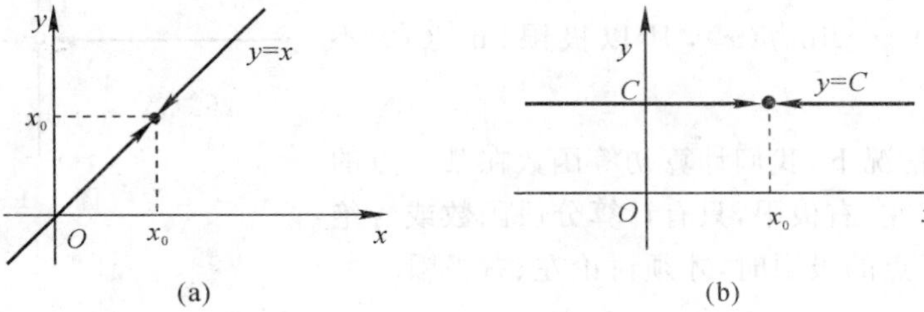

图　1-1

例 2　考察极限 $\lim\limits_{x \to 0} \sin x$ 和 $\lim\limits_{x \to 0} \cos x$.

解　观察图 1-2 知,当 $x \to 0$ 时,$f(x) = \sin x$ 的值无限接近于 0,$f(x) = \cos x$ 的值无限接近于 1,故 $\lim\limits_{x \to 0} \sin x = 0$,$\lim\limits_{x \to 0} \cos x = 1$.

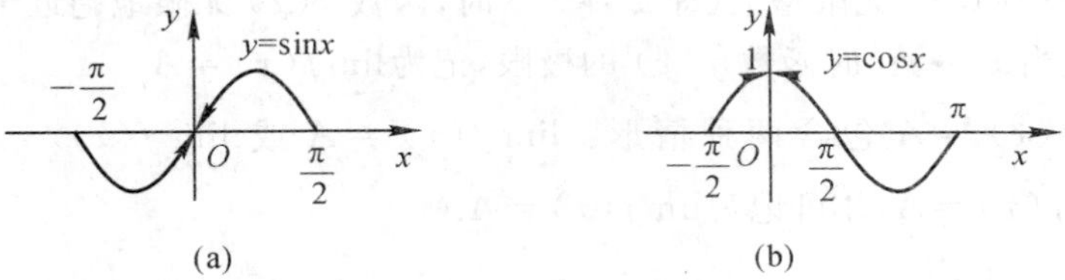

图　1-2

说明　(1) $\lim\limits_{x \to x_0} f(x) = A$ 描述的是当自变量 x 无限接近 x_0 时,相应的函数值 $f(x)$ 无限趋近于常数 A 的一种变化趋势,与函数 $f(x)$ 在 x_0 点是否有定义无关.

(2) x 无限趋近 x_0,包括从大于 x_0 的方向趋近 x_0(记为 $x \to x_0^+$ 或 $x \to x_0 + 0$),也包括从小于 x_0 的方向趋近于 x_0(记为 $x \to x_0^-$ 或 $x \to x_0 - 0$).

2. *$x \to x_0$ 时函数的左、右极限*

定义 1.8　如果当 $x \to x_0^+$ 时,函数 $f(x)$ 无限接近于一个确定的常数 A,那么 A 就叫做当 $x \to x_0$ 时函数 $f(x)$ 的右极限. 记为

$$\lim_{x \to x_0^+} f(x) = A \quad \text{或} \quad f(x_0 + 0) = A$$

如果当 $x \to x_0^-$ 时,函数 $f(x)$ 无限接近于一个常数 A,那么 A 就叫做当 $x \to x_0$ 时函数 $f(x)$ 的左极限. 记为

$$\lim_{x \to x_0^-} f(x) = A \quad \text{或} \quad f(x_0 - 0) = A$$

定理 1.1　$\lim\limits_{x \to x_0} f(x) = A$ 的充分必要条件:$\lim\limits_{x \to x_0^+} f(x) = A$ 并且 $\lim\limits_{x \to x_0^-} f(x) = A$.

例 3 求函数 $f(x)=\begin{cases}2+x, & x\geqslant 0\\ -2, & x<0\end{cases}$ 当 $x\to 0$ 时的左,右极限,并讨论极限 $\lim\limits_{x\to 0}f(x)$ 是否存在.

解 由图 1-3 知,当 $x\to 0$ 时,函数的左极限为

$$\lim_{x\to 0^-}f(x)=\lim_{x\to 0^-}(-2)=-2$$

右极限为

$$\lim_{x\to 0^+}f(x)=\lim_{x\to 0^+}(2+x)=2$$

因为 $\lim\limits_{x\to 0^-}f(x)\neq\lim\limits_{x\to 0^+}f(x)$,所以极限 $\lim\limits_{x\to 0}f(x)$ 不存在.

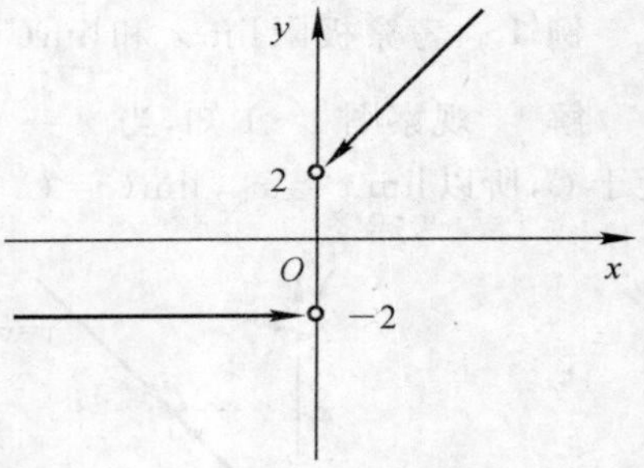

图 1-3

说明 一般情况下,我们计算初等函数在某一点的极限时不需要讨论左、右极限,只有计算分段函数或含绝对值的函数在分界点的极限时,才须讨论左、右极限.

例 4 已知 $f(x)=\begin{cases}x+3, & x\geqslant 1\\ 4, & 0<x<1\end{cases}$,求 $\lim\limits_{x\to 2}f(x)$,$\lim\limits_{x\to 1}f(x)$.

解 $\lim\limits_{x\to 2}f(x)=\lim\limits_{x\to 2}(x+3)=5$

而计算 $\lim\limits_{x\to 1}f(x)$ 时需要讨论左、右极限. 因为左、右极限都为 4,所以 $\lim\limits_{x\to 1}f(x)=4$.

(二)$x\to\infty$ 时函数的极限

定义 1.9 若当 $|x|$ 无限增大(即 $x\to\infty$)时,函数 $f(x)$ 无限地趋近于一个确定的常数 A,则称常数 A 为当 $x\to\infty$ 时函数 $f(x)$ 的极限,记为 $\lim\limits_{x\to\infty}f(x)=A$.

说明 $\lim\limits_{x\to\infty}f(x)=A$ 包含两种情形:$\lim\limits_{x\to+\infty}f(x)=A$ 或 $\lim\limits_{x\to-\infty}f(x)=A$;反之,只有当 $\lim\limits_{x\to-\infty}f(x)=\lim\limits_{x\to+\infty}f(x)=A$,才可记为 $\lim\limits_{x\to\infty}f(x)=A$.

例如,$\lim\limits_{x\to+\infty}\left(1+\dfrac{1}{x}\right)=1$,$\lim\limits_{x\to+\infty}\arctan x=\dfrac{\pi}{2}$,$\lim\limits_{x\to-\infty}\arctan x=-\dfrac{\pi}{2}$,$\lim\limits_{x\to+\infty}2^{-x}=0$.

例 5 讨论函数 $f(x)=\dfrac{|x|}{x}$ 在 $x\to\infty$ 时的极限.

解 $\lim\limits_{x\to-\infty}\dfrac{|x|}{x}=-1$,$\lim\limits_{x\to+\infty}\dfrac{|x|}{x}=1$,因为极限值不相等,所以 $\lim\limits_{x\to\infty}\dfrac{|x|}{x}$ 极限不存在.

二、数列极限

定义 1.10 对于数列 $\{a_n\}$,若当项数 n 无限增大时,a_n 无限趋近于一个确定的常数 A(即 $|a_n-A|$ 无限趋近于0),那么就称这个数列收敛于 A,记作 $\lim\limits_{n\to\infty}a_n=A$,读作"当 n 趋向于无穷大时,a_n 的极限等于 A";否则说数列 $\{a_n\}$ 发散.

"$n\to\infty$"表示"n 趋向于正无穷大" $\lim\limits_{n\to\infty}a_n=A$ 有时也记作:当 $n\to\infty$ 时,$a_n\to A$.

例如,通过观察可得

$$\lim_{n\to\infty}\frac{1}{n}=0,\quad \lim_{n\to\infty}\frac{1}{n^p}=0(p>0),\quad \lim_{n\to\infty}\frac{1}{q^n}=0\quad(|q|>1)$$

当然,并不是所有的数列极限都存在,$\lim\limits_{n\to\infty}(-1)^n$ 极限不存在,$\lim\limits_{n\to\infty}2^n$ 极限也不存在,因为

当 n 无限增大时，都找不到一个确定的常数 A，使得 $a_n \to A$.

三、极限的性质

性质1(唯一性)　若 $\lim\limits_{x\to x_0} f(x)=A$，$\lim\limits_{x\to x_0} f(x)=B$，则 $A=B$.

性质2(邻域内的有界性)　若 $\lim\limits_{x\to x_0} f(x)=A$，则存在 x_0 的一个 δ 空心邻域 $N(\hat{x_0},\delta)$，使得 $f(x)$ 在 $N(\hat{x_0},\delta)$ 内有界.

性质3(邻域内的保号性)　若 $\lim\limits_{x\to x_0} f(x)=A$，且 $A>0(A<0)$，则存在 x_0 的一个 δ 空心邻域 $N(\hat{x_0},\delta)$，使得在 $N(\hat{x_0},\delta)$ 内 $f(x)>0(f(x)<0)$.

性质4(逼近定理)　若在 x_0 的某 δ 空心邻域 $N(\hat{x_0},\delta)$ 内 $h(x)\leqslant f(x)\leqslant g(x)$，且 $\lim\limits_{x\to x_0} h(x)=A$，$\lim\limits_{x\to x_0} g(x)=A$，则 $\lim\limits_{x\to x_0} f(x)=A$.

四、极限的运算

(一) 极限的运算法则及应用

法则1　在同一自变量变化过程中，若 $\lim f(x)=A$，$\lim g(x)=B$，则

$$\lim[f(x)\pm g(x)]=\lim f(x)\pm \lim g(x)=A\pm B$$

法则2　在同一自变量变化过程中，若 $\lim f(x)=A$，$\lim g(x)=B$，则

$$\lim[f(x)\cdot g(x)]=\lim f(x)\cdot \lim g(x)=AB$$

推论1　$\lim kf(x)=k\lim f(x)$(k 为常数).

推论2　$\lim[f(x)]^n=[\lim f(x)]^n$($n$ 为正整数).

法则3　在同一自变量变化过程中，若 $\lim f(x)=A$，$\lim g(x)=B\neq 0$，则

$$\lim\frac{f(x)}{g(x)}=\frac{\lim f(x)}{\lim g(x)}=\frac{A}{B}$$

例6　求 $\lim\limits_{x\to 1}(x^2-2x+5)$.

解　$\lim\limits_{x\to 1}(x^2-2x+5)=\lim\limits_{x\to 1}(x^2)-\lim\limits_{x\to 1}(2x)+\lim\limits_{x\to 1}5=$

$$(\lim_{x\to 1}x)^2-2\lim_{x\to 1}x+5=1^2-2\times 1+5=4$$

例7　求 $\lim\limits_{x\to 0}\dfrac{2x^2-3x+1}{x+2}$.

解　$\lim\limits_{x\to 0}\dfrac{2x^2-3x+1}{x+2}=\dfrac{\lim\limits_{x\to 0}(2x^2-3x+1)}{\lim\limits_{x\to 0}(x+2)}=\dfrac{2\times 0^2-3\times 0+1}{0+2}=\dfrac{1}{2}$

例8　$\lim\limits_{x\to 1}\dfrac{x^2-2x+5}{x^2+7}$.

解　$\lim\limits_{x\to 1}\dfrac{x^2-2x+5}{x^2+7}=\lim\limits_{x\to 1}\dfrac{1^2-2\times 1+5}{1^2+7}=\dfrac{1}{2}$

例9　求 $\lim\limits_{x\to\infty}\left[(3+\dfrac{1}{x})(4-\dfrac{5}{x^2})\right]$.

解　$\lim\limits_{x\to\infty}\left[(3+\dfrac{1}{x})(4-\dfrac{5}{x^2})\right]=\lim\limits_{x\to\infty}(3+\dfrac{1}{x})\lim\limits_{x\to\infty}(4-\dfrac{5}{x^2})=3\times 4=12$

(二)不定型的极限

1. $\dfrac{0}{0}$ 型

例 10 求$\lim\limits_{x\to 1}\dfrac{x^2-1}{x-1}$.

解 所给函数的分子、分母极限均为零,故不能直接用法则求极限,但分子、分母都有趋向于零的公因式$(x-1)$,而当 $x\to 1$ 时,$x-1\neq 0$,可约去这个不为零的公因式.则有

$$\lim_{x\to 1}\frac{x^2-1}{x-1}=\lim_{x\to 1}\frac{(x-1)(x+1)}{x-1}=\lim_{x\to 1}(x+1)=2$$

例 11 求$\lim\limits_{x\to 1}\dfrac{x^2-3x+2}{x^2-1}$.

解 $\lim\limits_{x\to 1}\dfrac{x^2-3x+2}{x^2-1}=\lim\limits_{x\to 1}\dfrac{(x-1)(x-2)}{(x-1)(x+1)}=\lim\limits_{x\to 1}\dfrac{x-2}{x+1}=-\dfrac{1}{2}$

例 12 求$\lim\limits_{x\to 0}\dfrac{\sqrt{x+1}-1}{x}$.

解 $\lim\limits_{x\to 0}\dfrac{\sqrt{x+1}-1}{x}=\lim\limits_{x\to 0}\dfrac{x}{x(\sqrt{x+1}+1)}=\lim\limits_{x\to 0}\dfrac{1}{\sqrt{x+1}+1}=\dfrac{1}{2}$

例 13 求$\lim\limits_{x\to 1}\dfrac{x-1}{\sqrt{x+3}-2}$.

解 $\lim\limits_{x\to 1}\dfrac{(x-1)(\sqrt{x+3}+2)}{(\sqrt{x+3}-2)(\sqrt{x+3}+2)}=\lim\limits_{x\to 1}\dfrac{(x-1)(\sqrt{x+3}+2)}{x-1}=$

$$\lim_{x\to 1}(\sqrt{x+3}+2)=2+2=4$$

2. $\dfrac{\infty}{\infty}$ 型

例 14 求$\lim\limits_{n\to\infty}\dfrac{2n^2+n}{3n^2+2}$.

解 $\lim\limits_{n\to\infty}\dfrac{2n^2+n}{3n^2+2}=\lim\limits_{n\to\infty}\dfrac{2+\dfrac{1}{n}}{3+\dfrac{2}{n^2}}=\dfrac{\lim\limits_{n\to\infty}(2+\dfrac{1}{n})}{\lim\limits_{n\to\infty}(3+\dfrac{2}{n^2})}=\dfrac{\lim\limits_{n\to\infty}2+\lim\limits_{n\to\infty}\dfrac{1}{n}}{\lim\limits_{n\to\infty}3+\lim\limits_{n\to\infty}\dfrac{2}{n^2}}=\dfrac{2+0}{3+0}=\dfrac{2}{3}$

例 15 求$\lim\limits_{n\to\infty}\dfrac{\sqrt{3n-1}+5}{n+1}$.

解 $\lim\limits_{n\to\infty}\dfrac{\sqrt{3n-1}+5}{n+1}=\lim\limits_{n\to\infty}\dfrac{\sqrt{\dfrac{3}{n}-\dfrac{1}{n^2}}+\dfrac{5}{n}}{1+\dfrac{1}{n}}=\dfrac{\lim\limits_{n\to\infty}\sqrt{\dfrac{3}{n}-\dfrac{1}{n^2}}+\lim\limits_{n\to\infty}\dfrac{5}{n}}{\lim\limits_{n\to\infty}1+\lim\limits_{n\to\infty}\dfrac{1}{n}}=\dfrac{0+0}{1+0}=0$

规律 一般地,当分子与分母是关于 n 与 m 次多项式时,有

$$\lim_{x\to\infty}\frac{a_0x^m+a_1x^{m-1}+\cdots+a_m}{b_0x^n+b_1x^{n-1}+\cdots+b_n}=\begin{cases}0, & n>m\\ \dfrac{a_0}{b_0}, & n=m\\ \infty, & n<m\end{cases},\text{其中 } a_0\neq 0, b_0\neq 0$$

习　题　1-2

1. 下列计算错在哪里？

(1) $\lim\limits_{x\to 2}\dfrac{x^2-4}{x-2}=\dfrac{\lim\limits_{x\to 2}(x^2-4)}{\lim\limits_{x\to 2}(x-2)}=\dfrac{0}{0}=1$；

(2) $\lim\limits_{x\to 2}\dfrac{x^2-3}{x-2}=\dfrac{\lim\limits_{x\to 2}(x^2-3)}{\lim\limits_{x\to 2}(x-2)}=\dfrac{1}{0}=\infty$.

2. 求下列极限.

(1) $\lim\limits_{x\to 1}(2x+\ln x-1)$；　　(2) $\lim\limits_{x\to 2}\dfrac{x-1}{3x+2}$；

(3) $\lim\limits_{x\to 2}\dfrac{x-2}{x^2-4}$；　　(4) $\lim\limits_{x\to 4}\dfrac{x^2-6x+8}{x^2-3x+4}$；

(5) $\lim\limits_{x\to 0}\dfrac{\sqrt{1+x}-1}{x}$；　　(6) $\lim\limits_{x\to \infty}\dfrac{x^3+x^2}{5x^3+1}$；

(7) $\lim\limits_{x\to \infty}\dfrac{2x^3+3x^2-5}{3x^4+2x^2+1}$；　　(8) $\lim\limits_{x\to 1}\left(\dfrac{1}{1-x}-\dfrac{3}{1-x^3}\right)$.

第 3 节　两个重要极限

一、重要极限 $\lim\limits_{x\to 0}\dfrac{\sin x}{x}=1$

证明　函数 $\dfrac{\sin x}{x}$ 在 $x=0$ 处没有定义，这个极限是 $\dfrac{0}{0}$ 型，因为 $\dfrac{\sin x}{x}$ 是偶函数，所以只考虑 $x\to 0^+$ 时的情形，不妨设 $0<x<\dfrac{\pi}{2}$. 作单位圆，如图 1-4 所示，设圆心角 $\angle AOB=x$，$\dfrac{1}{2}\sin x<\dfrac{1}{2}x<\dfrac{1}{2}\tan x$，因为 $0<x<\dfrac{\pi}{2}$，所以上式中各边除以 $\dfrac{1}{2}\sin x$，得

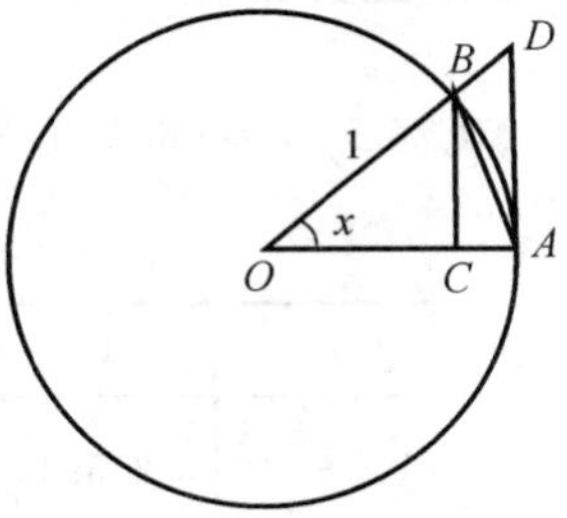

图　1-4

$$1<\frac{x}{\sin x}<\frac{1}{\cos x}$$

又
$$\lim_{x\to 0^+}1=\lim_{x\to 0^+}\frac{1}{\cos x}=1$$
由逼近定理可得
$$\lim_{x\to 0^+}\frac{\sin x}{x}=1$$
同理可证
$$\lim_{x\to 0^-}\frac{\sin x}{x}=1$$
故得
$$\lim_{x\to 0}\frac{\sin x}{x}=1$$

为了更好地应用这一个重要极限，现在写出它的推广形式：

一般地，如果$\lim\limits_{x\to 0}\varphi(x)=0$，则有$\lim\limits_{x\to 0}\dfrac{\sin[\varphi(x)]}{\varphi(x)}=1$.

例 1　求$\lim\limits_{x\to 0}\dfrac{\sin 5x}{2x}$.

解　$\lim\limits_{x\to 0}\dfrac{\sin 5x}{2x}=\lim\limits_{x\to 0}\left(\dfrac{\sin 5x}{5x}\ \dfrac{5}{2}\right)=\dfrac{5}{2}\lim\limits_{x\to 0}\dfrac{\sin 5x}{5x}=\dfrac{5}{2}$

例 2　求$\lim\limits_{x\to 0}\dfrac{\sin x^2}{x}$.

解　$\lim\limits_{x\to 0}\dfrac{\sin x^2}{x}=\lim\limits_{x\to 0}\dfrac{\sin x^2}{x^2}x=\lim\limits_{x\to 0}\dfrac{\sin x^2}{x^2}\cdot\lim\limits_{x\to 0}x=1\times 0=0$

例 3　求$\lim\limits_{x\to 0}\dfrac{\tan x}{x}$.

解　$\lim\limits_{x\to 0}\dfrac{\tan x}{x}=\lim\limits_{x\to 0}\dfrac{\sin x}{x}\ \dfrac{1}{\cos x}=\lim\limits_{x\to 0}\dfrac{\sin x}{x}\cdot\lim\limits_{x\to 0}\dfrac{1}{\cos x}=1\times 1=1$

例 4　求$\lim\limits_{x\to 0}\dfrac{1-\cos x}{x^2}$.

解　$\lim\limits_{x\to 0}\dfrac{1-\cos x}{x^2}=\lim\limits_{x\to 0}\dfrac{2\sin^2\dfrac{x}{2}}{x^2}=\lim\limits_{x\to 0}\dfrac{\sin^2\dfrac{x}{2}}{2\left(\dfrac{x}{2}\right)^2}=\dfrac{1}{2}\lim\limits_{x\to 0}\dfrac{\sin\dfrac{x}{2}}{\dfrac{x}{2}}\ \dfrac{\sin\dfrac{x}{2}}{\dfrac{x}{2}}=\dfrac{1}{2}\times 1\times 1=\dfrac{1}{2}$

例 5　求$\lim\limits_{x\to 0}\dfrac{\arctan x}{x}$.

解　令$t=\arctan x$，则$x=\tan t$，显然当$x\to 0$时，$t\to 0$，故

$$\lim_{x\to 0}\frac{\arctan x}{x}=\lim_{t\to 0}\frac{t}{\tan t}=1$$

二、重要极限$\lim\limits_{x\to\infty}\left(1+\dfrac{1}{x}\right)^x=\mathrm{e}$

观察$x\to\infty$时，$\left(1+\dfrac{1}{x}\right)^x$的变化趋势(见表 1-2).

表　1-2

x	10	100	1 000	10 000	100 000	1 000 000	…
$\left(1+\dfrac{1}{x}\right)^x$	2.594	2.705	2.717	2.718 1	2.718 2	2.718 28	…

从表 1-2 中可以看出，随着x的无限增大，函数$\left(1+\dfrac{1}{x}\right)^x$越来越趋近无理数 e(e=2.718 281 828…)，即

$$\lim_{x\to\infty}\left(1+\frac{1}{x}\right)^x=\mathrm{e}$$

说明　(1) 此极限的类型称为“1^∞”型；

(2) 利用变量替换，有$\lim\limits_{x\to 0}(1+x)^{\frac{1}{x}}=\mathrm{e}$；

(3) 一般地，如果$\lim\limits_{x\to x_0}\varphi(x)=\infty$，则有$\lim\limits_{x\to x_0}\left(1+\dfrac{1}{\varphi(x)}\right)^{\varphi(x)}=\mathrm{e}$.

例 6　求$\lim\limits_{x\to\infty}\left(1+\dfrac{1}{x}\right)^{2x}$.

解　$\lim\limits_{x\to\infty}\left(1+\dfrac{1}{x}\right)^{2x}=\left[\lim\limits_{x\to\infty}\left(1+\dfrac{1}{x}\right)^{x}\right]^{2}=\mathrm{e}^{2}$

例 7　求$\lim\limits_{x\to\infty}\left(1+\dfrac{3}{x}\right)^{x}$.

解　$\lim\limits_{x\to\infty}\left(1+\dfrac{3}{x}\right)^{x}=\lim\limits_{x\to\infty}\left[\left(1+\dfrac{1}{\dfrac{x}{3}}\right)^{\frac{x}{3}}\right]^{3}=\mathrm{e}^{3}$

例 8　求$\lim\limits_{x\to0}(1+\sin x)^{\csc x}$.

解　$\lim\limits_{x\to0}(1+\sin x)^{\csc x}=\lim\limits_{x\to0}(1+\sin x)^{\frac{1}{\sin x}}=\mathrm{e}$

例 9　求$\lim\limits_{x\to\infty}\left(\dfrac{1+x}{2+x}\right)^{x}$.

解　$\lim\limits_{x\to\infty}\left(\dfrac{1+x}{2+x}\right)^{x}=\lim\limits_{x\to\infty}\left(1-\dfrac{1}{2+x}\right)^{x}=\lim\limits_{x\to\infty}\left\{\left(1-\dfrac{1}{2+x}\right)^{-(2+x)}\right\}^{-\frac{x}{2+x}}=\mathrm{e}^{-1}$

例 10　求$\lim\limits_{x\to\infty}\left(\dfrac{2x+3}{2x+1}\right)^{x+1}$.

解　$\lim\limits_{x\to\infty}\left(\dfrac{2x+3}{2x+1}\right)^{x+1}=\lim\limits_{x\to\infty}\left(1+\dfrac{2}{2x+1}\right)^{x+1}=$

$$\lim\limits_{x\to\infty}\left[\left(1+\dfrac{1}{x+\dfrac{1}{2}}\right)^{x+\frac{1}{2}}\left(1+\dfrac{2}{2x+1}\right)^{\frac{1}{2}}\right]=\mathrm{e}\times1=\mathrm{e}$$

习　题　1-3

计算下列极限．

(1) $\lim\limits_{x\to0}\dfrac{\sin 3x}{x}$；

(2) $\lim\limits_{x\to1}\dfrac{\sin(x^{2}-1)}{x-1}$；

(3) $\lim\limits_{x\to\infty}x\sin\dfrac{1}{x}$；

(4) $\lim\limits_{x\to0}\dfrac{\sin x}{\sin 3x}$；

(5) $\lim\limits_{x\to\infty}\left(1+\dfrac{2}{x}\right)^{3x}$；

(6) $\lim\limits_{x\to1}(2-x)^{\frac{1}{1-x}}$；

(7) $\lim\limits_{x\to0}(1+\sin x)^{\csc 2x}$；

(8) $\lim\limits_{x\to\infty}\left(\dfrac{2x+1}{2x+2}\right)^{x}$.

第 4 节　无穷小量和无穷大量

一、无穷小量

(一) 无穷小量的定义

定义 1.11　如果当 $x\to x_0$（或 $x\to\infty$）时，函数 $f(x)$ 的极限为零，则当$x\to x_0$（或 $x\to\infty$）时，称函数 $f(x)$ 为无穷小量，简称无穷小.

例如，当 $n \to \infty$ 时，$\frac{1}{n}$ 是无穷小量；当 $x \to 1$ 时，$x-1$ 是无穷小量；当 $x \to 0$ 时，$\sin x$ 是无穷小量．

说明　(1) 说一个函数 $f(x)$ 是无穷小，必须指明自变量 x 的变化趋势；

(2) 无穷小是变量，常数中只有“0”是无穷小；

(3) 定义中自变量的变化趋势可以是以下任何一种情形 $x \to x_0$，$x \to x_0$，$x \to x_0$，$x \to \infty$，$x \to -\infty$ 或 $x \to +\infty$．

例 1　自变量 x 在什么变化过程中，下列函数为无穷小量？

(1) $y=\frac{1}{x+1}$；(2) $y=x^2-1$；(3) $y=a^x\ (a>0, a\neq 1)$．

解　(1) 因为 $\lim\limits_{x\to\infty}\frac{1}{x+1}=0$，所以当 $x \to \infty$ 时，函数 $y=\frac{1}{x+1}$ 是一个无穷小量；

(2) 因为 $\lim\limits_{x\to 1}(x^2-1)=0$ 与 $\lim\limits_{x\to -1}(x^2-1)=0$，所以当 $x \to 1$ 与 $x \to -1$ 时函数 $y=x^2-1$ 都是无穷小量；

(3) 对于 $a>1$，因为 $\lim\limits_{x\to-\infty}a^x=0$，所以当 $x \to -\infty$ 时，$y=a^x$ 为一个无穷小量；而对于 $0<a<1$，因为 $\lim\limits_{x\to+\infty}a^x=0$，所以当 $x \to +\infty$ 时，$y=a^x$ 为一个无穷小量．

(二) 无穷小量的性质

性质 1　常数与无穷小的乘积仍为无穷小．

性质 2　有限个无穷小之和(差)仍为无穷小．

性质 3　有限个无穷小之积仍为无穷小．

性质 4　有界函数与无穷小的积仍为无穷小．

例 2　求极限．

(1) $\lim\limits_{x\to 0}(x^2+\sin x)$；(2) $\lim\limits_{x\to 0}x\cos\frac{1}{x}$；(3) $\lim\limits_{x\to\infty}\frac{1}{x^2}\sin x$．

解　(1) 因为

$$\lim_{x\to 0}x^2=0,\quad \lim_{x\to 0}\sin x=0$$

所以，当 $x \to 0$ 时，x^2 和 $\sin x$ 都是无穷小量，所以 $\lim\limits_{x\to 0}(x^2+\sin x)=0$．

(2) x 是 $x \to 0$ 时的无穷小，$\left|\cos\frac{1}{x}\right|\leqslant 1$，即 $\cos\frac{1}{x}$ 是有界函数．由无穷小的性质 4，有

$$\lim_{x\to 0}x\cos\frac{1}{x}=0$$

(3) 因为 $\lim\limits_{x\to\infty}\frac{1}{x^2}=0$，$|\sin x|\leqslant 1$，所以 $\lim\limits_{x\to\infty}\frac{1}{x^2}\sin x=0$．

(三) 无穷小量的比较

定义 1.12　设 $\alpha(x)$ 和 $\beta(x)$ 都是在自变量同一变化过程中的无穷小，那么

(1) 如果 $\lim\frac{\alpha(x)}{\beta(x)}=0$，则称 $\alpha(x)$ 是 $\beta(x)$ 的高阶无穷小量；

(2) 如果 $\lim\frac{\alpha(x)}{\beta(x)}=\infty$，则称 $\alpha(x)$ 是 $\beta(x)$ 的低阶无穷小量；

(3) 如果 $\lim\frac{\alpha(x)}{\beta(x)}=A\neq 0$，则称 $\alpha(x)$ 与 $\beta(x)$ 是同阶无穷小量，当 $A=1$ 时，即

$\lim \dfrac{\alpha(x)}{\beta(x)}=1$,则称 $\alpha(x)$ 与 $\beta(x)$ 是等价无穷小量.记为 $\alpha(x)\sim\beta(x)$.

例如,$\lim\limits_{x\to 0}\dfrac{x^2}{\sin x}=\lim\limits_{x\to 0}x=0$,所以,当 $x\to 0$ 时,x^2 是比 $\sin x$ 高阶的无穷小量;

而 $\lim\limits_{x\to 0}\dfrac{x^2}{5\tan x^2}=\dfrac{1}{5}$,所以,当 $x\to 0$ 时,x^2 与 $5\tan x^2$ 是同阶无穷小量.

(四) 极限与无穷小量的关系

定理 1.2　函数 $f(x)$ 以 A 为极限的充分必要条件是 $f(x)$ 可以表示为 A 与一个无穷小量 α 之和.即 $\lim f(x)=A\Leftrightarrow f(x)=A+\alpha$,其中 $\lim\alpha=0$.

二、无穷大量

定义 1.13　如果当 $x\to x_0$(或 $x\to\infty$)时,函数 $f(x)$ 的绝对值无限增大,则称当 $x\to x_0$(或 $x\to\infty$)时函数 $f(x)$ 为无穷大量,简称无穷大,记作 $\lim\limits_{x\to x_0}f(x)=\infty$,或 $\lim\limits_{x\to\infty}f(x)=\infty$.

例如,当 $x\to 1$ 时,$\dfrac{1}{x^2-1}$ 是无穷大;当 $x\to\dfrac{\pi}{2}$ 时,$\tan x$ 是无穷大.

说明　无穷大量不是一个量的概念,它反映了自变量在某个变化过程中,函数的绝对值无限增大的一种趋势,函数 $\dfrac{1}{x}$,当 $x\to 0$ 时,它为无穷大量;当 $x\to 1$ 时,它以 1 为极限.因此称一个函数为无穷大量时,必须明确指出其自变量的变化趋势,否则毫无意义.

三、无穷大量与无穷小量的关系

从无穷小量与无穷大量的定义,可以得出以下关系:

(1) 无穷大量的倒数,是同一变化过程中的无穷小量;

(2) 非零无穷小量的倒数是同一变化过程中的无穷大量.

例如,当 $x\to 0$ 时,$2x\to 0$,$2x$ 为无穷小量,而 $\dfrac{1}{2x}\to\infty$,$\dfrac{1}{2x}$ 为无穷大;

当 $x\to 1$ 时,$x-1\to 0$,$x-1$ 为无穷小量,而 $\dfrac{1}{x-1}\to\infty$,$\dfrac{1}{x-1}$ 为无穷大.

例 3　求 $\lim\limits_{x\to 3}\dfrac{x^2+1}{x-3}$.

解　因为 $\lim\limits_{x\to 3}(x-3)=0$,即当 $x\to 3$ 时,$\dfrac{x-3}{x^2+1}$ 是无穷小量,由无穷小量与无穷大量的关系知:当 $x\to 3$ 时,$\dfrac{x^2+1}{x-3}$ 是无穷大量,故 $\lim\limits_{x\to 3}\dfrac{x^2+1}{x-3}=\infty$.

习　题　1－4

1. 指出下列各变量是无穷大量还是无穷小量.

(1) $a_n=\dfrac{1}{n+1}(n\to\infty)$;　　(2) $a_n=\left(\dfrac{2}{3}\right)^n(n\to\infty)$;

(3) $a_n=\left(\dfrac{3}{2}\right)^n(n\to\infty)$;　　(4) $f(x)=x^2-1(x\to 1)$;

(5) $f(x)=3^{x}(x\to+\infty)$；　　(6) $f(x)=3^{x}(x\to-\infty)$.

2. 指出下列函数中的 x 在怎样的变化过程中是无穷大量，在怎样的变化过程中是无穷小量？

(1) $f(x)=2x-1$；　　(2) $f(x)=\dfrac{1}{x-1}$；

(3) $f(x)=\ln x$；　　(4) $f(x)=2^{x}$.

3. 利用无穷小的性质求极限.

(1) $\lim\limits_{x\to 0}(x+\sin x)$；　　(2) $\lim\limits_{x\to 0}x\tan x$；

(3) $\lim\limits_{x\to\infty}\dfrac{\sin x}{x^{2}}$；　　(4) $\lim\limits_{x\to 0}x\sin\dfrac{1}{x}$.

4. 试比较下列无穷小量的阶.

(1) x^{2} 与 $x(x\to 0)$；　　(2) $x-1$ 与 $x^{2}-1(x\to 1)$.

第 5 节　函数的连续性

一、函数的连续

(一) 函数在 x_0 点的连续

1. 改变量的概念

定义 1.14　设变量 u 从它的初值 u_0 变到终值 u_1，则终值与初值之差 u_1-u_0 就叫做变量 u 的增量，又叫做 u 的改变量，记作 Δu，即 $\Delta u=u_1-u_0$.

若函数 $y=f(x)$ 在 x_0 的某个邻域内有定义，当自变量 x 在点 x_0 处有一改变量 Δx 时，函数 y 的相应改变量则为

$$\Delta y=f(x_0+\Delta x)-f(x_0)$$

2. x_0 点连续的定义

定义 1.15　设函数 $y=f(x)$ 在 x_0 的某一个邻域 $U(x_0,\delta)$ 内有定义，若 $\lim\limits_{\Delta x\to 0}\Delta y=0$，则称函数 $f(x)$ 在点 x_0 处连续.

观察下面的函数图形，如图 1-5 所示.

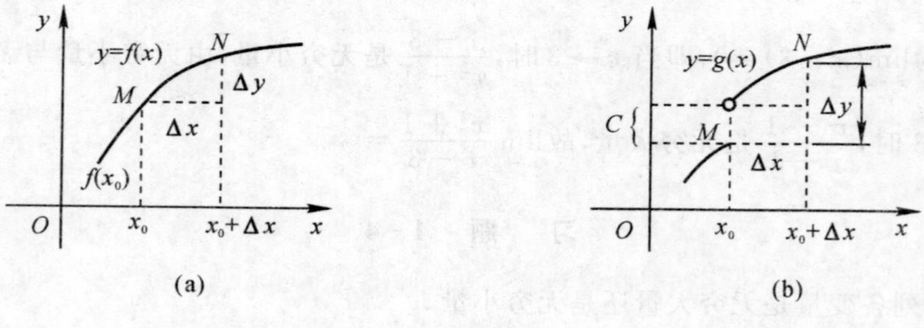

图　1-5

对比两个图形，我们发现：在图 1-5(a) 所示的图形中，在 x_0 处图形是连续的，当自变量 $\Delta x\to 0$ 时，对应的函数的改变量 $\Delta y\to 0$；在图 1-5(b) 所示的图形中，在 x_0 处图形是断开的，

当自变量 $\Delta x \to 0$ 时，对应的函数的改变量 $\Delta y \not\to 0$. 这就是函数在 x_0 处是否连续的本质特征.

例 1　证明函数 $f(x)=x^2+1$ 在 $x=1$ 处连续.

证明　显然函数 $f(x)=x^2+1$ 在 $x=1$ 及其左、右附近有定义，当 x 在 $x=1$ 处取得改变量 Δx 时，则相对应的函数改变量为

$$\Delta y=(1+\Delta x)^2+1-(1^2+1)=2\Delta x+(\Delta x)^2$$

而 $\lim\limits_{\Delta x\to 0}\Delta y=\lim\limits_{\Delta x\to 0}[2\Delta x+(\Delta x)^2]=0$，所以，函数 $f(x)=x^2+1$ 在 $x=1$ 处连续.

由 $\lim\limits_{\Delta x\to 0}\Delta y=0$，有

$$\lim_{\Delta x\to 0}[f(x_0+\Delta x)-f(x_0)]=\lim_{x\to x_0}[f(x)-f(x_0)]=\lim_{x\to x_0}f(x)-f(x_0)=0$$

由此得函数 $y=f(x)$ 在点 x_0 处连续的下列等价定义.

定义 1.16　设函数 $y=f(x)$ 在点 x_0 及其左、右附近有定义，若 $\lim\limits_{x\to x_0}f(x)=f(x_0)$，则称函数 $y=f(x)$ 在点 x_0 处连续.

由定义可知，一个函数 $f(x)$ 在点 x_0 连续必须满足 3 个条件(通常称为三要素)：

(1) 函数 $y=f(x)$ 在点 x_0 及其左、右附近有定义；

(2) $\lim\limits_{x\to x_0^-}f(x)=\lim\limits_{x\to x_0^+}f(x)=A$，即有极限；

(3) $A=f(x_0)$.

由函数 $f(x)$ 在点 x_0 处左极限与右极限的定义，可以得到函数 $f(x)$ 在点 x_0 处左连续与右连续的定义：

若 $\lim\limits_{x\to x_0^-}f(x)=f(x_0)$，则称函数 $f(x)$ 在点 x_0 处左连续；

若 $\lim\limits_{x\to x_0^+}f(x)=f(x_0)$，则称函数 $f(x)$ 在点 x_0 处右连续.

函数 $f(x)$ 在点 x_0 处连续的充分必要条件是函数 $f(x)$ 在点 x_0 处既左连续又右连续，即

$$\lim_{x\to x_0}f(x)=f(x_0)\Leftrightarrow \lim_{x\to x_0^-}f(x)=f(x_0)=\lim_{x\to x_0^+}f(x)$$

例 2　已知函数 $f(x)=\begin{cases}x+2, & x<2\\ x^2, & x\geqslant 2\end{cases}$，讨论 $f(x)$ 在点 $x=2$ 处的连续性.

解　$f(2)=2^2=4$，显然 $f(x)$ 在点 $x=2$ 及其左、右附近有定义，且

$$\lim_{x\to 2^+}f(x)=\lim_{x\to 2^+}x^2=4,\quad \lim_{x\to 2^-}f(x)=\lim_{x\to 2^-}(x+2)=4$$

因此，$\lim\limits_{x\to 2}f(x)=4=f(2)$，函数 $f(x)$ 在点 $x=2$ 处连续.

(二)$[a,b]$ 上的连续

1. $[a,b]$ 上的连续定义

如果函数 $y=f(x)$ 在区间 (a,b) 上每一点处都连续，则称函数 $y=f(x)$ 在区间 (a,b) 上连续；如果函数 $y=f(x)$ 在区间 (a,b) 上连续，且在点 $x=a$ 处右连续，在点 $x=b$ 处左连续，则称函数 $y=f(x)$ 在区间 $[a,b]$ 上连续.

2. $[a,b]$ 上连续函数的性质

性质 1(最值定理)　若函数 $f(x)$ 在闭区间 $[a,b]$ 上连续，则 $f(x)$ 在闭区间 $[a,b]$ 上至少可取得最大值与最小值各一次.

几何解释如图 1－6 所示.

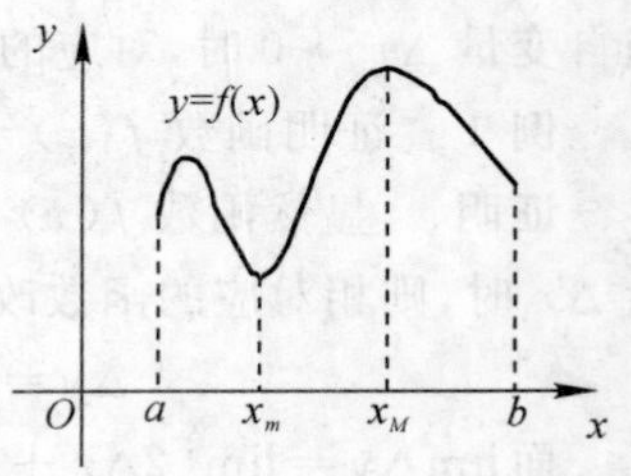

图 1-6

这个定理中两个重要的条件是"闭区间$[a,b]$"与"连续",二者缺一不可.如函数$y=\frac{1}{x}$在区间$(0,1)$连续,但不能取得最大值与最小值.必须注意定理的条件是充分而非必要的条件.即不满足这两个条件的函数也可取得最大值与最小值.

性质 2(介值定理) 若函数$f(x)$在闭区间$[a,b]$上连续,且$f(a)\neq f(b)$,c为介于$f(a)$与$f(b)$的任意数,则在(a,b)内至少存在一点ξ,使得$f(\xi)=c$.

几何解释:位于连续曲线弧$y=f(x)$高低两点间的水平直线$y=c$与这段曲线弧至少有一个交点(见图 1-7).

推论 1 若函数$f(x)$在闭区间$[a,b]$上连续,且$f(a)f(b)<0$,则在(a,b)内至少存在一点ξ,使得$f(\xi)=0$.

几何解释:连续曲线弧$y=f(x)$的两个端点位于x轴不同侧,则这段曲线弧与x轴至少有一个交点(见图 1-8).

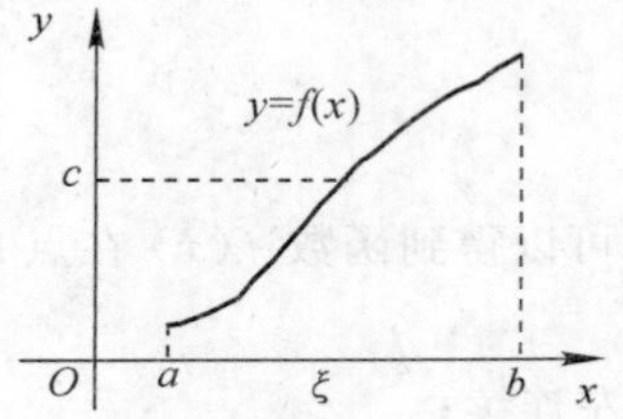

图 1-7

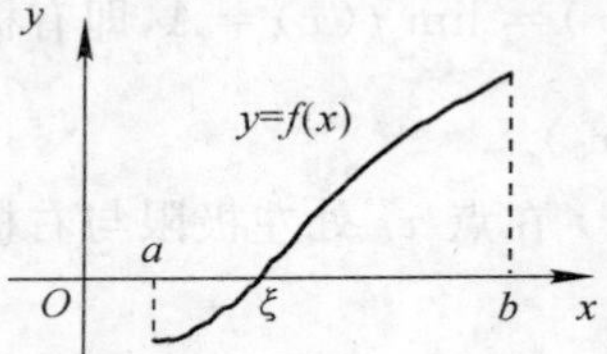

图 1-8

例 3 证明方程$x-2\sin x=1$至少有一个正根小于 3.

证明 设$f(x)=x-2\sin x-1$,因为$f(x)$为初等函数,在其定义区间$(-\infty,+\infty)$内连续,所以,$f(x)$在$[0,3]$上连续.又$f(0)=-1<0$,$f(3)=3-2\sin 3-1>0$,根据介值定理,在$(0,3)$内至少存在一个ξ,使得$f(\xi)=0$,即方程$x-2\sin x=1$至少有一个正根小于 3.

例 4 证明方程$x^3-x-3=0$在$(1,2)$内至少有一个实根.

证明 设$f(x)=x^3-x-3$,显然函数在闭区间$[1,2]$上连续,且$f(1)=-3<0$,$f(2)=3>0$,故,方程$x^3-x-3=0$在$(1,2)$内至少有一个实根.

(三) 初等函数的连续性

定理 1.3 若函数$f(x)$与$g(x)$在点x_0处连续,则这两个函数的和$f(x)+g(x)$、差$f(x)-g(x)$、积$f(x)g(x)$、商$\frac{f(x)}{g(x)}$(当$g(x_0)\neq 0$时)在点x_0处连续。

定理 1.4 设函数$u=\varphi(x)$在点x_0处连续,$y=f(u)$在点u_0处连续,且$u_0=\varphi(x_0)$,则复合函数$y=f[\varphi(x)]$在点x_0处连续。

综上,基本初等函数在其定义域内连续;初等函数在其定义区间内连续。所以,我们求初等函数在其定义区间内某点的极限,只需求其在该点的函数值即可。

例 5 求下列极限.

(1) $\lim\limits_{x\to 2}\sqrt{5-x^2}$;(2) $\lim\limits_{x\to 1}\ln^2(7x-6)$;(3) $\lim\limits_{x\to 4}\frac{e^x+\cos(4-x)}{\sqrt{x}-3}$;(4) $\lim\limits_{x\to+\infty}\sqrt{\arctan x}$.

解　(1) 因为$\sqrt{5-x^2}$是初等函数，其定义域为$[-\sqrt{5},\sqrt{5}]$，而$2\in[-\sqrt{5},\sqrt{5}]$，故

$$\lim_{x\to 2}\sqrt{5-x^2}=\sqrt{5-2^2}=1$$

(2) 因为$y=\ln^2(7x-6)$是初等函数，在定义区间$\left(\frac{6}{7},+\infty\right)$上连续，所以在$x=1$也是连续的，所以

$$\lim_{x\to 1}\ln^2(7x-6)=\ln^2(7\times 1-6)=0$$

(3) 因为$\dfrac{e^x+\cos(4-x)}{\sqrt{x}-3}$是初等函数，定义域为$[0,9)\cup(9,+\infty)$，而$4\in[0,9)$，所以

$$\lim_{x\to 4}\frac{e^x+\cos(4-x)}{\sqrt{x}-3}=\frac{e^4+\cos 0}{2-3}=-(e^4+1)$$

(4) 因为$\sqrt{\arctan x}$是初等函数，所以

$$原式=\sqrt{\lim_{x\to+\infty}\arctan x}=\sqrt{\frac{\pi}{2}}$$

二、函数的间断点

(一) 间断点的定义

若函数$f(x)$在点x_0处不满足连续的定义，则称这一点是函数$f(x)$的不连续点或间断点.

(二) 间断点的分类

一般情况下，函数$f(x)$的间断点x_0分为两类：若$f(x)$在x_0的左、右极限都存在，则称x_0为$f(x)$第一类间断点. 在第一类间断点中，若$f(x)$在x_0的左、右极限相等，则x_0为可去间断点；若$f(x)$在x_0的左、右极限不相等，则x_0为跳跃间断点，不是第一类间断点的所有间断点，都称为第二类间断点。如无穷间断点，振荡间断点。

例 6　设 1g 冰从 −40℃ 升到 100℃ 所需要的热量(单位:J) 为

$$f(x)=\begin{cases}2.1x+84, & -40\leqslant x\leqslant 0\\ 4.2x+420, & x\geqslant 0\end{cases}$$

试问当$x=0$时，函数是否连续？若不连续，指出其间断点的类型. 并解释其实际意义.

解　因为

$$\lim_{x\to 0^-}f(x)=\lim_{x\to 0^-}(2.1x+84)=84,\ \lim_{x\to 0^+}f(x)=\lim_{x\to 0^+}(4.2x+420)=420$$

所以

$$\lim_{x\to 0^-}f(x)=84\neq 420=\lim_{x\to 0^+}f(x)$$

故$\lim\limits_{x\to 0}f(x)$不存在，函数$f(x)$在$x=0$处不连续.

由于此时函数$f(x)$在$x=0$点的左、右极限都存在，所以$x=0$为函数$f(x)$的第一类间断点且为跳跃间断点. 这说明冰化成水时需要的热量会突然增加.

例 7　在无线电技术中经常会遇到单位阶跃函数(又称为单位阶梯函数)，其表达式为

$$u(t)=\begin{cases}0, & t<0\\ 1, & t\geqslant 0\end{cases}$$

讨论在$t=0$处的连续性，若不连续，判断间断点的类型.

解 虽然 $u(0)=1$，但 $\lim\limits_{t\to 0^-}u(t)=\lim\limits_{t\to 0^-}0=0$，$\lim\limits_{t\to 0^+}u(x)=\lim\limits_{t\to 0^+}1=1$，即 $u(t)$ 在 $t=0$ 处左、右极限存在，但不相等，故 $\lim\limits_{t\to 0}u(x)$ 不存在，函数 $u(x)$ 在点 $t=0$ 处是间断的，所以 $t=0$ 为 $u(t)$ 的跳跃间断点．

例 8 设函数 $f(x)=\dfrac{1}{x}$，讨论在点 $x=0$ 处的连续性，若不连续，判断间断点的类型．

解 函数 $f(x)$ 在 $x=0$ 无定义，$x=0$ 是函数 $f(x)$ 的间断点，又 $\lim\limits_{x\to 0}\dfrac{1}{x}=\infty$，故 $x=0$ 是第二类间断点且为无穷间断点．

例 9 设函数 $f(x)=\sin\dfrac{1}{x}$，讨论 $f(x)$ 在点 $x=0$ 处的连续性，若不连续，判断间断点的类型．

解 函数 $f(x)$ 在 $x=0$ 无定义，$x=0$ 是函数 $f(x)$ 的间断点．当 $x\to 0$ 时，相应的函数值在 -1 与 1 之间振荡，$\lim\limits_{x\to 0}\sin\dfrac{1}{x}$ 不存在，所以 $x=0$ 是第二类间断点且为振荡间断点．

例 10 设函数 $f(x)=\begin{cases}x, & x>1\\ 0, & x=1\\ x^2, & x<1\end{cases}$，讨论在点 $x=1$ 处的连续性．

解 函数 $f(x)$ 在 $x=1$ 有定义，$f(1)=0$，$\lim\limits_{x\to 1^-}f(x)=\lim\limits_{x\to 1^-}x^2=1$，$\lim\limits_{x\to 1^+}f(x)=\lim\limits_{x\to 1^+}x=1$，故 $\lim\limits_{x\to 1}f(x)=1$，但 $\lim\limits_{x\to 1}f(x)\neq f(1)$，所以 $x=1$ 是函数 $f(x)$ 的间断点，又左、右极限相等，所以 $x=1$ 是可去间断点．

习 题 1-5

1．求下列函数的间断点，并判断间断点的类型．

(1) $f(x)=\dfrac{x^2-3x+2}{1-x}$；　　(2) $f(x)=\dfrac{|x|}{x}$；

(3) $f(x)=\dfrac{x}{x+2}$；　　(4) $f(x)=\begin{cases}x, & 0\leqslant x\leqslant 1\\ 2-x, & 1<x\leqslant 2\end{cases}$．

2．求函数 $f(x)=\dfrac{(x-1)(x-3)}{x^2-1}$ 的连续区间，并判断间断点的类型．

3．求下列函数的极限．

(1) $\lim\limits_{x\to 0}\sqrt[3]{x^2+1}$；　　(2) $\lim\limits_{x\to 0}\ln\left(\dfrac{\sin 2x}{x}-1\right)$；

(3) $\lim\limits_{x\to 0}\dfrac{\ln(1+x)}{x}$；　　(4) $\lim\limits_{x\to\frac{\pi}{2}}\lg\sin x$．

4．证明方程 $e^x=3x$ 在区间 $(0,1)$ 上至少有一个实数根．

5．设函数 $f(x)=\begin{cases}x+a, & x<0\\ b, & x=0\\ e^x, & x>0\end{cases}$，则常数 a,b 取何值时，函数 $f(x)$ 在其定义域内连续？

复习题 1

一、填空题

1. 函数 $f(x)=\arcsin\frac{x}{2}$ 的定义域是____________.

2. 函数 $f(x)=\sqrt{4-x^2}+\frac{\ln(x-1)}{x-2}$ 的定义域为____________.

3. 若 $f(x+1)=x^2+1$，则 $f(x-1)=$____________.

4. 极限 $\lim\limits_{x\to 0}\frac{\sin 3x}{x}=$____________.

5. 函数 $y=e^{\tan 3x}$ 的复合过程是____________.

6. 函数 $y=\frac{1}{x^2-2x-3}$ 的间断点是____________.

7. 当 $x\to$____________时，$\ln x$ 是无穷小量.

8. 当 $x\to$____________时，$\frac{1}{(x-2)^2}$ 是无穷大量.

9. 极限 $\lim\limits_{x\to\frac{\pi}{4}}\ln\tan x=$____________.

10. 函数 $y=f(x)$ 在点 $x=x_0$ 处连续，则极限 $\lim\limits_{x\to x_0}[f(x)-f(x_0)]=$____________.

二、选择题

1. 下列各对函数中，为相同的函数是（　　）.

A. $f(x)=x$ 与 $g(x)=(\sqrt{x})^2$　　B. $f(x)=\sqrt{x^2}$ 与 $g(x)=|x|$

C. $f(x)=\frac{x^2}{x}$ 与 $g(x)=x$　　D. $f(x)=\ln x^2$ 与 $g(x)=2\ln x$

2. 当 $x\to 0$ 时，下面说法错误的是（　　）.

A. $x\sin x$ 是无穷小量　　B. $x\sin\frac{1}{x}$ 是无穷小量

C. $\frac{1}{x}\sin\frac{1}{x}$ 是无穷大量　　D. $\frac{1}{x}$ 是无穷大量

3. 下列函数中，在其定义域内为单调增加函数的是（　　）.

A. $f(x)=x^2$　　B. $f(x)=x^3$

C. $f(x)=2^{-x}$　　D. $f(x)=\log_x 2$

4. 函数 $f(x)$ 在 x_0 处极限存在是函数 $f(x)$ 在 x_0 处连续的（　　）.

A. 充分条件　　B. 必要条件　　C. 充要条件　　D. 既非充分又非必要条件

5. 当 $x\to 0$ 时，下列函数中为无穷小的是（　　）.

A. $y=0.000\,1$　　B. $y=\ln x$

C. $\frac{\sin^2 x}{x}$　　D. $\frac{\sin 2x}{x}$

6. 函数 $f(x)=\dfrac{x}{x-1}$ 在点 $x=1$(　　).

A. 极限存在　　B. 左、右极限存在,但不相等

C. 连续　　D. 不连续

7. $x=1$ 是函数 $f(x)=e^{\frac{1}{x-1}}$ 的(　　).

A. 第一类不可去间断点　　B. 第一类可去间断点

C. 第二类跳跃间断点　　D. 第二类非跳跃间点

8. 下列各式正确的是(　　).

A. $\lim\limits_{x\to 0}\left(1+\dfrac{1}{2x}\right)^{2x}=e$　　B. $\lim\limits_{x\to 0}(1+x)^{\frac{1}{x}}=e$

C. $\lim\limits_{x\to\infty}\left(1+\dfrac{1}{x}\right)^{\frac{1}{x}}=e$　　D. $\lim\limits_{x\to\infty}(1+x)^{x}=e$

9. 下列说法正确的是(　　).

A. 连续函数必有最大值和最小值

B. 连续函数必有最大值或最小值

C. 闭区间上的连续函数必有最大值和最小值

D. 开区间上的连续函数必有最大值和最小值

10. 若极限 $\lim\limits_{x\to 1}\dfrac{ax-2}{x-1}$ 存在,则常数 a 的值是(　　).

A. 1　　B. 2　　C. 任意值　　D. 不存在

三、解答题

1. 已知 $f(x)=x^3+1$ 求 $f(x^2)$, $f[f(x)]$.

2. 求下列极限.

(1) $\lim\limits_{x\to 1}\dfrac{x^3-1}{x^2-1}$;　　(2) $\lim\limits_{x\to 2}\dfrac{\sqrt{2+x}-2}{x^2-4}$;

(3) $\lim\limits_{x\to\infty}\dfrac{x}{x^2+1}\sin x$;　　(4) $\lim\limits_{x\to 2}\dfrac{x^2-3x+2}{x^2-6x+8}$;

(5) $\lim\limits_{x\to 0}\dfrac{\sin 2x}{\sin 3x}$;　　(6) $\lim\limits_{x\to 0}x\left(\sin\dfrac{1}{x}-\dfrac{1}{\sin x}\right)$;

(7) $\lim\limits_{x\to\infty}\left(1-\dfrac{1}{x}\right)^{2x}$;　　(8) $\lim\limits_{x\to\infty}\dfrac{2x^2+x+1}{3x^2-x+4}$;

(9) $\lim\limits_{x\to 1}\dfrac{\sin x}{2x}$;　　(10) $\lim\limits_{x\to 0}\dfrac{x^3+2x^2\sin x-5}{7x^3-x+1}$.

3. 若 $\lim\limits_{x\to 1}\dfrac{x^2-ax+b}{x-1}=2$,求 a,b 的值.

4. 证明方程 $\sin x=1-x$ 在区间 $\left(0,\dfrac{\pi}{4}\right)$ 上至少有一实数根.

第2章 导数与微分

第1节 导数的概念

一、导数的定义

定义 2.1 设函数 $y=f(x)$ 在点 x_0 及其左、右附近有定义，当自变量 x 在 x_0 处取得改变量 Δx 时，相应地，函数 y 也取得改变量 $\Delta y=f(x_0+\Delta x)-f(x_0)$. 如果当 $\Delta x\to 0$ 时，$\dfrac{\Delta y}{\Delta x}$ 的极限存在，这个极限就称为函数 $y=f(x)$ 在点 x_0 处的导数(变化率)，记作 $y'\Big|_{x=x_0}$ 或 $f'(x_0)$ 或 $\dfrac{\mathrm{d}y}{\mathrm{d}x}\Big|_{x=x_0}$ 或 $\dfrac{\mathrm{d}}{\mathrm{d}x}f(x)\Big|_{x=x_0}$，即

$$y'\Big|_{x=x_0}=\lim_{\Delta x\to 0}\frac{\Delta y}{\Delta x}=\lim_{\Delta x\to 0}\frac{f(x_0+\Delta x)-f(x_0)}{\Delta x}$$

这时也说函数 $y=f(x)$ 在点 x_0 处可导. 如果极限不存在，就说函数 $y=f(x)$ 在点 x_0 处不可导.

例 1 求函数 $y=x^3$ 在 $x=1,x=2$ 处的导数.

解 当 x 由 1 变到 $1+\Delta x$ 时，函数相应的改变量：

$$\Delta y=(1+\Delta x)^3-1=3(\Delta x)+3(\Delta x)^2+(\Delta x)^3$$

$$\frac{\Delta y}{\Delta x}=3+3(\Delta x)+(\Delta x)^2$$

$$f'(1)=\lim_{\Delta x\to 0}[3+3(\Delta x)+(\Delta x)^2]=3$$

当 x 由 2 变到 $2+\Delta x$ 时，函数相应的改变量：

$$\Delta y=(2+\Delta x)^3-2^3=3\times 2^2(\Delta x)+3\times 2(\Delta x)^2+(\Delta x)^3$$

$$\frac{\Delta y}{\Delta x}=12+6(\Delta x)+(\Delta x)^2$$

$$f'(2)=\lim_{\Delta x\to 0}[12+6(\Delta x)+(\Delta x)^2]=12$$

例 2 求函数 $y=x^2$ 在 $x=x_0$ 处的导数.

解 给自变量 x 在 $x=x_0$ 处以增量 Δx，对应的函数的增量是

$$\Delta y=f(x_0+\Delta x)-f(x_0)=(x_0+\Delta x)^2-x_0^2=2x_0\Delta x+(\Delta x)^2$$

因此，有

$$\frac{\Delta y}{\Delta x}=\frac{2x_0\Delta x+(\Delta x)^2}{\Delta x}=2x_0+\Delta x$$

令 $\Delta x\to 0$,对上式两端取极限,得

$$f'(x_0)=\lim_{\Delta x\to 0}\frac{\Delta y}{\Delta x}=\lim_{\Delta x\to 0}\frac{2x_0\Delta x+(\Delta x)^2}{\Delta x}=\lim_{\Delta x\to 0}(2x_0+\Delta x)=2x_0$$

显然,上式中的 x_0 可以是区间 $(-\infty,+\infty)$ 内的任意值. 因此,函数 $f(x)=x^2$ 在区间 $(-\infty,+\infty)$ 内的每一点都可导.

定义 2.2 若函数 $y=f(x)$ 在区间 (a,b) 内每一点都可导,则称函数在区间 (a,b) 内可导. 这时对任意给定的值 $x\in(a,b)$,都有唯一确定的导数值与之对应,因此就构成了 x 的一个新函数,称为导函数,记作 y', $f'(x)$, $\frac{\mathrm{d}y}{\mathrm{d}x}$ 或 $\frac{\mathrm{d}f(x)}{\mathrm{d}x}$,即

$$f'(x)=\lim_{\Delta x\to 0}\frac{\Delta y}{\Delta x}=\lim_{\Delta x\to 0}\frac{f(x+\Delta x)-f(x)}{\Delta x}$$

注 显然,函数 $y=f(x)$ 在 x_0 处的导数,就是导函数 $f'(x)$ 在点 $x=x_0$ 处的函数值,即

$$f'(x_0)=f'(x)\big|_{x=x_0}$$

以后在不会混淆的情况下,我们把导函数称为导数.

定义 2.3 设函数 $y=f(x)$ 在点 x_0 的某右邻域 $(x_0,\ x_0+\delta)$ 内有定义,若

$$\lim_{\Delta x\to 0^+}\frac{\Delta y}{\Delta x}=\lim_{\Delta x\to 0^+}\frac{f(x_0+\Delta x)-f(x_0)}{\Delta x}$$

存在,则称 $f(x)$ 在点 x_0 处右可导,该极限值称为 $f(x)$ 在 x_0 处的右导数,记为 $f'_+(x_0)$,即

$$f'_+(x_0)=\lim_{\Delta x\to 0^+}\frac{f(x_0+\Delta x)-f(x_0)}{\Delta x}$$

类似地,可定义左导数

$$f'_-(x_0)=\lim_{\Delta x\to 0^-}\frac{f(x_0+\Delta x)-f(x_0)}{\Delta x}$$

右导数和左导数统称为单侧导数.

定理 2.1 若函数 $y=f(x)$ 在点 x_0 的某领域内有定义,则 $f'(x_0)$ 存在的充要条件是 $f'_+(x_0)$ 与 $f'_-(x_0)$ 都存在,且 $f'_+(x_0)=f'_-(x_0)$.

例 3 设函数 $f(x)=|x|$,判断该函数在 $x=1$ 及 $x=0$ 处是否可导.

解 在 $x=1$ 处,有

$$\lim_{\Delta x\to 0}\frac{|1+\Delta x|-|1|}{\Delta x}=\lim_{\Delta x\to 0}\frac{(1+\Delta x)-1}{\Delta x}=1$$

故函数 $f(x)=|x|$ 在 $x=1$ 处可导,且 $f'(1)=1$.

在 $x=0$ 处,考虑 $\lim\limits_{\Delta x\to 0}\frac{|0+\Delta x|-|0|}{\Delta x}$. 因为

$$\lim_{\Delta x\to 0^+}\frac{|0+\Delta x|-|0|}{\Delta x}=\lim_{\Delta x\to 0^+}\frac{\Delta x}{\Delta x}=1$$

$$\lim_{\Delta x\to 0^-}\frac{|0+\Delta x|-|0|}{\Delta x}=\lim_{\Delta x\to 0^-}\frac{-\Delta x}{\Delta x}=-1$$

左、右极限不相等,因此,$\lim\limits_{\Delta x\to 0}\frac{|0+\Delta x|-|0|}{\Delta x}$ 不存在,函数 $f(x)=|x|$ 在 $x=0$ 处不可导.

例 4　设 $f(x)=\begin{cases}1+x, & x\geqslant 0\\ 1-x, & x<0\end{cases}$，讨论 $f(x)$ 在 $x_0=0$ 处是否可导.

解　因为

$$\frac{f(0+\Delta x)-f(0)}{\Delta x}=\begin{cases}1, & \Delta x>0\\ -1, & \Delta x<0\end{cases}$$

得

$$f_+(0)=\lim_{\Delta x\to 0^+}\frac{f(0+\Delta x)-f(0)}{\Delta x}=1$$

$$f_-(0)=\lim_{\Delta x\to 0^-}\frac{f(0+\Delta x)-f(0)}{\Delta x}=-1$$

所以 $f_+(0)\neq f_-(0)$，故函数 $f(x)$ 在 $x=0$ 处不可导.

二、导数的几何和力学意义

设函数 $y=f(x)$ 的图形如图 2-1 所示，在其上任取两点 $M_0(x_0,y_0)$ 和 $N(x_0+\Delta x,y_0+\Delta y)$，作割线 M_0N，设其倾斜角为 φ，则割线的斜率为

$$\tan\varphi=\frac{\Delta y}{\Delta x}=\frac{f(x_0+\Delta x)-f(x_0)}{\Delta x}$$

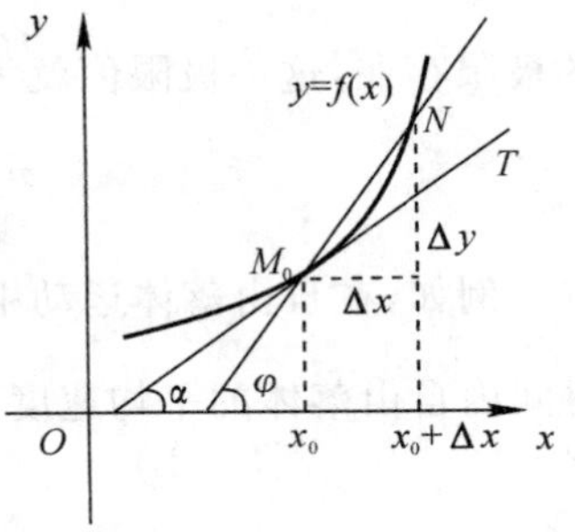

图　2-1

设点 N 沿曲线 $y=f(x)$ 趋近于 M_0 时，割线 M_0N 趋于极限位置 M_0T，M_0T 就是曲线在点 M_0 处的切线. 如果 M_0T 的倾斜角为 α，当 $\Delta x\to 0$ 时点 $N\to M_0$，割线 $M_0N\to MT$，$\varphi\to\alpha$，于是

$$\tan\alpha=\lim_{\varphi\to\alpha}\tan\varphi=\lim_{\Delta x\to 0}\frac{\Delta y}{\Delta x}=\lim_{\Delta x\to 0}\frac{f(x_0+\Delta x)-f(x_0)}{\Delta x}=f'(x_0)$$

这个式子说明，函数 $y=f(x)$ 在点 x_0 处的导数 $f'(x_0)$ 就是曲线 $y=f(x)$ 在点 $M_0(x_0,y_0)$ 处的切线 M_0T 的斜率，有

$$k=\tan\alpha=f'(x_0)$$

这就是导数的几何意义.

根据导数的几何意义及直线的点斜式方程，很容易得到曲线 $y=f(x)$ 在点 $M_0(x_0,y_0)$ 处的切线方程为

$$y-y_0=f'(x_0)(x-x_0)$$

同时，曲线 $y=f(x)$ 在点 $P_0(x_0,y_0)$ 处的法线是过此点且与切线垂直的直线，所以它的斜率为 $-\frac{1}{f'(x_0)}$ $(f'(x_0)\neq 0)$，故法线方程为

$$y-y_0=-\frac{1}{f'(x_0)}(x-x_0)$$

当 $f'(x_0)=0$ 时，法线方程为 $x=x_0$；

当 $f'(x_0)=\pm\infty$ 时，法线方程为 $y=y_0$.

例 5　求曲线 $y=x^2$ 在点(2,4)处的切线方程及法线方程.

解　因为 $y'=2x$，所以 $y'|_{x=2}=4$，所以，所求切线方程为

$$y-4=4(x-2)，即\ 4x-y-4=0$$

所求的法线方程为

$$y-4=-\frac{1}{4}(x-2)\text{，即 } x+4y-18=0$$

设某物体作直线运动，其路程与时间的关系为 $s=s(t)$. 当时间由 t 变化到 $t+\Delta t$ 时，对应的路程由 $s(t)$ 变化到 $s(t+\Delta t)$，其改变量为 Δs，则物体在 $[t,t+\Delta t]$ 时间内的平均速度为

$$\bar{v}=\frac{\Delta s}{\Delta t}=\frac{s(t+\Delta t)-s(t)}{\Delta t}$$

亦称路程 s 对时间 t 的平均变化率.

如果物体作匀速直线运动，则 $\bar{v}=\frac{\Delta s}{\Delta t}$ 就表示物体在任何时刻 t 的速度；如果物体是作变速直线运动，那么平均速度不能代表物体在某一时刻瞬时运动状态. 但是若当 $\Delta t\to 0$ 时，比值 $\frac{\Delta s}{\Delta t}$ 的极限存在，这一极限值就为物体在时刻 t 的瞬时速度，如果瞬时速度用记号 v 表示，则有

$$v=\lim_{\Delta t\to 0}\bar{v}=\lim_{\Delta t\to 0}\frac{\Delta s}{\Delta t}=\lim_{\Delta t\to 0}\frac{s(t+\Delta t)-s(t)}{\Delta t}$$

例如，在自由落体运动中，其运动方程为 $s=\frac{1}{2}gt^2$. 当时间由 t 变化到 $t+\Delta t$ 时，在这一段时间内自由落体的平均速度为

$$\bar{v}=\frac{\Delta s}{\Delta t}=\frac{\frac{1}{2}g\,(t+\Delta t)^2-\frac{1}{2}gt^2}{\Delta t}=gt+\frac{1}{2}g(\Delta t)$$

因此，自由落体在 t 时刻的瞬时速度为

$$v=\lim_{\Delta t\to 0}\bar{v}=\lim_{\Delta t\to 0}\frac{\Delta s}{\Delta t}=\lim_{\Delta t\to 0}\left[gt+\frac{1}{2}g(\Delta t)\right]=gt$$

三、可导与连续的关系

函数的连续性保证了曲线的“不断”，而函数的可导则既保证了曲线的“不断”，又保证了曲线的“流畅”或“光滑”.

定理 2.2 若函数在某点可导，则函数在该点必然连续.

证明 因为函数 $f(x)$ 在 x_0 点处可导，设自变量 x 在 x_0 处有一改变量 Δx，相应函数有一改变量 Δy，由导数的定义可得

$$\lim_{\Delta x\to 0}\frac{\Delta y}{\Delta x}=\lim_{\Delta x\to 0}\frac{f(x_0+\Delta x)-f(x_0)}{\Delta x}=f'(x_0)$$

所以
$$\lim_{\Delta x\to 0}\Delta y=\lim_{\Delta x\to 0}\left(\frac{\Delta y}{\Delta x}\cdot\Delta x\right)=\lim_{\Delta x\to 0}\frac{\Delta y}{\Delta x}\cdot\lim_{\Delta x\to 0}\Delta x=f'(x_0)\cdot 0=0$$

故 $f(x)$ 在 x_0 点连续.

但是，反之却不然，即连续不一定可导.

观察函数 $y=|x|$ 的图形. 图形是连续的，那么是不是可导呢？

图形在 $x=0$ 处突然拐弯，出现了“尖点”或“不流畅、不光滑”的点（见图 2-2），在例 3 中已经证明，函数 $y=|x|$ 在 $x=0$ 处不可导.

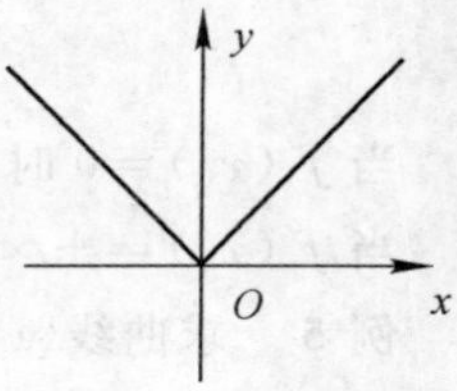

图 2-2

例 6 设函数 $f(x)=\begin{cases}x\sin\frac{1}{x}, & x\neq 0\\ 0, & x=0\end{cases}$，讨论其在 $x=0$ 的连续性

和可导性.

解　因为$\lim\limits_{x\to 0}x\sin\dfrac{1}{x}=0=f(0)$,所以 $f(x)$ 在 $x=0$ 点连续.

又因为

$$\lim_{\Delta x\to 0}\frac{f(0+\Delta x)-f(0)}{\Delta x}=\lim_{\Delta x\to 0}\frac{\Delta x\cdot\sin\dfrac{1}{\Delta x}-0}{\Delta x}=\lim_{\Delta x\to 0}\sin\frac{1}{\Delta x}$$

不存在,所以 $f(x)$ 在 $x=0$ 处不可导,也不连续.

思考:若将题中的"x"换成"x^2",则其连续性和可导性如何?

习　题　2-1

1. 判断下列说法是否正确.

(1) 若函数 $y=f(x)$ 在点 $x=x_0$ 处连续,则 $y=f(x)$ 在点 $x=x_0$ 处可导;

(2) 若函数 $y=f(x)$ 在点 $x=x_0$ 处可导,则 $y=f(x)$ 在点 $x=x_0$ 处连续;

(3) 若曲线 $y=f(x)$ 在点$(x_0,f(x_0))$处有切线,则 $y=f(x)$ 在点 x_0 处可导.

2. 某物体作直线运动的方程为 $s=t^2-t+1$,试求:

(1) 物体在 1 s 到 $1+\Delta t$ s 的平均速度;

(2) 物体在 1 s 时的瞬时速度.

3. 根据导数的定义,求下列函数的导数.

(1) $y=x^2+3$;　　(2) $y=\sin 2x$.

4. 求下列函数在 $x=1$ 处的导数.

(1) $y=x^3$;　　(2) $y=\ln x$.

5. 已知 $y=f(x)$ 在 $x=0$ 处的导数 $f'(0)=4$,且 $f(0)=0$,求$\lim\limits_{x\to 0}\dfrac{f(x)}{x}$.

6. 求函数 $y=2x^2+1$ 在 $x=1$ 处的切线方程.

7. 求曲线 $y=\ln x$ 在 $x=\mathrm{e}$ 处的切线方程和法线方程.

8. 求曲线 $y=x^3$ 上与直线 $3x-y+1=0$ 平行的切线的方程.

第 2 节　导数的基本公式与运算法则

一、由定义求导举例

根据导数的定义,求函数 $f(x)$ 导数的一般步骤如下:

(1) 写出函数的改变量:

$$\Delta y=f(x+\Delta x)-f(x)$$

(2) 计算比值:

$$\frac{\Delta y}{\Delta x}=\frac{f(x+\Delta x)-f(x)}{\Delta x}$$

(3) 求极限:

$$y'=f'(x)=\lim_{\Delta x\to 0}\frac{\Delta y}{\Delta x}=\lim_{\Delta x\to 0}\frac{f(x+\Delta x)-f(x)}{\Delta x}$$

例 1 求常数函数 $y=c$ 的导数.

解 (1) $$\Delta y=f(x+\Delta x)-f(x)=c-c=0$$

(2) $$\frac{\Delta y}{\Delta x}=\frac{0}{\Delta x}=0$$

(3) $$y'=\lim_{\Delta x\to 0}\frac{\Delta y}{\Delta x}=0$$

例 2 求函数 $y=x^3$ 的导数.

解 (1) $$\Delta y=f(x+\Delta x)-f(x)=(x+\Delta x)^3-x^3=3x^2(\Delta x)+3x(\Delta x)^2+(\Delta x)^3$$

(2) $$\frac{\Delta y}{\Delta x}=3x^2+3x(\Delta x)+(\Delta x)^2$$

(3) $$y'=\lim_{\Delta x\to 0}\frac{\Delta y}{\Delta x}=\lim_{\Delta x\to 0}[3x^2+3x(\Delta x)+(\Delta x)^2]=3x^2$$

即 $$(x^3)'=3x^2$$

可以证明,幂函数 $y=x^\alpha$(α 是任意实数) 的导数为

$$(x^\alpha)'=\alpha x^{\alpha-1}$$

例 3 求下列函数的导数.

(1)$y=\frac{1}{x}$; (2)$y=\sqrt{x}$; (3)$y=\frac{x^2}{\sqrt[3]{x}}$.

解 (1) 因为 $y=\frac{1}{x}=x^{-1}$,所以 $y'=(x^{-1})'=-x^{-2}=-\frac{1}{x^2}$.

(2) 因为 $y=\sqrt{x}=x^{\frac{1}{2}}$,所以 $y'=(x^{\frac{1}{2}})'=\frac{1}{2}x^{-\frac{1}{2}}=\frac{1}{2\sqrt{x}}$.

(3) 因为 $y=\frac{x^2}{\sqrt[3]{x}}=x^{\frac{5}{3}}$,所以 $y'=(x^{\frac{5}{3}})'=\frac{5}{3}x^{\frac{2}{3}}$.

例 4 求函数 $y=\sin x$ 的导数.

解 (1)$\Delta y=f(x+\Delta x)-f(x)=\sin(x+\Delta x)-\sin x=2\cos\left(x+\frac{\Delta x}{2}\right)\sin\frac{\Delta x}{2}$

(2) $$\frac{\Delta y}{\Delta x}=\frac{2\cos\left(x+\frac{\Delta x}{2}\right)\sin\frac{\Delta x}{2}}{\Delta x}=\cos\left(x+\frac{\Delta x}{2}\right)\frac{\sin\frac{\Delta x}{2}}{\frac{\Delta x}{2}}$$

(3) $$y'=\lim_{\Delta x\to 0}\frac{\Delta y}{\Delta x}=\lim_{\Delta x\to 0}\cos\left(x+\frac{\Delta x}{2}\right)\frac{\sin\frac{\Delta x}{2}}{\frac{\Delta x}{2}}=\cos x$$

即 $$(\sin x)'=\cos x$$

用类似的方法可以求得 $(\cos x)'=-\sin x$.

例 5 求函数 $y=\log_a x$($a>0$,且 $a\neq 1$) 的导数.

解 (1)$\Delta y=f(x+\Delta x)-f(x)=\log_a(x+\Delta x)-\log_a x=\log_a\left(1+\frac{\Delta x}{x}\right)$

(2) $$\frac{\Delta y}{\Delta x}=\frac{\log_a\left(1+\frac{\Delta x}{x}\right)}{\Delta x}=\frac{1}{x}\log_a\left(1+\frac{\Delta x}{x}\right)^{\frac{x}{\Delta x}}$$

(3)
$$y'=\lim_{\Delta x\to 0}\frac{\Delta y}{\Delta x}=\lim_{\Delta x\to 0}\frac{1}{x}\log_a\left(1+\frac{\Delta x}{x}\right)^{\frac{x}{\Delta x}}=\frac{1}{x}\log_a e=\frac{1}{x\ln a}$$

即
$$(\log_a x)'=\frac{1}{x\ln a}$$

当 $a=e$ 时，得 $(\ln x)'=\frac{1}{x}$.

二、导数的四则运算法则

对于极简单的函数，可以运用导数的定义求出其导数. 但是，对于较复杂的初等函数，利用定义就可能非常麻烦了. 我们知道，初等函数是由基本初等函数经过四则运算和复合而得到的，所以我们要探讨四则运算和复合运算的求导法则，以及反函数的求导法则，进而解决初等函数的求导问题.

定理 2.3　设函数 $u(x)$，$v(x)$ 在点 x 处可导，则它们的和、差、积与商在 x 处也可导，且

(1) $(u(x)\pm v(x))'=u'(x)\pm v'(x)$；

(2) $(u(x)v(x))'=u(x)v'(x)+u'(x)v(x)$；

(3) $\left(\frac{v(x)}{u(x)}\right)'=\frac{v'(x)u(x)-v(x)u'(x)}{u^2(x)}$　$(u(x)\neq 0)$.

证明略.

例 6　设 $y=5x^2+\frac{3}{x^3}-4\cos x$，求 y'.

解　$y'=(5x^2)'+\left(\frac{3}{x^3}\right)'-(4\cos x)'=$

$5\times 2x+3\times(-3)x^{-4}-4\times(-\sin x)=$

$10x-\frac{9}{x^4}+4\sin x$

例 7　设 $y=(1+2x)(5x^2-3x+1)$，求 y'.

解　$y'=(1+2x)'(5x^2-3x+1)+(1+2x)(5x^2-3x+1)'=$

$2(5x^2-3x+1)+(1+2x)(10x-3)=30x^2-2x-1$

例 8　设 $y=x\sin x\ln x$，求 y'.

解　$y'=x'\sin x\ln x+x(\sin x)'\ln x+x\sin x(\ln x)'=$

$\sin x\ln x+x\cos x\ln x+x\sin x\cdot\frac{1}{x}=y=\sin x\ln x+x\cos x\ln x+\sin x$

例 9　设 $y=\frac{x^2-x+2}{x+3}$，求 $f'(1)$.

解　$f'(x)=\frac{(x^2-x+2)'(x+3)-(x^2-x+2)(x+3)'}{(x+3)^2}=$

$\frac{(2x-1)(x+3)-(x^2-x+2)}{(x+3)^2}=\frac{x^2+6x-5}{(x+3)^2}$

$$f'(1)=\frac{1^2+6\times 1-5}{(1+3)^2}=\frac{1}{8}$$

例 10　求 $y=\tan x$ 的导数.

解　因为
$$\tan x=\frac{\sin x}{\cos x}$$
所以
$$y'=\left(\frac{\sin x}{\cos x}\right)'=\frac{(\sin x)'\cos x-\sin x(\cos x)'}{(\cos x)^2}=$$
$$\frac{\sin^2 x+\cos^2 x}{\cos^2 x}=\frac{1}{\cos^2 x}=\sec^2 x$$
即
$$(\tan x)'=\sec^2 x$$
同样的方法可以得到
$$(\cot x)'=-\csc^2 x$$

例 11　求 $y=\sec x$ 的导数.

解　$(\sec x)'=\left(\frac{1}{\cos x}\right)'=-\frac{(\cos x)'}{(\cos x)^2}=\frac{\sin x}{\cos^2 x}=\sec x\tan x$

即
$$(\sec x)'=\sec x\tan x$$
同样的方法可得
$$(\csc x)'=-\csc x\cot x$$

习　题　2-2

1. 求下列函数的导数.

(1) $y=3x^2-x+7$；　(2) $y=3^x\cdot e^x$；

(3) $y=2\sqrt{x}-\frac{1}{x}+4\sqrt{3}$；　(4) $y=\frac{x^2}{2}+\frac{2}{x^2}$；

(5) $y=x\ln x$；　(6) $y=\frac{5x}{1+x^2}$；

(7) $y=\frac{1-2\ln x}{1+2\ln x}$；　(8) $y=x\sin x$；

(9) $y=x^2\tan x+\cos\frac{\pi}{4}$；　(10) $y=\cos x-\cot x$；

(11) $y=\frac{5\sin x}{1+\cos x}$；　(12) $y=x^3 e^x$；

(13) $y=e^x+x^2+e^3+2^x$；　(14) $y=x\arcsin x$；

(15) $y=x^2+\arctan x$；　(16) $y=\sec x+\ln x$.

2. 设 $y=\frac{1}{2}\cos x+x\tan x$，求 $y'|_{x=\frac{\pi}{4}}$.

第3节　复合函数的导数

一、复合函数的导数

对于复合而成的初等函数求导数，我们有下面的法则.

定理 2.4　设函数 $u=\varphi(x)$ 在点 x 处可导，函数 $y=f(u)$ 在对应点 u 处可导，则复合函数 $y=f[\varphi(x)]$ 在点 x 处可导，且
$$\frac{dy}{dx}=f'(u)\cdot\varphi'(x)$$
或
$$y'_x=y'_u\cdot u'_x$$

或
$$\frac{dy}{dx}=\frac{dy}{du}\cdot\frac{du}{dx}$$
就是说，复合函数的导数等于复合函数对中间变量的导数乘以中间变量对自变量的导数.

例 1　求下列函数的导数.

(1) $y=\sin^3 x$；　(2) $y=\cos x^2$；

(3) $y=\sin\frac{x}{5}$；　(4) $y=(3x+2)^4$；

(5) $y=\frac{1}{1+2x}$；　(6) $y=\sqrt{4-2x^2}$.

解　(1) 设 $y=u^3, u=\sin x$，则 $y'_x=y'_u\cdot u'_x=3u^2\cdot\cos x=3\sin^2 x\cos x$.

(2) 设 $y=\cos u, u=x^2$，则 $y'_x=y'_u\cdot u'_x=-\sin u\cdot 2x=-2x\sin x^2$.

(3) 设 $y=\sin u, u=\frac{x}{5}$，则 $y'_x=y'_u\cdot u'_x=\cos u\cdot\frac{1}{5}=\frac{1}{5}\cos\frac{x}{5}$.

(4) 设 $y=u^4, u=3x+2$，则 $y'_x=y'_u\cdot u'_x=4u^3\cdot 3=12(3x+2)^3$.

(5) 设 $y=\frac{1}{u}=u^{-1}, u=1+2x$，则 $y'_x=y'_u\cdot u'_x=-u^{-2}\cdot 2=-\frac{2}{(1+2x)^2}$.

(6) 设 $y=u^{\frac{1}{2}}, u=4-2x^2$，则 $y'_x=y'_u\cdot u'_x=\frac{1}{2}u^{-\frac{1}{2}}\cdot(-2\cdot 2x)=-\frac{2x}{\sqrt{4-2x^2}}$.

在熟练掌握复合函数的求导公式后，求导时就可以不写出中间变量了.

定理的结论还可以推广到多次复合的情形. 例如设 $y=f(u), u=\varphi(v), v=\psi(x)$，则复合函数 $y=f\{\varphi[\psi(x)]$ 的导数为
$$\frac{dy}{dx}=\frac{dy}{du}\cdot\frac{du}{dv}\cdot\frac{dv}{dx}$$

例 2　求下列函数的导数.

(1) $y=\tan(x^2+3x)$；　(2) $y=\sqrt{\frac{x-1}{x+1}}$；　(3) $y=\ln\sin 3x$.

解　(1) $y'=\sec^2(x^2+3x)(x^2+3x)'=(2x+3)\sec^2(x^2+3x)$

(2) $y'=\frac{1}{2}\left(\frac{x-1}{x+1}\right)^{-\frac{1}{2}}\cdot\left(\frac{x-1}{x+1}\right)'=$

$\frac{1}{2}\left(\frac{x-1}{x+1}\right)^{-\frac{1}{2}}\cdot\frac{1\times(x+1)-(x-1)\times 1}{(x+1)^2}=\frac{1}{(x+1)^2}\sqrt{\frac{x+1}{x-1}}$

(3) $y'=\frac{1}{\sin 3x}\cdot(\sin 3x)'=\frac{1}{\sin 3x}(\cos 3x)(3x)'=3\cot 3x$

二、初等函数求导方法小结

基本初等函数的导数公式和本节讨论的求导法则，在初等函数的求导中起重要的作用，必须熟练掌握. 为了便于查阅，将这些公式和法则归纳如下：

1. 基本初等函数的导数公式

(1) $(c)'=0$；　(2) $(x^\alpha)'=\alpha x^{\alpha-1}$；

(3) $(\sin x)'=\cos x$；　(4) $(\cos x)'=-\sin x$；

(5) $(\tan x)'=\sec^2 x$；　(6) $(\cot x)'=-\mathrm{cec}^2 x$；

(7) $(\sec x)'=\sec x\tan x$；　(8) $(\mathrm{cec}x)'=-\mathrm{cec}x\cot x$；

(9) $(a^x)'=a^x\ln a$；　(10) $(e^x)'=e^x$；

(11) $(\log_a x)'=\dfrac{1}{x\ln a}$；　(12) $(\ln x)'=\dfrac{1}{x}$；

(13) $(\arcsin x)'=\dfrac{1}{\sqrt{1-x^2}}$；　(14) $(\arccos x)'=-\dfrac{1}{\sqrt{1-x^2}}$；

(15) $(\arctan x)'=\dfrac{1}{1+x^2}$；　(16) $(\mathrm{arccot}\, x)'=-\dfrac{1}{1+x^2}$.

2. 导数的四则运算法则

设函数 $u=u(x)$，$v=v(x)$ 都在点 x 处可导，则

(1) $(u\pm v)'=u'\pm v'$；　(2) $(cu)'=cu'$（c 为常数）；

(3) $(uv)'=u'v+uv'$；　(4) $\left(\dfrac{u}{v}\right)'=\dfrac{u'v-uv'}{v^2}(v\neq 0)$.

3. 复合函数的求导法则

设函数 $y=f[\varphi(x)]$ 由 $y=f(u)$ 和 $u=\varphi(x)$ 复合而成，函数 $y=f(u)$ 和 $u=\varphi(x)$ 均可导，则复合函数 $y=f[\varphi(x)]$ 也可导，且

$$y'=f'(u)\cdot\varphi'(x)$$

习　题　2-3

求下列函数的导数．

(1) $y=(x+2)^5$；　(2) $y=\sqrt{x+1}$；

(3) $y=e^{3x}$；　(4) $y=\cos(5x+1)$；

(5) $y=\tan^2 x$；　(6) $y=\ln(\ln x)$；

(7) $y=\arcsin\dfrac{x}{3}$；　(8) $y=\mathrm{arccot}\,\dfrac{1}{x}$；

(9) $y=x^2\sin^3 x$；　(10) $y=x^2\cos\dfrac{1}{x}$；

(11) $y=e^{-x}\cos 2x$；　(12) $y=x\sqrt{1-4x^2}+\arccos 2x$；

(13) $y=x\sin(2x^2+1)$；　(14) $y=\ln^2(2x+1)$；

(15) $y=\sqrt{\cos x^2}$.

第 4 节　隐函数及参数方程求导法

一、隐函数求导

前面介绍的都是以 $y=f(x)$ 的形式出现的显式函数的求导法则. 但在实际中，有许多函数关系式是隐藏在一个方程中，这个函数不一定能写成 $y=f(x)$ 的形式，例如：$xy+e^x+e^y-e=0$ 所确定的函数就不能写成 $y=f(x)$ 的形式.

一般地，把由二元方程 $F(x,y)=0$ 所确定的 y 与 x 的关系式称为隐函数.

隐函数求导法则：就是指不从方程 $F(x,y)=0$ 中解出 y，而求 y'.

具体解法如下：

(1) 对方程 $F(x,y)=0$ 的两端同时关于 x 求导，在求导过程中把 y 看成 x 的函数，也就是把它作为中间变量来看待(有时也可以把 x 看作函数，y 看作自变量).

(2) 求导之后得到一个关于 y' 的一次方程，解此方程，便得 y' 的表达式. 当然，在此表达式内可能会含有 y，这没关系，让它保留在式子中就可以了.

例 1　设 $xy+e^x+e^y-e=0$，求 y'.

解　对 $xy+e^x+e^y-e=0$ 两边关于 x 求导，有

$$y+x\cdot y'+e^x+e^y\cdot y'=0$$

故得

$$(x+e^y)\cdot y'=-(y+e^x)$$

即

$$y'=-\frac{y+e^x}{x+e^y}$$

例 2　求由方程 $y=\cos(x+y)$ 所确定 $y=f(x)$ 的导数.

解　两边同时对 x 求导数，有

$$y'=-\sin(x+y)(1+y')$$

解得

$$y'=-\frac{\sin(x+y)}{1+\sin(x+y)}$$

有些函数求导时，如果先对等式两边取对数，然后按隐函数求导法则求导数，往往可使运算简化，这种方法称为对数求导法.

具体的求法，以实例来说明：

例 3　设 $y=x^{\sin x}(x>0)$，求 $\frac{dy}{dx}$.

这类函数，称为幂指函数，在前面所介绍的公式和法则中，还没有这类函数的导数. 下面就来解它.

解　对 $y=x^{\sin x}$ 两边取对数，得到

$$\ln y=\ln x^{\sin x}=\sin x\ln x$$

由隐函数求导法则，方程 $\ln y=\sin x\ln x$ 两边关于 x 求导数，得

$$\frac{1}{y}\cdot y'=\cos x\ln x+\frac{\sin x}{x}$$

于是

$$y'=y\left(\cos x\ln x+\frac{\sin x}{x}\right)=x^{\sin x}\left(\cos x\ln x+\frac{\sin x}{x}\right)$$

更一般地，若 $y=u(x)^{v(x)}$，其中 $u(x)$，$v(x)$ 关于 x 都可导，且 $u(x)>0$，那么，“等式两边先取对数，再关于 x 求导数”，用此法后，先得到 $\ln y=v(x)\ln u(x)$，进一步有

$$\frac{1}{y}\cdot y'=v'(x)\ln u(x)+\frac{v(x)\cdot u'(x)}{u(x)}$$

再整理后得

$$y'=u(x)^{v(x)}\left\{v'(x)\ln u(x)+\frac{v(x)\cdot u'(x)}{u(x)}\right\}$$

其实，幂指函数的导数结果稍加整理一下，便有

$$y'=u(x)^{v(x)}\ln u(x)v'(x)+v(x)u(x)^{v(x)-1}u'(x)$$

前一部分是把 $u(x)^{v(x)}$ 作为指数函数求导数得到的结果；后一部分是把 $u(x)^{v(x)}$ 作为幂

函数求导得到的结果，因此，可以这么说，幂指函数的导数等于幂函数的导数与指数函数的导数之和.

对于幂指函数求导，有时可以直接根据对数的性质以及复合函数的求导法则求导，无须转化为隐函数.

对 $y=x^{\sin x}$ 的另一种简便的解法，因为 $y=x^{\sin x}=e^{\ln x^{\sin x}}=e^{\sin x\ln x}$，所以它是由 $y=e^u$，$u=\sin x\ln x$ 复合而成的，故

$$y'=\frac{dy}{du}\frac{du}{dx}=e^{\sin x\ln x}\left(\cos x\ln x+\sin x\frac{1}{x}\right)=x^{\sin x}\left(\cos x\ln x+\sin x\frac{1}{x}\right)$$

例 4 求 $y=\sqrt[5]{\dfrac{(x-1)(x-3)}{(x-2)^3(x-4)}}$ 的导数.

解 两边取对数，得

$$\ln y=\frac{1}{5}[\ln(x-1)+\ln(x-3)-3\ln(x-2)-\ln(x-4)]$$

两边同时对 x 求导数，得

$$\frac{1}{y}\cdot y'=\frac{1}{5}\left[\frac{1}{x-1}+\frac{1}{x-3}-\frac{3}{x-2}-\frac{1}{x-4}\right]$$

$$y'=\frac{1}{5}\sqrt[5]{\frac{(x-1)(x-3)}{(x-2)^3(x-4)}}\left(\frac{1}{x-1}+\frac{1}{x-3}-\frac{3}{x-2}-\frac{1}{x-4}\right)$$

如果直接用四则运算法则来解就相当麻烦.

当函数关系式是由若干个简单函数以及幂指函数经过乘方、开方、乘、除等运算组合而成的时候，应考虑采取对数求导法求这类函数的导数.

二、参数方程求导法

在确定变量关系的时候，有时需要引入参数变量，例如在刻画物体的运动轨迹时，常常要引入时间变量，这对讨论物体的运动规律很有帮助.

一般地，把 $\begin{cases}x=\varphi(t)\\y=\psi(t)\end{cases}$，称为参数方程，它通过参数 t 确定了变量 x,y 之间的函数. 而在求函数的导数时，一般不需要消去参数 t. 通常，若 $\varphi(t)$，$\psi(t)$ 都可导，且 $\varphi'(t)\neq 0$，则

$$y'=\frac{dy}{dx}=\frac{dy}{dt}\frac{dt}{dx}=\frac{dy}{dt}\frac{1}{\frac{dx}{dt}}=\frac{\frac{dy}{dt}}{\frac{dx}{dt}}=\frac{\varphi'(t)}{\psi'(t)}$$

例 5 设 $\begin{cases}x=a\sin^2 t\\y=b\cos^2 t\end{cases}$，求 $\dfrac{dy}{dx}$.

解 由公式，有

$$\frac{dy}{dx}=\frac{2b\cos t(-\sin t)}{2a\sin t\cos t}=-\frac{b}{a}$$

例 6 求曲线 $\begin{cases}x=2t\\y=t^3\end{cases}$ 在点 $(2,1)$ 处的切线方程.

解 $t=1$ 时对应于曲线上的点 $(2,1)$.

因为$\frac{dy}{dx}=\frac{y'_t}{x'_t}=\frac{3t^2}{2}$，所以切线斜率 $k=\frac{3t^2}{2}=\frac{3}{2}$. 则所求切线方程为

$$y-1=\frac{3}{2}(x-1)，即 3x-2y-1=0$$

习　题　2－4

1. 求下列隐函数的导数．

(1)$y+xy+x^2=1$；　(2)$y^2=e^{x+y}$；

(3)$x+y=\frac{1}{2}\ln y$；　(4)$x\cos y=\sin(x+y)$；

(5)$x-\sin\frac{y}{x}+\tan a=0$；　(6)$e^{x+y}-xy=1$，求$\frac{dy}{dx}$．

2. 用对数求导法求下列函数的导数．

(1)$y=(\cos x)^{\sin x}$；　(2)$y=2x^{\sqrt{x}}$；

(3)$y=x\sqrt{\frac{1-x}{1+x}}$；　(4)$y=\frac{\sqrt{x+2}(3-x)}{(2x+1)^5}$.

3. 求由下列参数方程所确定的函数的导数．

(1)$\begin{cases}x=2t\\y=t-\sin t\end{cases}$；　(2)$\begin{cases}x=t^2-1\\y=\cos t\end{cases}$.

4. 求曲线 $x+x^2y^2-y=1$ 在点(1，1) 处的切线方程.

第5节　高阶导数

定义 2.4　设函数 $y=f(x)$ 的导数为 $f'(x)$，若 $f'(x)$ 可导，则称$[f'(x)]'$ 为 $f(x)$ 的二阶导数，记作 y''，或 $f''(x)$，或$\frac{d^2y}{dx^2}$；

若 $f''(x)$ 的导数存在，则称 $f''(x)$ 的导数$[f''(x)]'$ 为 $y=f(x)$ 的三阶导数，记作 $y'''(x)$，$f'''(x)$ 或$\frac{d^3y}{dx^3}$；

类似地，若 $y=f(x)$ 的 $n-1$ 阶导数可导，则称其导数为 $y=f(x)$ 的 n 阶导数，记作 $y^{(n)}$，$f^{(n)}(x)$ 或$\frac{d^ny}{dx^n}$.

把函数的二阶和二阶以上的导数称为函数的高阶导数.

例 1　求函数 $y=xe^x$ 的三阶导数.

解

$$y'=e^x+xe^x=(x+1)e^x$$
$$y''=e^x+(x+1)e^x=(x+2)e^x$$
$$y'''=e^x+(x+2)e^x=(x+3)e^x$$

例 2　求下列函数的 n 阶导数．

(1)$y=x^3-5x^2+6x+1$；　(2)$y=e^x$；

(3)$y=\frac{1}{x}$；　(4)$y=\sin x$；

(5) $y=\mathrm{e}^{3x}$；　　　　(6) $y=\ln x$.

解　(1) $y'=3x^2-10x+6$

$y''=6x-10$

$y'''=6$

$y^{(4)}=0$，当 $n\geqslant 4$ 时，都有 $y^{(n)}=0$.

(2) $y'=\mathrm{e}^x$

$y''=\mathrm{e}^x$

……

$y^{(n)}=\mathrm{e}^x$

(3) $y'=(-1)x^{-2}$

$y''=2x^{-3}$

$y'''=2(-3)x^{-4}=-3!\ x^{-4}$

……

$y^{(n)}=(-1)^n n!\ x^{-n-1}$

(4) $y'=\cos x=\sin\left(\frac{\pi}{2}+x\right)$

$y''=-\sin x=\sin\left(\frac{2\pi}{2}+x\right)$

$y'''=-\cos x=\sin\left(\frac{3\pi}{2}+x\right)$

……

$y^{(n)}=\sin\left(\frac{n\pi}{2}+x\right)$

(5) $y'=3\mathrm{e}^{3x}$

$y''=3^2\mathrm{e}^{3x}$

$y'''=3^3\mathrm{e}^{3x}$

……

$y^{(n)}=3^n\mathrm{e}^{3x}$

(6) $y'=\frac{1}{x}=x^{-1}$

$y''=-x^{-2}$

$y'''=2x^{-3}$

……

$y^{(n)}\ (-1)^{n-1}(n-1)!\ x^{-n}$

例 3　设某物体作直线运动，运动方程为 $s=t^3-t^2+1$，求 $t=2\mathrm{s}$ 时的速度和加速度.

解　因为 $v(t)=\frac{\mathrm{d}s}{\mathrm{d}t}=3t^2-2t$，$a(t)=\frac{\mathrm{d}^2s}{\mathrm{d}t^2}=6t-2$，所以 $v(2)=8(\mathrm{m/s})$，$a(2)=10(\mathrm{m/s^2})$.

习　题　2-5

1. 求下列函数的二阶导数.

(1) $y=x^{10}+3x^5+\sqrt{2}x+\sqrt[3]{7}$；　(2) $y=e^x+x^3$；

(3) $y=x\cos x$；　(4) $y=\tan x$.

2. 已知函数 $y=5x^4+x^3-4x^2+x+1$，求 $y^{(5)}$.

3. 求下列函数的 n 阶导数.

(1) $y=\ln(1+x)$；　(2) $y=xe^x$.

第 6 节　函数的微分

一、函数微分的概念

在第 1 节中学过导数表示函数在点 x 处的变化率，它描述函数在点 x 处变化的快慢程度，但有时还需要了解函数在某一点处当自变量有一个微小的改变量时，函数所取得的相应改变量的大小，而用公式 $\Delta y=f(x+\Delta x)-f(x)$ 计算往往比较麻烦，于是想到寻求一种当 Δx 很小时，能近似代替 Δy 的量.

若给定函数 $y=f(x)$ 在点 x 处可导，根据导数的定义，有

$$\lim_{\Delta x\to 0}\frac{\Delta y}{\Delta x}=f'(x)$$

由极限与无穷小的关系可知

$$\frac{\Delta y}{\Delta x}=f'(x)+\alpha\quad(\lim_{\Delta x\to 0}\alpha=0)$$

即

$$\Delta y=f'(x)\Delta x+\alpha\cdot\Delta x$$

这表明函数的增量可以表示为两项之和，第一项 $f'(x)\Delta x$ 是 Δx 的线性函数，第二项 $\alpha\cdot\Delta x$ 是当 $\Delta x\to 0$ 时比 Δx 高阶的无穷小量. 因此，当 Δx 很小时，称第一项 $f'(x)\Delta x$ 为 Δy 的线性主部，并叫做函数 $f(x)$ 的微分.

定义 2.5　设函数 $y=f(x)$ 在点 x_0 处有导数 $f'(x_0)$，则称 $f'(x_0)\Delta x$ 为 $y=f(x)$ 在点 x_0 处的微分，记作 $\mathrm{d}y$，即

$$\mathrm{d}y=f'(x_0)\Delta x$$

此时，称函数 $y=f(x)$ 在点 x_0 处是可微的.

函数 $y=f(x)$ 在任意点 x 的微分，叫做函数的微分，记作

$$\mathrm{d}y=f'(x)\Delta x$$

如果将自变量 x 当作自己的函数 $y=x$，则有

$$\mathrm{d}x=(x)'\Delta x=\Delta x$$

说明自变量的微分 $\mathrm{d}x=\Delta x$，于是函数的微分可以写成

$$\mathrm{d}y=f'(x)\mathrm{d}x$$

即

$$f'(x)=\frac{\mathrm{d}y}{\mathrm{d}x}$$

也就是说，函数的微分 $\mathrm{d}y$ 与自变量的微分 $\mathrm{d}x$ 之商等于该函数的导数，因此，导数又叫微商.

例 1　求函数 $y=x^2$ 在 $x=1,\Delta x=0.01$ 时的改变量及微分.

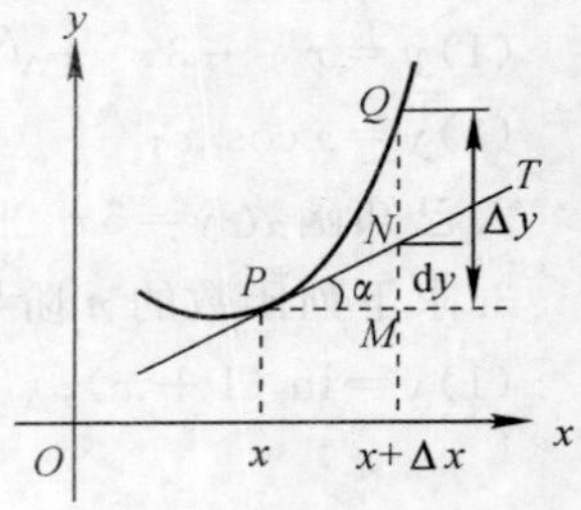

图 2-3

解 $$\Delta y=(1+0.01)^2-1^2=0.0201$$

$$dy=f'(1)\Delta x=2\times 1\times 0.01=0.02$$

可见 $dy\approx\Delta y$.

函数的微分有明显的几何意义.设函数 $y=f(x)$ 的图形是一条曲线,如图 2-3 所示.在曲线上取一点 $P(x_0,y_0)$,过 P 点作曲线的切线 PT,它与 Ox 轴交角为 α,则该切线的斜率为

$$\tan\alpha=f'(x_0)$$

当自变量在 x_0 处得改变量 Δx 时,就得到曲线上另一点 $Q(x_0+\Delta x,y_0+\Delta y)$,过点 Q 作平行于 y 轴的直线,它与切线交于 N 点,与过 P 点平行于 x 轴的直线交于 M 点,于是曲线纵坐标得到相应的改变量

$$\Delta y=f(x_0+\Delta x)-f(x_0)=QM$$

同时点 P 处的切线的纵坐标也得到相应的改变量 NM,在直角三角形 PNM 中,有

$$NM=\tan\alpha\cdot PM=f'(x_0)\Delta x=dy\Big|_{x=x_0}$$

可见,函数微分的几何意义是:在曲线上某一点处,当自变量取得改变量 Δx 时,曲线在该点处纵坐标的改变量.

二、微分的计算

根据定义,求函数的微分实际上就是先求函数的导数,然后再乘 dx 即可.求导数的一切基本公式和运算法则完全适用于于微分,因此,不再罗列微分的公式和法则了.

例 2 求下列函数的微分.

(1) $y=x^3e^{2x}$; (2) $y=\arctan\dfrac{1}{x}$.

解 (1) $$y'=3x^2e^{2x}+2x^3e^{2x}=x^2e^{2x}(3+2x)$$

故 $$dy=y'dx=x^2e^{2x}(3+2x)dx$$

(2) $$y'=\frac{-\dfrac{1}{x^2}}{1+\dfrac{1}{x^2}}=-\frac{1}{1+x^2}$$

故 $$dy=-\frac{1}{1+x^2}dx$$

三、微分形式的不变性

我们知道,如果函数 $y=f(u)$ 是 u 的函数,那么函数的微分为

$$dy=f'(u)du$$

若 u 不是自变量,而是 x 的可导函数 $u=\varphi(x)$ 时,u 对 x 的微分为

$$du=\varphi'(x)dx$$

因此,以 u 为中间变量的复合函数 $y=f[\varphi(x)]$ 的微分

$$dy=y'dx=f'(u)\varphi'(x)dx=f'(u)[\varphi'(x)dx]=f'(u)du$$

也就是说,无论 u 是自变量还是中间变量,$y=f(u)$ 的微分 dy 总可以用 $f'(u)$ 与 du 的乘

积来表示.函数微分的这个性质叫做微分形式的不变性.

例 3　求函数 $y=\sin(2x-3)$ 的微分 dy.

解一　由微分定义,有

$$y'=2\cos(2x-3),\ dy=2\cos(2x-3)dx$$

解二　由微分微分形式不变性,有

$$dy=d[\sin(2x-3)]=\cos(2x-3)d(2x-3)=2\cos(2x-3)dx$$

四、微分的应用

利用微分可以进行近似计算.

由微分的定义知,当 $|\Delta x|$ 很小时,有近似公式

$$\Delta y\approx dy=f'(x_0)\Delta x$$

这个公式可以直接用来计算函数增量的近似值.

又因为 $\Delta y=f(x_0+\Delta x)-f(x_0)$,所以近似公式又可以写成

$$f(x_0+\Delta x)-f(x_0)\approx f'(x_0)\Delta x$$

即

$$f(x_0+\Delta x)\approx f'(x_0)\Delta x+f(x_0)$$

这个公式可以用来计算函数在某一点附近的函数值的近似值.

例 4　有一半径为 1 cm 的钢球,要在其表面均匀镀上一层厚度为 0.01 cm 的铜.估计需要用铜多少克(铜密度 8.9 g/cm^3).

解

$$V=\frac{4}{3}\pi R^3,\quad R_0=1\ \text{cm},\quad \Delta R=0.01\ \text{cm}$$

$$\Delta V\approx V'(R_0)\Delta R=4\pi R_0\Delta R=4\times 3.14\times 1^2\times 0.01=0.13\ \text{cm}^3$$

$$m=\rho\Delta V=0.13\times 8.9=1.157\ \text{g}$$

例 5　求 $\sin 31°$ 的近似值.

解

$$f(x)=\sin x,\quad f'(x)=\cos x,\quad x_0=30°,\quad \Delta x=1°=\frac{\pi}{180}$$

$$f(x_0)=\sin 30°=0.5,\quad f'(x_0)=\cos 30°=\frac{\sqrt{3}}{2}$$

故

$$\sin 31°=f(x_0+\Delta x)\approx f(x_0)+f'(x_0)\Delta x=0.5+\frac{\sqrt{3}}{2}\,\frac{\pi}{180}\approx 0.5151$$

习　题　2-6

1.求下列函数在给定条件下的改变量和微分.

(1) $y=3x-1$,x 从 0 变化到 0.02;

(2) $y=x^2-3$,x 从 2 变化到 1.99.

2.已知 $y=x\sin 2x$,$x=\frac{\pi}{4}$,$\Delta x=-0.1$,求 dy.

3.求下列函数的微分.

(1) $y=x^3+3x^2+1$;　　(2) $y=\sqrt[3]{x}+x^3$;

(3) $y=\frac{x^2-1}{x^2+1}$;　　(4) $y=\cos 2x+\sin 2x$;

(5) $y=(4-x^2)^3$；　　(6) $y=\ln[\varphi^2(\sin x)]$.

4. 利用微分求近似值.

(1) $\sqrt[3]{998}$；　　(2) $\cos 29°$.

5. 已知一正方体的棱长为 10 cm，如果它的棱长增加 0.1 cm，求增加的体积的精确值和近似值.

复习题 2

一、填空题

1. 过曲线 $y=x^2$ 上点 $A_1(2,4)$ 和点 $A_2(2+\Delta x,4+\Delta y)$ 所引割线的斜率是 $\frac{\Delta y}{\Delta x}$，过点 A_1 的切线斜率是________.

2. 曲线 $y=\sqrt{x}$ 在 $x=1$ 处的切线方程为________.

3. 一物体的运动方程为 $s=t^3+10$，则该物体在 $t=3$ 时的瞬时速度为________.

4. 若函数 $y=f(x)$ 在点 x_0 处的导数 $f'(x_0)=0$，则曲线 $y=f(x)$ 在点 $(x_0,f(x_0))$ 处有切线________；若 $f'(x_0)=\infty$，则曲线 $y=f(x)$ 在点 $(x_0,f(x_0))$ 处有切线________.

5. 已知函数 $f(x)=\frac{x-1}{x+1}$，则 $f'(1)=$________.

6. 已知函数 $y=2\sin\left(3x+\frac{\pi}{6}\right)$，则 $\left.\frac{dy}{dx}\right|_{x=\frac{\pi}{18}}=$________.

7. 已知函数 $y=x^2$，自变量 x 由 1 变化到 0.98 时，Δy 的精确值为________，Δy 的近似值为________.

8. 设函数 $y=e^{-x}$，则 $y^{(n)}=$________.

9. $\sqrt[3]{1.003}$ 的近似值为________.

10. 已知方程 $\sqrt{y}+\sqrt{x}-4=0$ 确定 y 是 x 的函数，则 y'________.

二、选择题

1. 函数 $f(x)$ 在点 x_0 处连续是函数在该点可导的(　　).

A. 充分条件　　B. 必要条件

C. 充要条件　　D. 既不充分也不必要条件

2. 在导数定义 $f'(x)=\lim\limits_{\Delta x\to 0}\frac{\Delta y}{\Delta x}$ 中，下面说法正确的是(　　).

A. Δx 可为零，Δy 不可为零　　B. Δx 不可为零，Δy 可为零

C. 都不可为零　　D. 都可为零

3. 设存在 $f'(x_0)$，则 $\lim\limits_{h\to 0}\frac{f(x_0-2h)-f(x_0)}{h}=$(　　).

A. $f'(x_0)$　　B. $-f'(x_0)$

C. $2f'(x_0)$　　D. $-2f'(x_0)$

4. 下列函数中，在 $x=0$ 处不可导的是(　　).

A. $y=\sin x$　　B. $y=\cos x$

C. $y=\ln 2$　　D. $y=|x|$

5. $y=|x-1|$ 在 $x=1$ 处(　　).

A. 连续　　B. 不连续　　C. 可导　　D. 以上均不对

6. 曲线 $y=x^3-3x$ 上切线平行于 x 轴的点是(　　).

A. $(-1,2)$　　B. $(2,2)$　　C. $(0,0)$　　D. $(-1,-4)$

7. 函数 $y=\sin x^2$ 的导数是(　　).

A. $\cos x^2$　　B. $2\sin x$

C. $2\sin x\cos x$　　D. $2x\cos x^2$

8. 设 $f(x)=x(x-1)(x-2)\cdots(x-100)$，则 $f'(0)=$(　　).

A. $100!$　　B. $-100!$　　C. 100　　D. -100

三、解答题

1. 求下列函数的导数 .

(1) $y=(1+x)(1+x^2)^2$；　　(2) $y=(2+3x^2)\sqrt{1+x^2}$；

(3) $y=\lg(1+x^2)$；　　(4) $y=e^{\sin x}$；

(5) $y=\arcsin(4x+1)$；　　(6) $y=\arctan\dfrac{1}{x}$；

(7) $y=\sqrt{\dfrac{1-x^2}{1+x^2}}$；　　(8) $y=\sin\dfrac{x}{2}+\ln x$；

(9) $y=x^3+e^{2x}$；　　(10) $y=x^2\arctan 2x$；

(11) $y=(\sin x)^x$；　　(12) $y=(x+1)\sqrt{\dfrac{x^2+1}{(x-2)(x+3)}}$.

2. 已知方程 $x^2+y^2-xy=1$ 确定了隐函数 $y=f(x)$，求 $\dfrac{dy}{dx}$.

3. 求下列函数的微分 .

(1) $y=\sqrt{1-x^3}$；　　(2) $y=e^{-x}\cos x$；

(3) $y=\tan\dfrac{x}{2}$；　　(4) $xy=5$.

4. 求曲线 $y=\sin x$ 在点 $x=\pi$ 处的切线方程.

5. 以初速度 v_0 上抛的物体，其上升的高度 s 与时间 t 的关系为 $s(t)=v_0t-\dfrac{1}{2}gt^2$.

求：(1) 上升物体的速度 $v(t)$；

(2) 经过多少时间，它的速度为 0.

第3章　导数的应用

第1节　中值定理

一、罗尔定理

定理 3.1　若函数 $y=f(x)$ 满足条件：

(1) 在 $[a,b]$ 上连续；

(2) 在 (a,b) 内可导；

(3) $f(a)=f(b)$.

则在区间 (a,b) 内至少存在一点 ξ，使得 $f'(\xi)=0$.

罗尔定理的几何意义：若连续曲线 $y=f(x)$ 除端点外处处都具有不垂直于 x 轴的切线，且两端点处的纵坐标相等，那么该曲线至少有一条平行于 x 轴（亦即与端点连线平行）的切线（见图 3-1）.

值得注意的是，该定理要求 $f(x)$ 同时满足 3 个条件. 若 $f(x)$ 不能同时满足这 3 个条件，则结论就可能不成立.

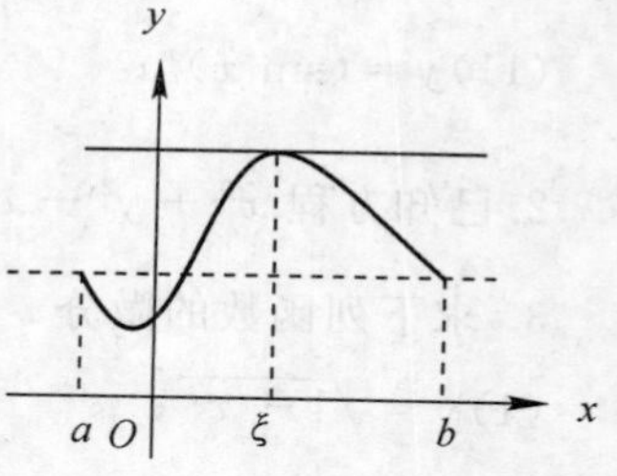

图 3-1

例 1　验证函数 $f(x)=x^2-3x-4$ 在 $[-1,4]$ 上满足罗尔定理，并求出 ξ 的值.

解　因为 $f(x)=x^2-3x-4$ 是初等函数，它在 $[-1,4]$ 上是连续的，且导数 $f'(x)=2x-3$ 在 $(-1,4)$ 内存在，又 $f(-1)=0=f(4)$，所以 $f(x)=x^2-3x-4$ 在 $[-1,4]$ 满足罗尔定理的条件.

由于 $f'(x)=2x-3$，所以 $2x-3=0$，即 $\xi=\dfrac{3}{2}$.

二、拉格朗日中值定理

定理 3.2　若函数 $y=f(x)$ 满足条件：

(1) 在 $[a,b]$ 上连续；

(2) 在 (a,b) 内可导.

则在区间 (a,b) 内至少存在一点 ξ，使得 $f'(\xi)=\dfrac{f(b)-f(a)}{b-a}$.

拉格朗日中值定理的几何意义：若连续曲线 $y=f(x)$ 除端点外处处都具有不垂直于 x 轴的切线，那么该曲线至少有一个点 P，该点处的切线平行于连接两端点的弦（见图 3-2）。

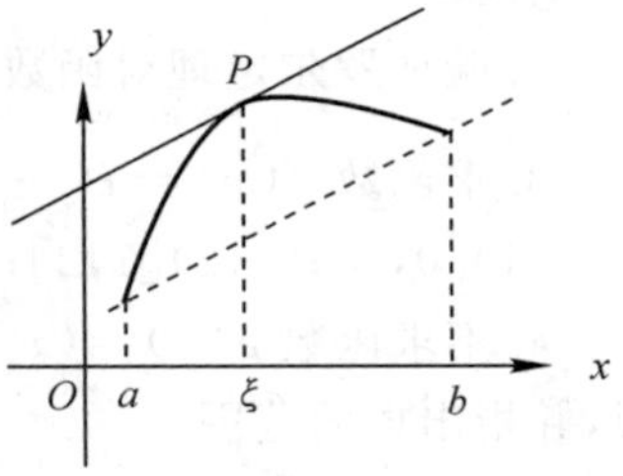

图　3-2

推论 1　如果函数 $f(x)$ 的导数在 (a,b) 内恒等于零，那么 $f(x)$ 在 (a,b) 内是一个常数.

推论 2　如果函数 $f(x)$ 与函数 $g(x)$ 在 (a,b) 内的导数处处相等，即 $f'(x)=g'(x)$，则函数 $f(x)$ 与函数 $g(x)$ 在 (a,b) 上仅相差一个常数，即 $f(x)-g(x)=C$.

例 2　验证拉格朗日中值定理对函数 $f(x)=\ln x$ 在 $[1,e]$ 上的正确性.

解　因为 $f(x)=\ln x$ 是初等函数，它在 $[1,e]$ 是连续的且导数 $f'(x)=\dfrac{1}{x}$ 在 $(1,e)$ 内存在，所以函数 $f(x)=\ln x$ 在 $[1,e]$ 上满足拉格朗日中值定理的条件.

$$f'(x)=\frac{1}{x}=\frac{f(e)-f(1)}{e-1}$$

得 $x=e-1$，且 $1<e-1<e$，即 $f(x)$ 在 $(1,e)$ 内有一点 $\xi=e-1$ 满足拉格朗日中值定理.

例 3　证明不等式 $x>\ln(1+x)(x>0)$.

证明　令 $f(x)=x-\ln(1+x)$，因为 $f(x)$ 是初等函数，所以在其定义区间 $(-1,+\infty)$ 上连续，由

$$f'(x)=1-\frac{1}{1+x}$$

可知 $f(x)$ 在 $(0,+\infty)$ 内可导，则 $f(x)$ 在区间 $[0,x]$ 上满足拉格朗日中值定理条件，所以至少存在一点 $\xi(0<\xi<x)$，使得

$$f(x)-f(0)=f'(\xi)(x-0)$$

而
$$f'(\xi)=1-\frac{1}{1+\xi}=\frac{\xi}{1+\xi}>0$$

于是，有
$$f(x)>0$$

即
$$x-\ln(1+x)>0$$

故得
$$x>\ln(1+x)(x>0)$$

三、柯西中值定理

定理 3.3　若函数 $f(x)$，$g(x)$ 满足条件：

(1) 在 $[a,b]$ 上连续；

(2) 在 (a,b) 内可导；

(3) 在 (a,b) 内任何一点处 $g'(x)\neq 0$.

则在区间 (a,b) 内至少存在一点 ξ，使得 $\dfrac{f'(\xi)}{g'(\xi)}=\dfrac{f(b)-f(a)}{g(b)-g(a)}$.

在上式中，如果 $g(x)=x$，就变成了拉格朗日中值定理，所以拉格朗日中值定理是柯西中值定理的特例.

习　题　3-1

1. 求函数 $f(x)=x^2-3x+2$ 在 $[1,2]$ 上满足罗尔定理的 ξ 值.

2. 验证罗尔定理对函数 $f(x)=\ln\sin x$ 在 $\left[\frac{\pi}{6},\frac{5\pi}{6}\right]$ 上的正确性.

3. 求函数 $f(x)=x^3+2x$ 在下列区间内,满足拉格朗日中值定理的 ξ 值.

(1)$[0,1]$; (2)$[1,2]$; (3)$[-1,2]$.

4. 不求函数 $g(x)=(x-1)(x-2)(x-3)(x-4)$ 的导数,判断方程 $g'(x)=0$ 有几个实根,并指出根的范围.

第2节　洛必达法则

中值定理的一个重要的应用是计算函数的极限,由于两个无穷小量之比的极限或两个无穷大量之比的极限,有的存在,有的不存在,所以通常称这两种极限为未定式,简记"$\frac{0}{0}$"和"$\frac{\infty}{\infty}$".本节学习洛必达法则是求这种极限的简便而重要的方法.

一、"$\frac{0}{0}$"型的洛必达法则

定理 3.4　若函数 $f(x)$ 与 $g(x)$ 满足条件:

(1) $\lim\limits_{x\to x_0}f(x)=\lim\limits_{x\to x_0}g(x)=0$;

(2) $f(x)$ 与 $g(x)$ 在 x_0 左、右附近(点 x_0 可以除外)可导,且 $g'(x)\neq 0$;

(3) $\lim\limits_{x\to x_0}\frac{f'(x)}{g'(x)}=A$(或$\infty$)

则必有

$$\lim_{x\to x_0}\frac{f(x)}{g(x)}=\lim_{x\to x_0}\frac{f'(x)}{g'(x)}=A(\text{或 }\infty).$$

例 1　求 $\lim\limits_{x\to 0}\frac{\sin ax}{\sin bx}(b\neq 0)$.

解　$\lim\limits_{x\to 0}\frac{\sin ax}{\sin bx}=\lim\limits_{x\to 0}\frac{a\cos ax}{b\cos bx}=\frac{a}{b}$

例 2　求 $\lim\limits_{x\to 0}\frac{1-\cos x}{x^2}$.

解　$\lim\limits_{x\to 0}\frac{1-\cos x}{x^2}=\lim\limits_{x\to 0}\frac{\sin x}{2x}=\frac{1}{2}$

例 3　求 $\lim\limits_{x\to 0}\frac{e^x-1}{x^2-x}$.

解　$\lim\limits_{x\to 0}\frac{e^x-1}{x^2-x}=\lim\limits_{x\to 0}\frac{e^x}{2x-1}=-1$

例 4　求 $\lim\limits_{x\to 0}\frac{\ln(1+x)}{x^2}$.

解　$\lim\limits_{x\to 0}\frac{\ln(1+x)}{x^2}=\lim\limits_{x\to 0}\frac{1}{2x(1+x)}=\infty$

例 5　求 $\lim\limits_{x\to 1}\frac{x^3-3x+2}{x^3-x^2-x+1}$.

解　$\lim\limits_{x\to 1}\dfrac{x^3-3x+2}{x^3-x^2-x+1}=\lim\limits_{x\to 1}\dfrac{3x^2-3}{3x^2-2x-1}=\lim\limits_{x\to 1}\dfrac{6x}{6x-2}=\dfrac{3}{2}$

由例 5 可见，如果$\dfrac{f'(x)}{g'(x)}$仍属于“$\dfrac{0}{0}$”型的未定式，且 $f'(x)$ 和 $g'(x)$ 仍满足洛必达法则条件，则可继续应用洛必达法则进行计算. 这里还应注意的是，在应用洛必达法则求极限时，每次应用之前都应检查它是否满足条件，如果不满足，则不能应用洛必达法则，否则会导致错误.

二、“$\dfrac{\infty}{\infty}$”型的洛必达法则

定理 3.5　若函数 $f(x)$ 与 $g(x)$ 满足条件：

(1) $\lim\limits_{x\to x_0}f(x)=\infty$，$\lim\limits_{x\to x_0}g(x)=\infty$；

(2) $f(x)$ 与 $g(x)$ 在 x_0 左、右附近(点 x_0 可以除外)可导，且 $g'(x)\neq 0$；

(3) $\lim\limits_{x\to x_0}\dfrac{f'(x)}{g'(x)}=A$(或 ∞).

则必有

$$\lim_{x\to x_0}\frac{f(x)}{g(x)}=\lim_{x\to x_0}\frac{f'(x)}{g'(x)}=A(\text{或 }\infty)$$

例 6　求$\lim\limits_{x\to\frac{\pi}{2}}\dfrac{\tan x}{\tan 3x}$.

解　$\lim\limits_{x\to\frac{\pi}{2}}\dfrac{\tan x}{\tan 3x}=\lim\limits_{x\to\frac{\pi}{2}}\dfrac{\dfrac{1}{\cos^2 x}}{\dfrac{3}{\cos^2 3x}}=\dfrac{1}{3}\lim\limits_{x\to\frac{\pi}{2}}\dfrac{-6\cos 3x\sin 3x}{-2\cos x\sin x}=$

$$\lim_{x\to\frac{\pi}{2}}\frac{\sin 6x}{\sin 2x}=\lim_{x\to\frac{\pi}{2}}\frac{6\cos 6x}{2\cos 2x}=3$$

例 7　求$\lim\limits_{x\to 0^+}\dfrac{\ln\cot x}{\ln x}$.

解　$\lim\limits_{x\to 0^+}\dfrac{\ln\cot x}{\ln x}=\lim\limits_{x\to 0^+}\dfrac{-\dfrac{1}{\cot x}\dfrac{1}{\sin^2 x}}{\dfrac{1}{x}}=-\lim\limits_{x\to 0^+}\dfrac{x}{\sin x\cos x}=$

$$-\lim_{x\to 0^+}\frac{x}{\sin x}\cdot\lim_{x\to 0^+}\frac{1}{\cos x}=-1$$

在定理 3.4、定理 3.5 中，将 $x\to x_0$ 改为 $x\to\infty$ 时，洛必达法则也同样有效.

例 8　求$\lim\limits_{x\to+\infty}\dfrac{e^x}{x^2}$.

解　$\lim\limits_{x\to+\infty}\dfrac{e^x}{x^2}=\lim\limits_{x\to+\infty}\dfrac{e^x}{2x}=\lim\limits_{x\to+\infty}\dfrac{e^x}{2}=+\infty$

例 9　求$\lim\limits_{x\to+\infty}\dfrac{\ln x}{x^n}(x>0)$.

解　$\lim\limits_{x\to+\infty}\dfrac{\ln x}{x^n}=\lim\limits_{x\to+\infty}\dfrac{\dfrac{1}{x}}{nx^{n-1}}=\dfrac{1}{n}\lim\limits_{x\to+\infty}\dfrac{1}{x^n}=0$

三、其他几种未定式的极限

洛必达法则不仅可以用于解决“$\frac{0}{0}$”型和“$\frac{\infty}{\infty}$”型未定式的极限问题，还可以用来解决“$0\cdot\infty$”“$\infty-\infty$”“1^{∞}”“0^0”“∞^0”型等的未定式的极限问题.解决这些类型的未定式极限，通常是先进行适当的变形，将它们转化为“$\frac{0}{0}$”型或“$\frac{\infty}{\infty}$”型的未定式，然后再用洛必达法则求解.

例 10 求 $\lim\limits_{x\to+\infty}x\left(\frac{\pi}{2}-\arctan x\right)$.

解
$$\lim_{x\to+\infty}x\left(\frac{\pi}{2}-\arctan x\right)=\lim_{x\to+\infty}\frac{\frac{\pi}{2}-\arctan x}{\frac{1}{x}}=\lim_{x\to+\infty}\frac{-\frac{1}{1+x^2}}{-\frac{1}{x^2}}=$$
$$\lim_{x\to+\infty}\frac{x^2}{1+x^2}=1$$

例 11 求 $\lim\limits_{x\to0}\left(\frac{1}{x}-\frac{1}{\sin x}\right)$.

解
$$\lim_{x\to0}\left(\frac{1}{x}-\frac{1}{\sin x}\right)=\lim_{x\to0}\frac{\sin x-x}{x\sin x}=\lim_{x\to0}\frac{\cos x-1}{\sin x+x\cos x}=$$
$$\lim_{x\to0}\frac{-\sin x}{2\cos x-x\sin x}=0$$

例 12 求 $\lim\limits_{x\to0^+}x^x$.

解 令 $y=x^x$，取对数得 $\ln y=x\ln x$，两边同时取极限，有
$$\lim_{x\to0^+}\ln y=\lim_{x\to0^+}x\ln x=\lim_{x\to0^+}\frac{\ln x}{\frac{1}{x}}=\lim_{x\to0^+}\frac{\frac{1}{x}}{-\frac{1}{x^2}}=0$$

即
$$\lim_{x\to0^+}\ln y=\ln\left(\lim_{x\to0^+}y\right)=0$$

故
$$\lim_{x\to0^+}y=\lim_{x\to0^+}x^x=e^0=1$$

例 13 求 $\lim\limits_{x\to\infty}\frac{x-\sin x}{x+\sin x}$.

解 这是“$\frac{\infty}{\infty}$”型未定式，但极限
$$\lim_{x\to\infty}\frac{f'(x)}{g'(x)}=\lim_{x\to\infty}\frac{1-\cos x}{1+\cos x}$$

因 $\lim\limits_{x\to\infty}\cos x$ 不存在，即不满足洛必达法则的第三个条件，所以不能使用洛必达法则.事实上，该极限可以由下面的方法求出：
$$\lim_{x\to\infty}\frac{x-\sin x}{x+\sin x}=\lim_{x\to\infty}\frac{1-\frac{\sin x}{x}}{1+\frac{\sin x}{x}}=1$$

习　题　3-2

1. 用洛必达法则求下列极限.

(1) $\lim\limits_{x\to 1}\dfrac{x^2-3x+1}{x^3-1}$；

(2) $\lim\limits_{x\to 0}\dfrac{(1+x)^{\alpha}-1}{x}$（$\alpha$ 为实数）；

(3) $\lim\limits_{x\to 0}\dfrac{e^x-e^{-x}}{\sin x}$；

(4) $\lim\limits_{x\to 1}\dfrac{\ln x}{x-1}$；

(5) $\lim\limits_{x\to 0}\dfrac{\sin 3x}{\sin 2x}$；

(6) $\lim\limits_{x\to +\infty}\dfrac{x^2+\ln x}{x\ln x}$；

(7) $\lim\limits_{x\to 0}\dfrac{\sin 4x}{\tan 5x}$；

(8) $\lim\limits_{x\to \frac{\pi}{3}}\dfrac{\sin x-\sin\dfrac{\pi}{3}}{x-\dfrac{\pi}{3}}$.

2. 求下列极限.

(1) $\lim\limits_{x\to 0^+}x\ln x$；

(2) $\lim\limits_{x\to\infty}\dfrac{x-\sin x}{x+\sin x}$；

(3) $\lim\limits_{x\to 0^+}x^{2\sin x}$；

(4) $\lim\limits_{x\to 0}\left[\dfrac{1}{x}-\dfrac{1}{\ln(x+1)}\right]$.

3. 用洛必达法则证明 $\lim\limits_{x\to 0}\left(1+\dfrac{k}{x}\right)^x=e^k\ (k\neq 0)$.

第 3 节　函数的单调性与极值

一、函数的单调性及其判别法

对于单调增、减性虽然可以用定义加以判断，但其过程往往较为烦琐. 现在利用导数的几何意义推出它的判断方法. 从导数的几何意义，我们知道，函数 $y=f(x)$ 在点 x 处的导数 $f'(x)$ 是函数的图形在点 x 处的切线斜率.

如果函数 $y=f(x)$ 在区间 (a,b) 上是单调增加的，那么它的图形就是一条沿 x 轴正向上升的曲线. 这时，曲线上各点处的切线倾角 α 为锐角，从而斜率都是正的，如图 3-3(a) 所示. 即

$$k=\tan\alpha=f'(x)>0$$

如果函数 $y=f(x)$ 在区间 (a,b) 上是单调减少的，那么它的图形就是一条沿 x 轴正向下降的曲线. 这时，曲线上各点处的切线倾角 α 为钝角，从而斜率都是负的，如图 3-3(b) 所示. 即

$$k=\tan\alpha=f'(x)<0$$

反过来，能否用导数的符号来判定函数的单调性呢？回答是肯定的. 下面由拉格朗日中值定理得出判定函数单调性的判定法.

定理 3.6　设函数 $f(x)$ 在 $[a,b]$ 上连续，在 (a,b) 内可导，则有

(1) 如果在 (a,b) 内 $f'(x)>0$，则函数 $f(x)$ 在 $[a,b]$ 上单调增加；

(2) 如果在 (a,b) 内 $f'(x)<0$，则函数 $f(x)$ 在 $[a,b]$ 上单调减少.

证明　设 x_1,x_2 是 $[a,b]$ 上任意两点，且 $x_1<x_2$，由拉格朗日中值定理可知，在 (a,b) 内至少存在一点 ξ，使得

$$f(x_2)-f(x_1)=f'(\xi)(x_2-x_1)$$

如果 $f'(x)>0$,必有 $f'(\xi)>0$,又 $x_2-x_1>0$,于是有 $f(x_2)-f(x_1)>0$. 即 $f(x_2)>f(x_1)$,由于 x_1,x_2 是$[a,b]$上任意两点,所以 $f(x)$ 在$[a,b]$上单调增加.

同理可证,如果 $f'(x)<0$,则函数 $f(x)$ 在$[a,b]$上单调减少.

要说明的是,上述定理中$[a,b]$为闭区间,如果换为开区间、半开区间或换为无穷区间仍然有相似的结论.

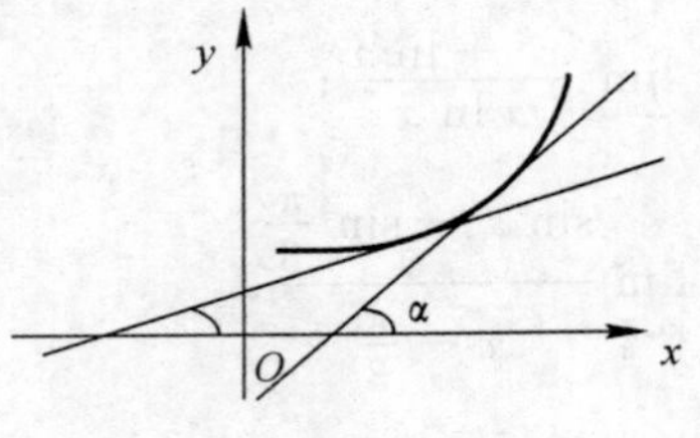

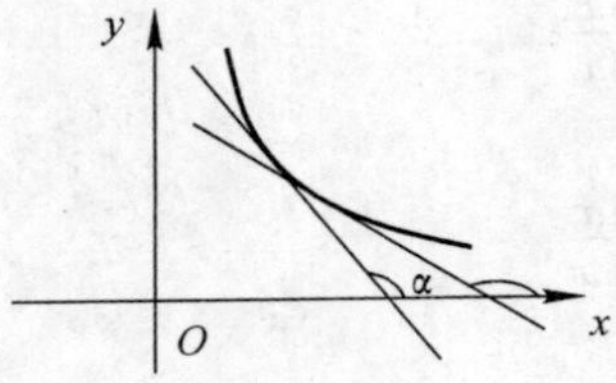

图 3-3

例 1 求函数 $f(x)=x^3-3x$ 的单调区间.

解 函数的定义区间为$(-\infty,+\infty)$,有

$$f'(x)=3x^2-3=3(x+1)(x-1)$$

令 $f'(x)>0$,即 $3(x+1)(x-1)>0$,得 $x>1$ 或 $x<-1$,所以 $f(x)$ 的单调增加区间为$(-\infty,-1)$和$(1,+\infty)$;

令 $f'(x)<0$,即 $3(x+1)(x-1)<0$,得 $-1<x<1$,所以 $f(x)$ 的单调减少区间为$(-1,1)$.

一般地,函数 $f(x)$ 在其定义区间上可能不是单调的,但可以用导数为零的点(也叫函数的驻点)以及导数不存在的点作为分界点,把定义区间分成若干部分区间(在这些部分区间上 $f(x)$ 往往是单调的),然后用列表的方式来讨论函数的单调区间,表中用"↗"表示单调增加,用"↘"表示单调减少.

例 2 确定函数 $f(x)=x^3-6x^2+9x$ 的单调区间.

解 函数的定义区间为$(-\infty,+\infty)$,有

$$f'(x)=3x^2-12x+9=3(x-1)(x-3)$$

令 $f'(x)=0$ 得 $x_1=1$ 和 $x_2=3$,x_1,x_2 将定义域分成三个部分区间,通过列表方式表示出 $f'(x)$ 的正、负区间,从而也表示出 $f(x)$ 的单调区间,见表 3-1.

表 3-1

x	$(-\infty,1)$	1	$(1,3)$	3	$(3,+\infty)$
$f'(x)$	+	0	−	0	+
$f(x)$	↗		↘		↗

例 3 讨论函数 $f(x)=x^{\frac{2}{3}}(x-1)$ 的单调性.

解 函数的定义域为$(-\infty,+\infty)$,有

$$f'(x)=\frac{2}{3}x^{-\frac{1}{3}}(x-1)+x^{\frac{2}{3}}=\frac{5x-2}{3\sqrt[3]{x}}$$

令 $f'(x)=0$，得 $x=\frac{2}{5}$，此外 $x=0$ 为 $f(x)$ 不可导点，用 $x_1=0$ 和 $x_2=\frac{2}{5}$，将定义域分为 3 个部分区间，见表 3-2，讨论 $f(x)$ 的单调性.

表　3-2

x	$(-\infty,0)$	0	$\left(0,\frac{2}{5}\right)$	$\frac{2}{5}$	$\left(\frac{2}{5},+\infty\right)$
$f'(x)$	+	×	−	0	+
$f(x)$	↗		↘		↗

二、函数的极值及其求法

极值是函数的一种局部性态，它能帮助我们进一步把握函数的变化状态，为准确描绘函数图形提供不可缺少的信息，同时它又是研究函数最大值和最小值的关键. 首先给出极值的定义.

定义 3.1　设函数 $y=f(x)$ 在点 x_0 及左、右附近有定义，若对 x_0 两侧充分接近 x_0 的 x 恒有：

(1) $f(x_0)>f(x)$，则称 $f(x_0)$ 为函数 $f(x)$ 极大值，x_0 称为 $f(x)$ 的极大值点；

(2) $f(x_0)<f(x)$，则称 $f(x_0)$ 为函数 $f(x)$ 极小值，x_0 称为 $f(x)$ 的极小值点.

函数的极大值和极小值统称为函数的极值，极大值点和极小值点统称为极值点.

显然在图 3-4 中，x_1，x_3 为 $f(x)$ 的极大值点，x_2，x_4 为极小值点. 同时也可以发现：极大值并不是函数在定义区间上的最大值，极小值也并不是函数在定义区间上的最小值，而且极大值不一定大于极小值.

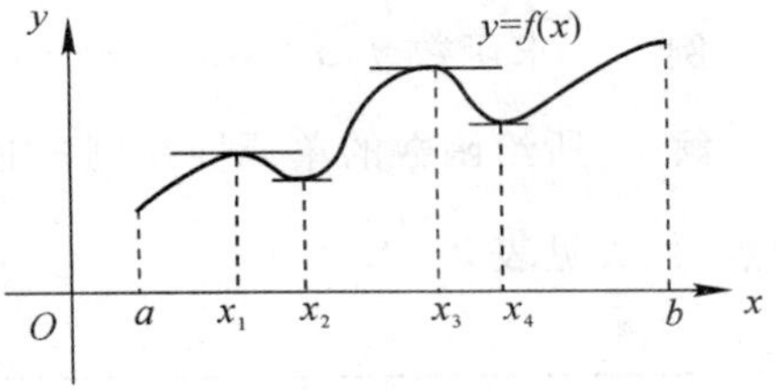

图　3-4

由图 3-4 还能看出，极值点处如果有切线的话，一定是水平方向的. 但有水平方向切线的点不一定是极值点. 在此几何直观的基础上，我们有下面的定理：

定理 3.7(极值的必要条件)　设函数 $y=f(x)$ 在点 x_0 处可导，且 $f(x_0)$ 为极值(即 x_0 为极值点)，则 $f'(x_0)=0$.

这个定理说明可导函数的极值点必定是驻点，但函数的驻点并不一定是极值点，如 $x=0$ 是 $y=x^3$ 的驻点，但不是它的极值点. 另一方面，函数的极值点也不一定是驻点，如 $x=0$ 是 $y=|x|$ 的极值点，但不是它的驻点，因为函数 $y=|x|$ 在 $x=0$ 处不可导.

那么极值点究竟如何判定呢？我们给出函数在某点取得极值的充分条件.

定理 3.8(极值的第一充分条件)　设函数 $y=f(x)$ 在点 x_0 左、右附近(可以不包括 x_0)可导，在点 x_0 连续，当 x 小到大经过 x_0 时，如果

(1) $f'(x)$ 由正变负，则 x_0 是极小值点；

(2) $f'(x)$ 由负变正，则 x_0 是极大值点；

(3) $f'(x)$ 不改变符号，则 x_0 不是极值点.

把必要条件和充分条件结合起来，就可以求函数的极值了，并且可以按下列步骤去求函数 $f(x)$ 的极值点和极值．

(1) 求出函数 $f(x)$ 的定义域；

(2) 求出函数 $f(x)$ 的导数 $f'(x)$；

(3) 令 $f'(x_0)=0$，解此方程求出 $f(x)$ 的全部驻点，同时求出导数 $f'(x)$ 不存在的点；

(4) 用上述点把定义域分成若干个部分区间，考察每个点处的左、右附近的导数是否改变符号，根据定理 3.8 判定这些点是否为极值点，并在极值点处求出函数的极值．

例 4 求函数 $f(x)=\frac{1}{3}x^3-9x+4$ 的极值．

解 (1) 函数 $f(x)$ 的定义域为 $(-\infty,+\infty)$；

(2) $f'(x)=x^2-9=(x+3)(x-3)$；

(3) 令 $f'(x)=0$ 得 $x_1=-3$ 和 $x_2=3$；

(4) 列表判定，见表 3-3．

表 3-3

x	$(-\infty,-3)$	-3	$(-3,3)$	3	$(3,+\infty)$
$f'(x)$	$+$	0	$-$	0	$+$
$f(x)$	↗	极大值 22	↘	极小值 -14	↗

故函数 $f(x)=\frac{1}{3}x^3-9x+4$ 在 $x=-3$ 处取得极大值 $f(-3)=22$，在 $x=3$ 处取得极小值 $f(3)=-14$．

例 5 求函数 $f(x)=x^{\frac{2}{3}}(x-1)$ 的极值．

解 所给函数的单调性在例 3 中已经讨论过，$f'(x)=0$，得 $x=\frac{2}{5}$，而 $x=0$ 为 $f(x)$ 不可导点，列表见表 3-4．

表 3-4

x	$(-\infty,0)$	0	$\left(0,\frac{2}{5}\right)$	$\frac{2}{5}$	$\left(\frac{2}{5},+\infty\right)$
$f'(x)$	$+$	不存在	$-$	0	$+$
$f(x)$	↗	极大值 0	↘	极小值 $-\frac{3}{5}\sqrt[3]{\frac{4}{25}}$	↗

故函数 $f(x)$ 在 $x=0$ 处取得极大值 $f(0)=0$，在 $x=\frac{2}{5}$ 取得极小值 $f\left(\frac{2}{5}\right)=-\frac{3}{5}\sqrt[3]{\frac{4}{25}}$．

定理 3.9(极值的第二充分条件) 设函数 $y=f(x)$ 在点 x_0 处的二阶导数存在，且 $f'(x_0)=0$，$f''(x_0)\neq 0$，则

(1) 当 $f''(x_0)<0$ 时，x_0 为极大值点，$f(x_0)$ 为极大值；

(2) 当 $f''(x_0)>0$ 时，x_0 为极小值点，$f(x_0)$ 为极小值．

对于 $f''(x_0)=0$ 的情形：$f(x_0)$ 可能是极大值，可能是极小值，也可能不是极值．例如

$f(x)=-x^4$，$f''(0)=0$，$f(0)=0$ 是极大值；$g(x)=x^4$，$g''(0)=0$，$g(0)=0$ 是极小值；$\varphi(x)=x^3$，$\varphi''(0)=0$，但 $\varphi(0)=0$ 不是极值. 因此，当 $f''(x_0)=0$ 时，第二判别法失效，只能用第一判别法.

例 6　求函数 $f(x)=x^3-3x^2-9x+1$ 的极值.

解　函数 $f(x)$ 的定义域为$(-\infty,+\infty)$，则有

$$f'(x)=3x^2-6x-9=3(x+1)(x-3)$$

令 $f'(x)=0$ 得 $x_1=-1$ 和 $x_2=3$.

$f''(x)=6x-6$，则 $f''(-1)=-12<0$，所以 $x=-1$ 是极大值点，$f(x)$ 的极大值 $f(-1)=6$；$f''(3)=12>0$，故 $x=3$ 是极小值点，$f(x)$ 的极小值 $f(3)=-26$.

三、函数的最大值与最小值

在第 1 章中学习过最大值、最小值定理，若函数 $f(x)$ 在闭区间$[a,b]$上连续，则在$[a,b]$上一定存在最大值和最小值. 显然，$f(x)$ 在闭区间$[a,b]$上的最大值和最小值只能在区间内的极值点和端点取得. 因此，可先求出一切可能的极值点（即驻点或导数不存在的点）处的函数值及端点处的函数值，再比较这些值的大小，其中最大的是函数的最大值，最小的是函数的最小值.

例 7　求函数 $f(x)=x^3-3x^2-9x+5$ 在$[-2,6]$上的最大值和最小值.

解　(1) $f'(x)=3x^2-6x+9=3(x+1)(x-3)$；

(2) 令 $f'(x)=0$，解得驻点 $x_1=-1$ 和 $x_2=3$；

(3) 计算 $f(-2)=3$，$f(-1)=10$，$f(3)=-22$，$f(6)=59$；

(4) 比较得到最大值为 $f(6)=59$，最小值为 $f(3)=-22$.

如果函数 $f(x)$ 在一个开区间或无穷区间内可导，且有唯一的极值点 x_0，而函数确有最大值或最小值，那么，当 $f(x_0)$ 是极大值时，$f(x_0)$ 就是该区间上的最大值；当 $f(x_0)$ 是极小值时，$f(x_0)$ 就是该区间上的最小值. 在应用问题中往往遇到这样的情形，这时可以当作极值问题来解决，不必与区间的端点值相比较.

例 8　用边长为 48 cm 的正方形铁皮做一个无盖的铁盒时，在铁皮的四角各截去一个大小相同的正方形，然后将四边折起做成一个无盖的方盒，问截去的小正方形的边长为多少时，做成的铁盒容积最大?

解　设截去的小正方形的边长为 x cm，铁盒的容积为 V cm^3，由题意知：

$$V=x(48-2x)^2\quad(0<x<24)$$

$$V'=(48-2x)^2+2x(48-2x)(-2)=12(24-x)(8-x)$$

令 $V'=0$，求得函数在$(0,24)$内的驻点为 $x=8$，$V''(8)>0$.

由于铁盒必然存在最大容积，因此，当 $x=8$ cm 时容积最大.

答：当截去的小正方形的边长为 8 cm 时，做成的无盖铁盒的容积最大.

例 9　已知某个企业的成本函数为

$$C=q^3-9q^2+30q+25$$

其中 C 表示成本（单位：千元），q 表示产量（单位：t），求平均可变成本 y（单位：千元）的最小值.

解　平均可变成本为

$$y=\frac{C-25}{q}=q^2-9q+30$$

$$y'=2q-9$$

令 $y'=0$,得 $q=4.5$,则 $y''\Big|_{q=4.5}=2>0$,所以 $q=4.5$ 时,y 取得极小值,也就是 y 的最小值.

$$y\Big|_{q=4.5}=(4.5)^2-9\times4.5+30=9.75(千元)$$

答:当产量为 4.5 t 时,平均可变成本取得最小值 9 750 元.

习 题 3-3

1. 求下列函数的单调区间.

(1) $f(x)=(x-1)^2$; (2) $f(x)=x^3+e^x$;

(3) $f(x)=\frac{3}{2-x}$; (4) $f(x)=x\ln x$.

2. 求下列函数的极值点和极值.

(1) $f(x)=x^2-\frac{1}{2}x^4$; (2) $f(x)=4x^3-3x^2-6x+2$;

(3) $f(x)=2x^2-\ln x$; (4) $f(x)=\frac{x^2}{x^2+3}$.

3. 当 a 为值时,$f(x)=a\sin x+\frac{1}{3}\sin 3x$ 在 $x=\frac{\pi}{3}$ 处取得极值,是极大值还是极小值?

4. 求下列函数在给定区间上的最大值和最小值:

(1) $f(x)=3x^3-9x+5, x\in[-2,2]$;

(2) $f(x)=x+\sqrt{1-x}, x\in[-5,1]$.

5. 把长为 24 cm 的铁丝剪成两段,一段做成圆形,一段做成正方形,问如何剪法,才能使圆和正方形的面积之和最小?

6. 设某企业每天生产某种产品 q 个单位时的总成本核算函数为

$$C(q)=0.5q^2+36q+9\,800$$

问每天生产多少单位的产品时,其平均成本最低?

第 4 节 曲线的凹凸性、拐点和函数图形描绘

一、曲线的凹凸性和拐点

在研究函数图形的变化状态时,知道它的上升和下降规律很重要,但只了解这一点是不够的,上升和下降不能完全反映图形的变化.

如图 3-5 所示的函数 $y=x^3$ 的图形在定义区间内虽然一直是上升的,但却有不同的弯曲状况,从左向右,曲线首先是向下弯曲,通过 O 点后,扭转了弯曲的方向,而向上弯曲. 因此研究图形时考察它的弯曲方向及扭转弯曲方向的点是很有必要的.

从图 3-5 中明显看出,曲线向上弯曲的弧段位于这弧段上每一点的切线的上方,曲线向下弯曲的弧段位于这弧段上每一点的切线的下方.

定义 3.2　如果在某区间内，曲线弧位于其上每一点处切线上方，则称曲线在这个区间内是凹的(见图 3-6(a))；如果在某区间内，曲线弧位于其上每一点处切线下方，则称曲线在这个区间内是凸的(见图 3-6(b)).

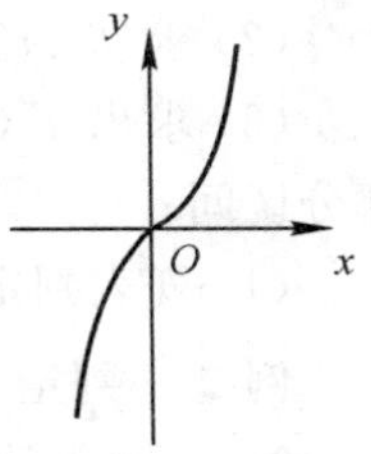

图　3-5

图 3-6(a) 中，曲线上每一点处切线的倾斜角随着自变量 x 的增大而增大，即切线的斜率是递增的，而切线的斜率就是函数 $y=f(x)$ 的导数 $f'(x)$. 因此，若导数 $f'(x)$ 单调增加，则曲线是凹的. 同理，由图 3-6(b) 可以得到，当导数 $f'(x)$ 单调减少时，曲线是凸的.

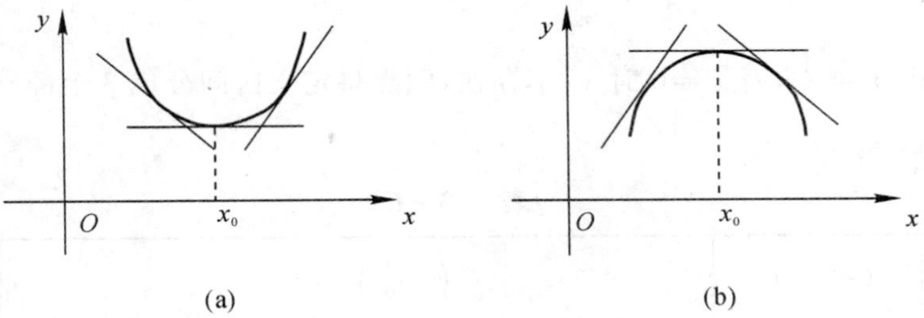

图　3-6

定理 3.10　设函数 $y=f(x)$ 在区间 (a,b) 内具有二阶导数，则有

(1) 若在 (a,b) 内，恒有 $f''(x)>0$，则曲线函数 $y=f(x)$ 在 (a,b) 内是凹的；

(2) 若在 (a,b) 内，恒有 $f''(x)<0$，则曲线函数 $y=f(x)$ 在 (a,b) 内是凸的.

定义 3.3　连续曲线上凹弧与凸弧的分界点叫做曲线的拐点.

拐点既然是曲线凹凸的分界点，所以若函数在该点处左、右附近的二阶导数存在，则在拐点左、右附近 $f''(x)$ 必然异号，因而拐点处 $f''(x)=0$ 或 $f''(x)$ 不存在. 在求曲线的凹凸区间和拐点时，可根据上述定理，用类似于求单调区间和极值点的方法，列表讨论，其中凹曲线用"$\smile$"表示，凸曲线用"$\frown$"表示.

例 1　求曲线 $y=x^4-2x^3+1$ 的凹凸区间和拐点.

解　函数的定义域为 $(-\infty,+\infty)$，有

$$y'=4x^3-6x^2,\ y''=12x^2-12x=12x(x-1)$$

令 $y''=0$，得 $x_1=0$，$x_2=1$，x_1，x_2 将定义区间分成 3 个部分区间，列表见表 3-5，求曲线的凹凸区间和拐点.

表　3-5

x	$(-\infty,0)$	0	$(0,1)$	1	$(1,+\infty)$
y''	+	0	−	0	+
y	$\smile$	拐点 $(0,1)$	$\frown$	拐点 $(1,0)$	$\smile$

由表可知，曲线 $y=x^4-2x^3+1$ 在区间 $(-\infty,0)$ 和区间 $(1,+\infty)$ 上是凹的，在区间 $(0,1)$ 上是凸的；曲线的拐点是 $(0,1)$ 和 $(1,0)$.

一般地，可按下述步骤判定曲线的凹凸性和求拐点：

(1) 确定 $y=f(x)$ 的定义域；

(2) 求 $f''(x)$;

(3) 求出 $f''(x)=0$ 的点及 $f''(x)$ 不存在的点,将这些点为分界点把定义区间分成若干个部分区间;

(4) 列表判定.

例 2 判定 $y=(x+1)x^{\frac{1}{3}}$ 的凹凸性和求拐点.

解 函数的定义域为 $(-\infty,+\infty)$,

$$y'=\frac{4}{3}x^{\frac{1}{3}}+\frac{1}{3}x^{-\frac{2}{3}},\quad y''=\frac{4}{9}x^{-\frac{2}{3}}-\frac{2}{9}x^{-\frac{5}{3}}=\frac{2}{9}\cdot\frac{2x-1}{x^{\frac{5}{3}}}$$

令 $y''=0$,得 $x=\frac{1}{2}$,而 $x=0$ 时 y'' 不存在,两点将定义区间分成 3 个部分区间.

列表见表 3-6.

表 3-6

x	$(-\infty,0)$	0	$\left(0,\frac{1}{2}\right)$	$\frac{1}{2}$	$\left(\frac{1}{2},+\infty\right)$
y''	$-$	不存在	$-$	0	$+$
y	$\frown$	不是拐点	$\frown$	拐点 $\left(\frac{1}{2},\frac{3}{2}\sqrt[3]{\frac{1}{2}}\right)$	$\smile$

从表 3-6 知,曲线 $y=(x+1)^{\frac{1}{3}}$ 在区间 $\left(\frac{1}{2},+\infty\right)$ 上是凹的,在区间 $(-\infty,0)$ 和 $\left(0,\frac{1}{2}\right)$ 上是凸的,拐点为 $\left(\frac{1}{2},\frac{3}{2}\sqrt[3]{\frac{1}{2}}\right)$.

二、函数图形的描绘

1. 曲线的渐近线

有些函数的定义域和值域都是有限区间,此时函数的图形局限于一定的范围之内,如圆、椭圆等.而有些函数的定义域或值域是无穷区间,此时函数的图形向无穷远处延伸,如双曲线、抛物线等.有此向无穷延伸的曲线常常会接近某一条直线,这样的直线叫做曲线的渐近线.

定义 3.4 如果曲线上的一点沿着曲线趋于无穷远时,该点与某条直线的距离趋于零,则称此直线为曲线的渐近线.

渐近线分为水平渐近线、垂直渐近线和斜渐近线 3 种.现在只讨论前两种.

(1) 水平渐近线.设曲线 $y=f(x)$,如果 $\lim\limits_{x\to\infty}f(x)=c$,则称直线 $y=c$ 为曲线 $y=f(x)$ 的水平渐近线.

(2) 垂直渐近线.如果曲线 $y=f(x)$ 在点 x_0 间断,且 $\lim\limits_{x\to x_0}f(x)=\infty$,则称直线 $x=x_0$ 为曲线 $y=f(x)$ 的垂直渐近线.

例 3 求曲线 $y=\frac{1}{x-5}$ 的水平渐近线和垂直渐近线.

解 因为 $\lim\limits_{x\to\infty}\frac{1}{x-5}=0$,所以 $y=0$ 是曲线的水平渐近线.

又因为 $x=5$ 是 $y=\dfrac{1}{x-5}$ 的间断点，且 $\lim\limits_{x\to5}\dfrac{1}{x-5}=\infty$，所以 $x=5$ 是曲线的垂直渐近线.

例 4　求曲线 $y=\dfrac{3x^2+2}{1-x^2}$ 的水平渐近线和垂直渐近线.

解　因为 $\lim\limits_{x\to\infty}\dfrac{3x^2+2}{1-x^2}=-3$，所以 $y=-3$ 是曲线的水平渐近线.

又因为 $x=-1,x=1$ 是 $y=\dfrac{3x^2+2}{1-x^2}$ 的间断点，且 $\lim\limits_{x\to-1}\dfrac{3x^2+2}{1-x^2}=\infty$，$\lim\limits_{x\to1}\dfrac{3x^2+2}{1-x^2}=\infty$，所以 $x=-1,x=1$ 是曲线的垂直渐近线.

2. 函数图形的描绘

综合陆续讨论的函数的各种性态，对于给定函数 $y=f(x)$，可以按如下步骤作出其图形：

(1) 确定函数 $y=f(x)$ 的定义域，并考察其奇偶性、周期性；

(2) 求函数 $y=f(x)$ 的一阶导数和二阶导数，求出 $f'(x)=0$，$f''(x)=0$ 的点和 $f'(x)$，$f''(x)$ 不存在的点，用这些点将定义区间分成部分区间；

(3) 列表确定函数 $y=f(x)$ 的单调区间、极值、凹凸区间和拐点；

(4) 讨论函数图形的水平渐近线和垂直渐近线；

(5) 根据需要取函数图形上的若干特殊点；

(6) 描点作图.

例 5　作出函数 $y=x^3-3x^2+1$ 的图形.

解　函数的定义域为 $(-\infty,+\infty)$，该函数为非奇非偶函数.

$$y'=3x^2-6x=3x(x-2),\quad y''=6x-6=6(x-1)$$

令 $y'=0$，得 $x_1=0,x_2=2$；$y''=0$，得 $x_3=1$.

列表见表 3-7.

表　3-7

x	$(-\infty,0)$	0	$(0,1)$	1	$(1,2)$	2	$(2,+\infty)$
y'	+	0	−	−	−	0	+
y''	−	−	−	0	+	+	+
曲线 y	↗(凸)	极大值 1	↘(凸)	拐点 $(1,-1)$	↘(凹)	极小值 -3	↗(凹)

该曲线无渐近线，再取两个点 $(-1,-3)$，$(3,1)$.

综合以上讨论，作出函数的图形(见图 3-7).

例 6　作出函数 $y=\dfrac{x}{1+x^2}$ 的图形.

解　函数的定义域为 $(-\infty,+\infty)$，显然 $y=\dfrac{x}{1+x^2}$ 为奇函数，其图形关于原点对称，因此只讨论函数在 $[0,+\infty)$ 上图形.

$$y'=\frac{1-x^2}{(1+x^2)^2},\quad y''=\frac{2x(x^2-3)}{(1+x^2)^3}$$

令 $y'=0$，得 $x=1$；$y''=0$，得 $x=0,x=\sqrt{3}$.

列表见表 3-8.

表 3-8

x	0	$(0,1)$	1	$(1,\sqrt{3})$	$\sqrt{3}$	$(\sqrt{3},+\infty)$
y'	+	+	0	−	−	−
y''	0	−	−	−	0	+
曲线 y	拐点 $(0,0)$	↗	极大值 $\frac{1}{2}$	↘	拐点 $\left(\sqrt{3},\frac{\sqrt{3}}{4}\right)$	↘

曲线 $y=\frac{x}{1+x^2}$ 无垂直渐近线. 因为 $\lim\limits_{x\to\infty}\frac{x}{1+x^2}=0$,所以有水平渐近线 $y=0$.

综合以上讨论,利用 $y=\frac{x}{1+x^2}$ 为奇函数,作出函数的图形(见图 3-8).

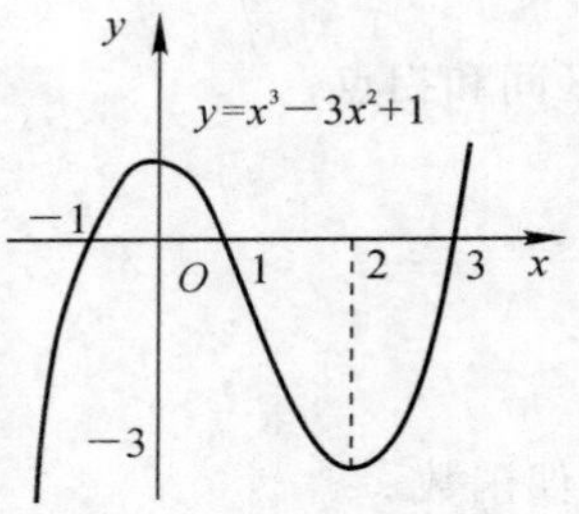

图 3-7

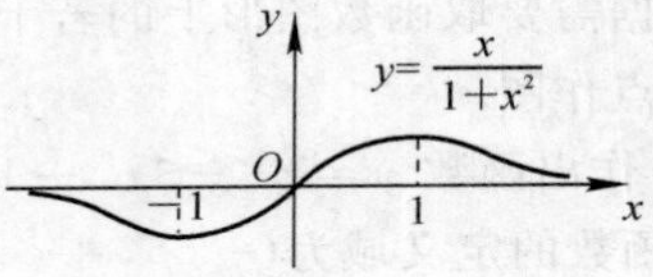

图 3-8

习题 3-4

1. 判定下列曲线的凹凸性.

(1) $y=4x-x^2$; (2) $y=\ln x$.

2. 求下列曲线的凹凸区间和拐点.

(1) $y=2x^3+3x^2+x+2$; (2) $y=3x^4-4x^3+1$;

(3) $y=\ln(x^2+1)$; (4) $y=e^{-x^2}$.

3. 当 a,b 为何值时,点 $(1,3)$ 为曲线 $y=ax^3-bx^2$ 的拐点.

4. 当 b 为何值时,点 $(1,3)$ 为曲线 $y=-\frac{3}{2}+bx^2$ 的拐点.

5. 求下列曲线的水平渐近线和垂直渐近线.

(1) $y=\frac{1}{1-x}$; (2) $y=\ln(x-1)$;

(3) $y=e^{\frac{1}{x}}-1$; (4) $y=\frac{x}{(1-x)(1+x)}$.

6. 描绘下列函数的图形.

(1) $y=2-x-x^3$; (2) $y=\frac{1}{4}x^4-\frac{3}{2}x^2$;

(3) $y=x-\ln(x+1)$; (4) $y=\frac{1}{(x-1)^2}+1$.

第 5 节　导数在经济学中的应用

导数是函数关于自变量的变化率，在经济工作中，也存在变化率的问题，因此导数在经济工作中也有广泛的应用，本节介绍两个基本的应用.

一、边际函数

在经济工作中，设某经济指标 y 与影响指标值的因素 x 之间有函数关系 $y=f(x)$，称导数 $f'(x)$ 为 $f(x)$ 的边际函数，记作 My. 所谓边际，实际上是指标 y 关于因素 x 的绝对变化率. 随着 y,x 含义的不同，边际函数的含义也就不同.

1. 边际成本

在经济学中，边际成本定义为产品总成本 $C=C(q)$ 关于产量 q 的导数 $C'(q)$.

如果某产品产量为 q 时所需要的总成本为 $C=C(q)$. 由于

$$C(q+1)-C(q)=\Delta C(q)\approx \mathrm{d}C(q)=C'(q)\cdot \Delta q=C'(q)$$

所以边际成本 $C'(q)$ 近似等于产量为 q 时再多增加一个单位时所增加的成本.

2. 边际收入

在经济基础学中，边际收入定义为收入函数 $R=R(q)$ 关于销售量 q 的导数 $R'(q)$.

如果某产品的销售量为 q 时，收入为 $R=R(q)$，则边际收入 $R'(q)$ 近似等于销售量为 q 时再多销售一个单位产品所增加的销售收入.

3. 边际利润

在经济基础学中，如果某产品的销售量为 q 时，利润函数 $L=L(q)$，当 $L(q)$ 可导时，边际利润定义为利润函数 $L=L(q)$ 关于销售量 q 的导数 $L'(q)$. 它近似等于销售量为 q 时再多销售一个单位产品所增加（或减少）的利润.

由于利润函数为收入函数与成本函数之差，即

$$L(q)=R(q)-C(q)$$

由导数的运算法则可知

$$L'(q)=R'(q)-C'(q)$$

即边际利润为边际收入与边际成本之差.

4. 边际销量（需求）

在经济基础学中，边际销量定义为总销售量（需求）函数 $Q=Q(p)$ 关于价格 p 的导数 $Q'(p)$. 边际销量 $Q'(p)$ 近似等于价格为 p 时再加价一个单位时减少（或增加）的销量.

在经济应用问题中，解释边际函数值的具体含义时，略去“近似”二字.

例 1　设某产品产量为 q（单位：t）时的总成本函数（单位：元）为

$$C(q)=1\ 000+7q+50\sqrt{q}$$

求：(1) 产量为 100 t 时的总成本；

(2) 产量为 100 t 时的平均成本；

(3) 产量为 100 t 增加到 225 t 时，总成本的平均变化率（100 ～ 225 t 平均成本）；

(4) 产量为 100 t 时，总成本的变化率（边际成本）.

解　(1) 产量为 100 t 时的总成本为

$$C(100)=1\,000+7\times 100+50\sqrt{100}=2\,200(\text{元})$$

(2) 产量为 100 t 时的平均成本为

$$\overline{C}(100)=\frac{C(100)}{100}=22(\text{元})$$

(3) 产量从 100 t 增加到 225 t 时,总成本的平均变化率为

$$\frac{\Delta C}{\Delta q}=\frac{C(225)-C(100)}{225-100}=\frac{3\,325-2\,200}{125}=9(\text{元}/\text{t})$$

(4) 产量为 100 t 时,总成本的变化率为

$$C'(100)=(1\,000+7q+50\sqrt{q})'\Big|_{q=100}=$$

$$\left(7+\frac{25}{\sqrt{q}}\right)\Big|_{q=100}=9.5(\text{元})$$

这个结论的经济含义是:当产量为 100 t 时,再多生产 1 t 所增加的成本为 9.5 元.

例 2 某公司总利润 L(元)与日产量 q(t)之间的函数关系(即利润函数)为

$$L(q)=250q-5q^2$$

试确定每天生产 20 t,25 t,35 t 时的边际利润,并说明其经济含义.

解 边际利润为

$$L'(q)=250-10q$$

$$ML\Big|_{q=20}=250-200=50(\text{元})$$

$$ML\Big|_{q=25}=250-250=0(\text{元})$$

$$ML\Big|_{q=35}=250-350=-100(\text{元})$$

因为边际利润表示产量增加 1 t 时总利润的增加数,上述结果表明,当日产量在 20 t 时,每天增加 1 t 产量可增加总利润 50 元;在日产量是 25 t 的基础上再增加时,利润已经不增加了;而当日产量在 35 t 时,每天产量再增加 1 t 反而利润减少 100 元.由此可见,这家公司应该把日产量定在 25 t,此时的总利润 $L(25)=250\times 25-5\times 25^2=3\,125$(元).

二、函数的弹性

在边际分析中,讨论的函数变化率与改变量均属于绝对数范围内的讨论.在经济问题中,仅仅用绝对数的概念是不足以深入分析问题的.例如:甲商品每单位价格 5 元,涨价 1 元,乙商品每单位价格 200 元,也涨价 1 元,两种商品价格的绝对改变量都是 1 元,但两种商品的涨价幅度却大不相同,与原价相比,甲商品涨价 20%,而乙商品仅涨价 0.5%.因此我们还有必要研究函数的相对改变量和相对变化率.

给定变数 u,它在某处的改变量 Δu 称为绝对改变量.给定改变量 Δu 与变数在该处的值 u 之比 $\frac{\Delta u}{u}$ 称为相对改变量.

定义 3.5 对于函数 $y=f(x)$,如果极限

$$\lim_{\Delta x\to 0}\frac{\Delta y/y}{\Delta x/x}$$

存在，则

$$\lim_{\Delta x\to 0}\frac{\Delta y/y}{\Delta x/x}=\lim_{\Delta x\to 0}\frac{\Delta y}{\Delta x}\frac{x}{y}=\frac{x}{y}\frac{\mathrm{d}y}{\mathrm{d}x}=\frac{x}{y}f'(x)$$

称为函数 $f(x)$ 在点 x 处的弹性，记作 E，即

$$E=\frac{x}{y}f'(x)$$

从定义可以看出，函数 $f(x)$ 的弹性是函数的相对改变量与自变量和相对改变量比值的极限，它是函数的相对变化率，或解释成当自变量变化百分之一时函数变化的百分数.

由需求函数 $Q=Q(p)$ 可得需求弹性为

$$E\Big|_q=\frac{p}{Q}Q'(p)$$

根据经济规律，需求函数是单调减少函数，所以需求弹性一般取负值.

利用供给函数 $S=S(p)$，同样根据定义有供给弹性为

$$E\Big|_s=\frac{p}{S}S'(p)$$

例 3　设某商品的需求函数为

$$Q=3\,000\mathrm{e}^{-0.02p}$$

求价格为 100 时的需求弹性，并解释其经济含义.

解　$$E\Big|_q=\frac{p}{Q}Q'(p)=\frac{-0.02p\times 3\,000\mathrm{e}^{-0.02p}}{3\,000\mathrm{e}^{-0.02p}}=-0.02p$$

$$E_q(100)=-0.02\times 100=-2$$

它的经济含义是：当价格为 100 时，若价格增加 1%，则需求减少 2%.

习　题　3－5

1. 求函数 $y=x^3+x$ 在点 $x=5$ 处的边际函数值.

2. 某化工厂日产能力最高为 1 000 t，每日产品的总成本 C（单位：元）是日产量 x（单位：t）的函数，$C=C(x)=1\,000+8x+100\sqrt{x}$，$x\in[0,1\,000]$. 求：

(1) 日产量为 100 t 时的总成本；

(2) 日产量为 100 t 时的平均成本；

(3) 日产量为 100 t 时的边际成本.

3. 设某产品生产 q 单位时的总收益 R 为 q 的函数，$R=200q-0.01q^2$，求生产 50 单位时的收益及平均收益和边际收益.

4. 设某商品的需求量 Q 对价格 p 的函数关系为 $Q=1\,200\left(\frac{1}{3}\right)^p$，求：

(1) 需求量 Q 对价格 p 的弹性函数；

(2) 价格 $p=30$ 时的需求弹性.

5. 某产品的需求量 Q 对价格 p 的函数关系为 $Q=75-p^2$，求：

(1) 总收益函数 R；

(2) 总收益 R 对价格 p 的弹性.

复习题3

一、填空题

1. 函数 $y=x^2+4$ 在 $[-1,1]$ 满足罗尔定理的 $\xi=$________.

2. 函数 $f(x)=x^3$ 在 $[-1,1]$ 上满足拉格郎日中值定理的条件，则 $\xi=$________.

3. $\lim\limits_{x\to 0}\dfrac{x-\sin x}{2x-\sin 2x}=$________.

4. $\lim\limits_{x\to 0^+}\sqrt{x}\ln x$ 是________型未定式，化为 $\dfrac{\infty}{\infty}$ 型为________.

5. 已知函数 $y=\dfrac{1}{3}x^3-x$，该函数在区间________上单调减少.

6. 函数 $y=x^3$ 在区间________上为单调增加函数，在区间________上为凹函数，拐点为________.

7. 函数 $f(x)=\sin x+\cos x$ 在 $[0,2\pi]$ 上的驻点是________，极大值是________，极小值是________.

8. 函数 $y=x^2+4$ 在 $[-1,1]$ 上的最小值为________.

9. 曲线 $f(x)=2+(x-1)^{\frac{1}{2}}$ 的拐点是________.

10. 曲线 $y=\dfrac{(x-1)}{(x-2)^2}$ 的渐近线有________（水平或垂直）渐近线.

二、选择题

1. 下列函数中，在区间 $[-1,1]$ 上满足罗尔定理条件的是（　　）.

A. $f(x)=e^x$　　B. $g(x)=\ln|x|$

C. $h(x)=1-x^2$　　D. $k(x)=\begin{cases}x\sin\dfrac{1}{x}, & x\neq 0\\ 0, & x=0\end{cases}$

2. 在区间 $[-1,1]$ 上满足拉格朗日中值定理条件的是（　　）.

A. $y=\dfrac{1}{x}$　　B. $y=x^{\frac{2}{3}}$　　C. $y=\tan x$　　D. $y=\ln x$

3. 函数 $y=x^3+12x+1$ 在定义区间内是（　　）.

A. 单调增加的　　B. 单调减少的

C. 图形是凹的　　D. 图形是凸的

4. 函数 $y=f(x)$ 在点 $x=x_0$ 处取得极大值，则必有（　　）

A. $f'(x_0)=0$　　B. $f''(x_0)<0$

C. $f'(x_0)$ 不存在　　D. $f'(x_0)=0$ 或 $f'(x_0)$ 不存在

5. 下列判断正确的是（　　）.

A. 极值可以取在区间端点　　B. 极大值必大于极小值

C. 闭区间上的连续函数必有极值　　D. 闭区间上的连续函数未必有极值

6. 以下结论正确的是(　　).

A. 函数的不可导点一定不是极值点

B. 可导函数的极值点一定是驻点

C. 函数在连续点一定可导

D. 驻点一定是极值点

7. 函数 $f(x)=x^3$ 在其定义域上(　　).

A. 单调下降　B. 向上弯曲　C. 有一个拐点　D. 没有拐点

8. 若 $f(x)$ 在 (a,b) 内，$f'(x)>0$，$f''(x)<0$，则曲线在该区间内(　　).

A. 单调下降且是凸的　B. 单调下降且是凹的

C. 单调上升且是凹的　D. 单调上升且是凸的

9. 曲线 $y=\dfrac{3x}{x-1}$ 的渐近线是(　　).

A. $x=1$ 和 $y=3$　B. $x=3$ 和 $y=1$

C. $x=1$　D. $y=3$

10. 下列函数中，没有水平和垂直渐近线的是(　　).

A. $y=\dfrac{1}{x}$　B. $y^2=x$

C. $y=\mathrm{e}^{-x}$　D. $y=\dfrac{1}{\ln x}$

三、解答题

1. 求下列函数的极限.

(1) $\lim\limits_{x\to-2}\dfrac{x^3+3x^2+2x}{x^2-x-6}$；　(2) $\lim\limits_{x\to0}\dfrac{\ln x-x}{x-\sin x}$；

(3) $\lim\limits_{x\to1}\left(\dfrac{2}{x^2-1}-\dfrac{1}{x-1}\right)$；　(4) $\lim\limits_{x\to0}\dfrac{\ln(1+3x)}{x^3}$；

(5) $\lim\limits_{x\to1}\left[(1-x)\tan\dfrac{\pi x}{2}\right]$；　(6) $\lim\limits_{x\to0^+}\left(\ln\dfrac{1}{x}\right)^x$.

2. 求下列函数的极值.

(1) $y=x^3-3x^2-9x+14$；　(2) $y=\dfrac{1+3x}{\sqrt{4+5x^2}}$.

3. 证明函数 $y=x-\ln(1+x^2)$ 在 $(-\infty,+\infty)$ 上单调增加.

4. 求下列函数的最大值和最小值.

(1) $y=2x^3-3x^2, x\in[-1,4]$；　(2) $y=1-2\sin x, x\in[0,2\pi]$.

5. 求下列曲线的凹凸区间和拐点.

(1) $y=x^3-5x^2+3x+5$；　(2) $y=x\mathrm{e}^{-2x}$.

6. 作出函数 $y=x^3+x^2-x-1$ 的图形.

7. 已知某个企业的成本函数为

$$C(x)=54+18x+6x^2$$

其中 x 表示产量，求产量为多少时，平均成本最低？

第 4 章　积分及其应用

积分是微积分学的另一重要部分，它是微分运算的逆运算，包括不定积分和定积分两个概念. 本章将由具体问题引入不定积分和定积分的概念，并逐步介绍求积分方法，最后将积分法应用于实际.

第 1 节　不定积分的概念

一、原函数

问题　已知 $F'(x)=x^2$，问 $F(x)$ 等于什么？

解决这个问题可以从已学过的导数知识入手，因为 $\left(\frac{1}{3}x^3\right)'=x^2$，所以 $F(x)=\frac{1}{3}x^3$，又 $\left(\frac{1}{3}x^3+C\right)'=x^2$，所以也可以是 $F(x)=\frac{1}{3}x^3+C$.

这个问题就是已知某函数的导数，求该函数.

定义 4.1　设在某区间 (a,b) 内，若 $F'(x)=f(x)$ 或 $\mathrm{d}F(x)=f(x)\mathrm{d}x$，则称函数 $F(x)$ 为 $f(x)$ 的一个原函数.

例如，因为 $(x^2)'=2x$，所以 x^2 是 $2x$ 的一个原函数.

因为 $(\mathrm{e}^x)'=\mathrm{e}^x$，所以 e^x 是 e^x 的一个原函数. 又因为 $(x^2+C)'=2x$，所以 x^2+C 也是 $2x$ 的一个原函数.

可以看出，一个函数 $f(x)$ 若有一个原函数 $F(x)$，则它有无穷个原函数，可以表示为 $F(x)+C$，并且任意两个原函数之间相差一个常数.

二、不定积分的概念

定义 4.2　在某个开区间 (a,b) 内，设 $F(x)$ 是函数 $f(x)$ 的一个原函数，则 $f(x)$ 的全部原函数 $F(x)+C$ 称为 $f(x)$ 的不定积分. 记作 $\int f(x)\mathrm{d}x$，即

$$\int f(x)\mathrm{d}x=F(x)+C$$

其中，$f(x)$ 称为被积函数，$f(x)\mathrm{d}x$ 称为积分表达式，x 称为积分变量，符号"$\int$"称为积分号，C 为积分常数.

例 1　由导数的基本公式，写出下列函数的不定积分．

(1)$\int 2x\mathrm{d}x$；　　　　(2)$\int \mathrm{e}^x\mathrm{d}x$.

解　(1) 因为$(x^2)'=2x$，所以 x^2 是 $2x$ 的一个原函数，故

$$\int 2x\mathrm{d}x=x^2+C$$

(2) 因为$(\mathrm{e}^x)'=\mathrm{e}^x$，所以 e^x 是 e^x 的一个原函数，故

$$\int \mathrm{e}^x\mathrm{d}x=\mathrm{e}^x+C$$

例 2　根据不定积分的定义验证：

$$\int \cos x\mathrm{d}x=\sin x+C$$

解　因为$(\sin x)'=\cos x$，所以$\int \cos x\mathrm{d}x=\sin x+C$.

不定积分简称积分，求不定积分的方法和运算分别简称为积分法和积分运算．

因为积分和求导互为逆运算，所以它们有关系式

(1)$[\int f(x)\mathrm{d}x]'=[F(x)+C]'=f(x)$ 或 $\mathrm{d}[\int f(x)\mathrm{d}x]=\mathrm{d}[F(x)+C]=f(x)\mathrm{d}x$；

(2)$\int F'(x)\mathrm{d}x=\int f(x)\mathrm{d}x=F(x)+C$ 或 $\int \mathrm{d}F(x)=\int f(x)\mathrm{d}x=F(x)+C$.

例如　$$\left(\int \frac{\sin x}{1+x}\mathrm{d}x\right)'=\frac{\sin x}{1+x}$$

不定积分的几何意义：在直角坐标系中，$f(x)$ 的任意一个原函数 $F(x)$ 的图形是一条曲线 $y=F(x)$，这条曲线上任意点$(x,F(x))$处的切线的斜率 $F'(x)$ 恰为函数值 $f(x)$，称这条曲线为 $f(x)$ 的一条积分曲线．

$f(x)$ 的不定积分 $F(x)+C$ 则是一个积分曲线族，如图 4－1 所示．

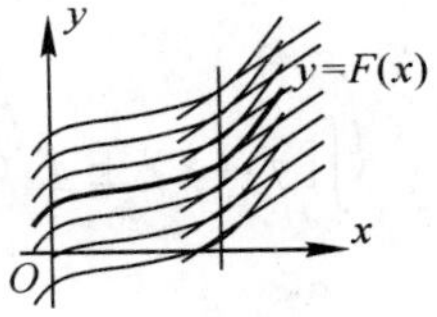

图　4－1

三、不定积分的基本公式

(1)$\int \mathrm{d}x=x+C$；

(2)$\int x^\alpha\mathrm{d}x=\frac{1}{\alpha+1}x^{\alpha+1}+C\quad(\alpha\neq-1)$；

(3)$\int \frac{1}{x}\mathrm{d}x=\ln|x|+C$；

(4)$\int \mathrm{e}^x\mathrm{d}x=\mathrm{e}^x+C$；

(5)$\int a^x\mathrm{d}x=\frac{a^x}{\ln a}+C$；

(6)$\int \cos x\mathrm{d}x=\sin x+C$；

(7)$\int \sin x\mathrm{d}x=-\cos x+C$；

(8) $\int \frac{1}{\sin^2 x}dx = \int \csc^2 x dx = -\cot x + C$;

(9) $\int \frac{1}{\cos^2 x}dx = \int \sec^2 x dx = \tan x + C$;

(10) $\int \sec x \cdot \tan x dx = \sec x + C$;

(11) $\int \csc x \cdot \cot x dx = -\csc x + C$;

(12) $\int \frac{1}{1+x^2}dx = \arctan x + C$;

(13) $\int \frac{1}{\sqrt{1-x^2}}dx = \arcsin x + C$.

上述积分的基本公式是求不定积分的基础，必须熟记以利于应用.

四、不定积分的性质

性质 1　被积函数中的不为零的常数因子可以提到积分号之外，即

$$\int kf(x)dx = k\int f(x)dx \ (k \neq 0)$$

$$\left[\int kf(x)dx\right]' = \left[k\int f(x)dx\right]' = kf(x)$$

性质 2　两个函数的代数和的不定积分等于每个函数的不定积分的代数和，即

$$\int [f_1(x) \pm f_2(x)]dx = \int f_1(x)dx \pm \int f_2(x)dx$$

$$\left\{\int [f_1(x) \pm f_2(x)]dx\right\}' = \left[\int f_1(x)dx \pm \int f_2(x)dx\right]' =$$

$$\left[\int f_1(x)dx\right]' \pm \left[\int f_2(x)dx\right]' = f_1(x) \pm f_2(x)$$

例 3　求 $\int (3e^x - 2\cos x + x^2)dx$.

解　$\int (3e^x - 2\cos x + x^2)dx = \int 3e^x dx - \int 2\cos x dx + \int x^2 dx =$

$$3\int e^x dx - 2\int \cos x dx + \int x^2 dx =$$

$$3e^x - 2\sin x + \frac{1}{3}x^3 + C$$

检验积分结果是否正确，只要对结果求导，所得的导数看看是否等于被积函数.

例 4　求 $\int \frac{(x-1)^3}{x^2}dx$.

解　$\int \frac{(x-1)^3}{x^2}dx = \int \frac{x^3 - 3x^2 + 3x - 1}{x^2}dx = \int \left(x - 3 + \frac{3}{x} - \frac{1}{x^2}\right)dx =$

$$\int x dx - \int 3 dx + \int \frac{3}{x}dx - \int \frac{1}{x^2}dx =$$

$$\frac{1}{2}x^2 - 3x + 3\ln|x| + \frac{1}{x} + C$$

例 5　求$\int e^x(2^x+e^{-x})dx$.

解　$\int e^x(2^x+e^{-x})dx=\int(2^xe^x+1)dx=\int(2e)^xdx+\int dx=$

$$\frac{(2e)^x}{\ln 2e}+x+C$$

有时则需对被积函数先进行恒等变形,再利用基本积分公式求积分.

例 6　求$\int\frac{x^4}{1+x^2}dx$.

解　$\int\frac{x^4}{1+x^2}dx=\int\frac{(x^4-1)+1}{1+x^2}dx=\int\left(x^2-1+\frac{1}{1+x^2}\right)dx=$

$$\int x^2dx-\int dx+\int\frac{1}{1+x^2}dx=\frac{1}{3}x^3-x+\arctan x+C$$

例 7　求$\int\frac{2x^2+1}{x^2(1+x^2)}dx$.

解　$\int\frac{2x^2+1}{x^2(1+x^2)}dx=\int\frac{(x^2+1)+x^2}{x^2(1+x^2)}dx=\int\left(\frac{1}{x^2}+\frac{1}{1+x^2}\right)dx=$

$$\int\frac{1}{x^2}dx+\int\frac{1}{1+x^2}dx=-\frac{1}{x}+\arctan x+C$$

例 8　求$\int\tan^2xdx$.

解　$\int\tan^2xdx=\int(\sec^2x-1)dx=\int\sec^2xdx-\int dx=\tan x-x+C$

例 9　求$\int\frac{1}{\sin^2x\cos^2x}dx$.

解　$\int\frac{1}{\sin^2x\cos^2x}dx=\int\frac{\sin^2x+\cos^2x}{\sin^2x\cos^2x}dx=\int\left(\frac{1}{\cos^2x}+\frac{1}{\sin^2x}\right)dx=\tan x-\cot x+C$

例 10　求$\int\cos^2\frac{x}{2}dx$.

解　$\int\cos^2\frac{x}{2}dx=\int\frac{1+\cos x}{2}dx=\frac{1}{2}\int(1+\cos x)dx=\frac{1}{2}(\int dx+\int\cos xdx)=$

$$\frac{1}{2}(x+\sin x)+C$$

习　题　4－1

1. 已知函数 $f(x)$ 的一个原函数为 $e^x\cos 2x$,求 $f(x)$.

2. 判断下列函数 $F(x)$ 是否是 $f(x)$ 的原函数,为什么?

(1)$F(x)=-\frac{1}{x},f(x)=\frac{1}{x^2}$　(　　)

(2)$F(x)=2x,f(x)=x^2$　(　　)

(3)$F(x)=\frac{1}{2}e^{2x}+\pi,f(x)=e^{2x}$　(　　)

(4)$F(x)=\sin 5x,f(x)=\cos 5x$　(　　)

3. 求下列不定积分.

(1) $\int\left(\frac{1}{\sqrt{x}}+3\sin x-\frac{2}{x}\right)\mathrm{d}x$；　(2) $\int(1+\sqrt{x})^2\mathrm{d}x$；

(3) $\int\frac{\sqrt{1+x^2}}{\sqrt{1-x^4}}\mathrm{d}x$；　(4) $\int\frac{2^x}{3^x}\mathrm{d}x$；

(5) $\int\frac{2x^2}{1+x^2}\mathrm{d}x$；　(6) $\int\frac{(1+x)^2}{x(1+x^2)}\mathrm{d}x$；

(7) $\int\frac{1+2x^2}{x^2(1+x^2)}\mathrm{d}x$；　(8) $\int\frac{x^2+\cos^2 x}{x^2\cos^2 x}\mathrm{d}x$；

(9) $\int\frac{1+\sqrt{1-x^2}}{\sqrt{1-x^2}}\mathrm{d}x$；　(10) $\int\sec x(\sec x-\tan x)\mathrm{d}x$；

(11) $\int\frac{\cos 2x}{\cos x-\sin x}\mathrm{d}x$.

第2节　不定积分的换元积分法

本节介绍不定积分计算中的一类方法，即换元积分法.

一、第一类换元积分法

例如，计算 $\int\cos 2x\mathrm{d}x$，在积分基本公式中只有 $\int\cos x\mathrm{d}x=\sin x+C$. 为了应用这个公式，可进行如下变换：

$$\int\cos 2x\mathrm{d}x=\int\cos 2x\cdot\frac{1}{2}\mathrm{d}(2x)\xlongequal{令\ 2x=u}\frac{1}{2}\int\cos u\mathrm{d}u=$$

$$\frac{1}{2}\sin u+C\xlongequal{u=2x\ 回代}\frac{1}{2}\sin 2x+C$$

因为 $\left(\frac{1}{2}\sin 2x+C\right)'=\cos 2x$，所以 $\int\cos 2x\mathrm{d}x=\frac{1}{2}\sin 2x+C$ 是正确的.

一般地，设 $f(u)$ 具有原函数 $F(u)$，$\varphi'(x)$ 是连续函数，那么

$$\int f[\varphi(x)]\varphi'(x)\mathrm{d}x=F[\varphi(x)]+C$$

作变量代换 $u=\varphi(x)$（$\mathrm{d}\varphi(x)=\varphi'(x)\mathrm{d}x$），变原积分为

$$\int f[\varphi(x)]\varphi'(x)\mathrm{d}x=\int f(u)\mathrm{d}u=F(u)+C=F[\varphi(x)]+C$$

例 1　求 $\int(3x+2)^8\mathrm{d}x$.

解　因为 $\mathrm{d}x=\frac{1}{a}\mathrm{d}(ax+b)$，所以

$$\int(3x+2)^8\mathrm{d}x=\int\frac{1}{3}(3x+2)^8\mathrm{d}(3x+2)\xlongequal{令\ 3x+2=u}\frac{1}{3}\int u^8\mathrm{d}u=$$

$$\frac{1}{27}u^9+C\xlongequal{u=3x+2\ 回代}\frac{1}{27}(3x+2)^9+C$$

例 2　求 $\int\frac{\ln x}{x}\mathrm{d}x$.

解　因为 $\frac{1}{x}dx = d(\ln x)$，所以

$$\text{原式} = \int \ln x\, d(\ln x) \xlongequal{\text{令 } \ln x = u} \int u du = \frac{1}{2}u^2 + C \xlongequal{u = \ln x \text{ 回代}} \frac{1}{2}(\ln x)^2 + C$$

例 3　求 $\int x e^{x^2} dx$.

解　因为 $x dx = \frac{1}{2}d(x^2)$，所以

$$\text{原式} = \frac{1}{2}\int e^{x^2} d(x^2) \xlongequal{\text{令 } x^2 = u} \frac{1}{2}\int e^u du = \frac{1}{2}e^u + C \xlongequal{u = x^2 \text{ 回代}} \frac{1}{2}e^{x^2} + C$$

第一类换元积分法是积分学中常用的一种方法，关键在于选择适当的变量代换，这种方法的特点是"凑微分"，要掌握这种方法必须熟记一些常用的微分公式.

常用凑微分式：

$dx = \frac{1}{a}d(ax)$；　　$x dx = \frac{1}{2}d(x^2)$；

$\frac{1}{x}dx = d(\ln|x|)$；　　$\frac{1}{\sqrt{x}}dx = 2d(\sqrt{x})$；

$\frac{1}{x^2}dx = -d\left(\frac{1}{x}\right)$；　　$\frac{1}{1+x^2}dx = d(\arctan x)$；

$\frac{1}{\sqrt{1-x^2}}dx = d(\arcsin x)$；　　$e^x dx = d(e^x)$；

$\sin x dx = -d(\cos x)$；　　$\cos x dx = d(\sin x)$；

$\sec^2 x dx = d(\tan x)$；　　$\csc^2 x dx = -d(\cot x)$.

在熟悉换元积分法以后，可以不写出中间变量.

例 4　求 $\int \tan x dx$.

解　原式 $= \int \frac{\sin x}{\cos x}dx = -\int \frac{1}{\cos x}d(\cos x) = -\ln|\cos x| + C$

类似可得　$\int \cot x dx = \ln|\sin x| + C$

例 5　求 $\int \cos^2 x dx$.

解　原式 $= \frac{1}{2}\int (1 + \cos 2x)dx = \frac{1}{2}\left(x + \frac{1}{2}\sin 2x\right) + C = \frac{1}{2}x + \frac{1}{4}\sin 2x + C$

例 6　求 $\int \frac{1}{\sqrt{a^2 - x^2}}dx\ (a > 0)$.

解　原式 $= \int \frac{1}{a\sqrt{1 - \left(\frac{x}{a}\right)^2}}dx = \int \frac{1}{\sqrt{1 - \left(\frac{x}{a}\right)^2}}d\left(\frac{x}{a}\right) = \arcsin\frac{x}{a} + C$

例 7　求 $\int \frac{1}{a^2 + x^2}dx$.

解　原式 $= \frac{1}{a^2}\int \frac{1}{1 + \left(\frac{x}{a}\right)^2}dx = \frac{1}{a}\int \frac{1}{1 + \left(\frac{x}{a}\right)^2}d\left(\frac{x}{a}\right) = \frac{1}{a}\arctan\left(\frac{x}{a}\right) + C$

例 8 求$\int\frac{1}{a^2-x^2}dx$（常数 $a\neq 0$）.

解 原式$=\frac{1}{2a}\int\left(\frac{1}{a+x}+\frac{1}{a-x}\right)dx=\frac{1}{2a}\left[\int\frac{1}{a+x}d(a+x)-\int\frac{1}{a-x}d(a-x)\right]=$

$$\frac{1}{2a}\ln\left|\frac{a+x}{a-x}\right|+C$$

例 9 求$\int\sec x\,dx$.

解 原式$=\int\frac{1}{\cos x}dx=\int\frac{d(\sin x)}{\cos^2 x}=\int\frac{d(\sin x)}{1-\sin^2 x}$

利用例 8 的结论得

原式$=\frac{1}{2}\ln\left|\frac{1+\sin x}{1-\sin x}\right|+C=\frac{1}{2}\ln\left(\frac{1+\sin x}{\cos x}\right)^2+C=\ln|\sec x+\tan x|+C$

类似可得
$$\int\csc x\,dx=\ln|\csc x-\cot x|+C$$

例 10 求$\int\frac{\sqrt{1+\ln x}}{x}dx$.

解 原式$=\int\sqrt{1+\ln x}\,d(\ln x)=\int\sqrt{1+\ln x}\,d(1+\ln x)=\frac{2}{3}(1+\ln x)^{\frac{3}{2}}+C$

第一类换元积分法是积分学中一种常用且重要的方法，它的关键在于“凑微分”，但恰当选择变量代换却没有定法可循，这就要求熟练掌握微分公式和基本积分公式，熟悉典型例题，通过多做练习，积累经验，找寻其规律.

二、第二类换元积分法

现在介绍第二类换元积分法.

例 11 求$\int\frac{1}{2+\sqrt{1+x}}dx$.

解 令$\sqrt{1+x}=t,x=t^2-1,dx=2tdt$ 得

原式$=\int\frac{1}{2+t}2tdt=2\int\frac{t+2-2}{2+t}dt=2\int dt-4\int\frac{1}{2+t}dt=$

$$2t-4\ln(2+t)+C\xlongequal{t=\sqrt{1+x}\text{ 回代}}\sqrt{1+x}-4\ln(2+\sqrt{1+x})+C$$

当被积函数中含有 x 的根式时，一般可作代换去掉根式，从而得积分. 这种代换常称为有理代换.

例 12 求$\int\sqrt{a^2-x^2}\,dx\ (a>0)$.

解 令 $x=a\sin t\left(-\frac{\pi}{2}<t<\frac{\pi}{2}\right)$，则 $dx=a\cos t\,dt,\sqrt{a^2-x^2}=a\cos t$，故

$$原式=\int a^2\cos^2 t\,dt=a^2\int\frac{1+\cos 2t}{2}dt=a^2\left(\frac{t}{2}+\frac{\sin 2t}{4}\right)+C$$

根据 $x=a\sin t$ 作一辅助直角三角形，利用边角关系来实现替换（见图 4-2）.

$$\sin t=\frac{x}{a},\cos t=\frac{\sqrt{a^2-x^2}}{a}$$

因此　　$t = \arcsin\dfrac{x}{a}, \sin 2t = 2\sin t\cos t = \dfrac{2x\sqrt{a^2 - x^2}}{a^2}$

故　　$\int\sqrt{a^2 - x^2}\,\mathrm{d}x = \dfrac{a^2}{2}\arcsin\dfrac{x}{a} + \dfrac{x\sqrt{a^2 - x^2}}{2} + C$

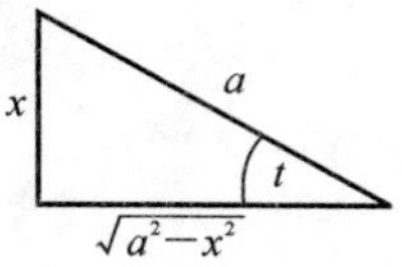

图　4 - 2

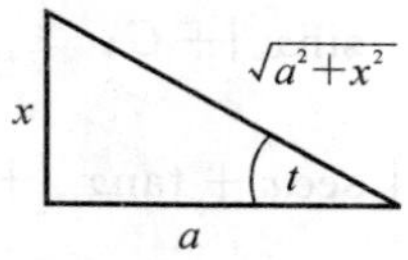

图　4 - 3

例 13　求$\int\sqrt{a^2 + x^2}\,\mathrm{d}x$.

解　如图 4 - 3 所示，令 $x = a\tan t$ 有 $\mathrm{d}x = a\sec^2 t\mathrm{d}t, \sqrt{x^2 + a^2} = a\sec t$.

$$\int\sqrt{a^2 + x^2}\,\mathrm{d}x = \int a\sec t a\sec^2 t\mathrm{d}t = a^2\int\frac{1}{\cos^3 t}\mathrm{d}t = a^2\int\frac{\cos t}{\cos^4 t}\mathrm{d}t =$$

$$a^2\int\frac{1}{(1-\sin^2 t)^2}\mathrm{d}(\sin t) = \frac{a^2}{4}\int\left(\frac{1}{1-\sin t} + \frac{1}{1+\sin t}\right)^2\mathrm{d}(\sin t) =$$

$$\frac{a^2}{4}\int\left[\frac{1}{(1-\sin t)^2} + \frac{1}{1-\sin t} + \frac{1}{1+\sin t} + \frac{1}{(1+\sin t)^2}\right]\mathrm{d}(\sin t) =$$

$$\frac{a^2}{4}\left[\frac{1}{1-\sin t} - \frac{1}{1+\sin t} + \ln\left|\frac{1+\sin t}{1-\sin t}\right|\right] + C_1 =$$

$$\frac{a^2}{2}\sec t\tan t + \frac{a^2}{2}\ln|\sec t + \tan t| + C_1$$

故

$$\int\sqrt{a^2 + x^2}\,\mathrm{d}x = \frac{a^2}{2}\frac{\sqrt{a^2+x^2}}{a}\frac{x}{a} + \frac{a^2}{2}\ln\left|\frac{\sqrt{a^2+x^2}}{a} + \frac{x}{a}\right| + C_1 =$$

$$\frac{x}{2}\sqrt{a^2+x^2} + \frac{a^2}{2}\ln\left|x + \sqrt{a^2+x^2}\right| + C$$

例 14　求$\int\dfrac{1}{\sqrt{x^2 - a}}\mathrm{d}x$.

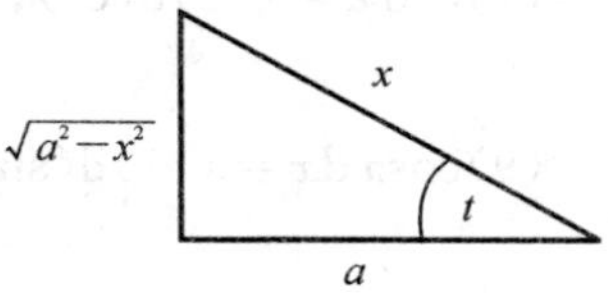

图　4 - 4

解　如图 4 - 4 所示，令 $x = a\sec t, \mathrm{d}x = a\sec t\tan t\mathrm{d}t$, $\sqrt{x^2 - a^2} = a\tan t$，故

原式$= \int\dfrac{a\sec t\tan t\mathrm{d}t}{a\tan t} = \int\sec t\mathrm{d}t = \ln|\sec t + \tan t| + C$

回代 $\sec t, \tan t$，得

$$\int\frac{1}{\sqrt{x^2 - a}}\mathrm{d}x = \ln|x + \sqrt{x^2 - a^2}| + C_1\ (C_1 = C - \ln a)$$

以三角式代换来消去二次根式，这种方法称为三角代换法. 一般地，根据被积函数的根式类型，常用的代换如下：

(1) 被积函数中含有$\sqrt{a^2 - x^2}$，令 $x = a\sin t$ 或 $x = a\cos t$；

(2) 被积函数中含有$\sqrt{x^2 + a^2}$，令 $x = a\tan t$ 或 $x = a\cot t$；

(3) 被积函数中含有$\sqrt{x^2-a^2}$，令 $x=a\sec t$ 或 $x=a\csc t$.

下面 8 个结果也作为基本积分公式使用：

(1) $\int \tan x \mathrm{d}x=-\ln|\cos x|+C$；

(2) $\int \cot x \mathrm{d}x=\ln|\sin x|+C$；

(3) $\int \sec x \mathrm{d}x=\ln|\sec x+\tan x|+C$；

(4) $\int \csc x \mathrm{d}x=\ln|\csc x-\cot x|+C$；

(5) $\int \frac{1}{a^2+x^2}\mathrm{d}x=\frac{1}{a}\arctan\left(\frac{x}{a}\right)+C$；

(6) $\int \frac{1}{a^2-x^2}\mathrm{d}x=\frac{1}{2a}\ln\left|\frac{a+x}{a-x}\right|+C(a\neq 0)$；

(7) $\int \frac{1}{\sqrt{a^2-x^2}}\mathrm{d}x=\arcsin\frac{x}{a}+C(a>0)$；

(8) $\int \frac{1}{\sqrt{x^2\pm a^2}}\mathrm{d}x=\ln|x+\sqrt{x^2\pm a^2}|+C$.

习 题 4－2

1. 填空：

(1) $\mathrm{d}(3x)=(\quad)\mathrm{d}x$；

(2) $\mathrm{d}x=(\quad)\mathrm{d}(4x+1)$；

(3) $\mathrm{d}(x)^2=(\quad)\mathrm{d}x$；

(4) $x\mathrm{d}x=(\quad)\mathrm{d}(ax^2+b)$；

(5) $\frac{1}{\sqrt{x}}=(\quad)\mathrm{d}(\sqrt{x})$；

(6) $x^2\mathrm{d}x=(\quad)\mathrm{d}(x^3)$；

(7) $\mathrm{e}^x\mathrm{d}x=(\quad)\mathrm{d}(\mathrm{e}^x)$；

(8) $\frac{1}{x}\mathrm{d}x=(\quad)\mathrm{d}(2\ln|x|)$；

(9) $\cos x\mathrm{d}x=(\quad)\mathrm{d}(\sin x)$；

(10) $\frac{1}{x^2}\mathrm{d}x=(\quad)\mathrm{d}\left(\frac{1}{x}+1\right)$；

(11) $\mathrm{d}(\arcsin x)=(\quad)\mathrm{d}x$；

(12) $\frac{1}{1+x^2}\mathrm{d}x=\mathrm{d}(\quad)$.

2. 求下列不定积分 .

(1) $\int(3x+4)^5\mathrm{d}x$；

(2) $\int\sqrt{1-3x}\,\mathrm{d}x$；

(3) $\int\frac{1}{3-2x}\mathrm{d}x$；

(4) $\int\frac{1}{1+4x^2}\mathrm{d}x$；

(5) $\int\cos^3 u\sin u\mathrm{d}u$；

(6) $\int\frac{\mathrm{e}^{-x}}{1+\mathrm{e}^{-x}}\mathrm{d}x$；

(7) $\int \frac{\sqrt{\arcsin x}}{\sqrt{1-x^2}}\mathrm{d}x$；

(8) $\int x\sqrt{2+x^2}\,\mathrm{d}x$；

(9) $\int \frac{x}{\sqrt{1-x^2}}\mathrm{d}x$；

(10) $\int \frac{1}{x\ln^2 x}\mathrm{d}x$；

(11) $\int \frac{\sin\frac{1}{x}}{x^2}\mathrm{d}x$；

(12) $\int \frac{\mathrm{e}^{\sqrt{x}}}{\sqrt{x}}\mathrm{d}x$；

(13) $\int t\mathrm{e}^{-2t^2}\,\mathrm{d}t$；

(14) $\int \frac{\mathrm{e}^{2x}}{1+\mathrm{e}^{2x}}\mathrm{d}x$；

(15) $\int \mathrm{e}^{\theta}\cos \mathrm{e}^{\theta}\,\mathrm{d}\theta$；

(16) $\int \mathrm{e}^{x}\sqrt{1-\mathrm{e}^{x}}\,\mathrm{d}x$；

(17) $\int \frac{1}{\sqrt{x}(1+\sqrt{x})}\mathrm{d}x$；

(18) $\int \frac{1}{\sqrt{x}(1+x)}\mathrm{d}x$；

(19) $\int \cos^2 x\,\mathrm{d}x$；

(20) $\int \sin^3 x\,\mathrm{d}x$；

(21) $\int \tan x\sec^2 x\,\mathrm{d}x$；

(22) $\int \tan^3 x\sec x\,\mathrm{d}x$；

(23) $\int \frac{\sin(\ln x)}{x}\mathrm{d}x$；

(24) $\int \frac{\sqrt{x}+\ln x}{x}\mathrm{d}x$；

(25) $\int \frac{1}{x^2+2x+2}\mathrm{d}x$；

(26) $\int \frac{2x+3}{x^2+3x-5}\mathrm{d}x$.

3. 求下列不定积分.

(1) $\int x\sqrt{x+1}\,\mathrm{d}x$；

(2) $\int \frac{1}{1+\sqrt{x-1}}\mathrm{d}x$；

(3) $\int \frac{x^2}{\sqrt{x+1}}\mathrm{d}x$；

(4) $\int \frac{x^2}{\sqrt{1-x^2}}\mathrm{d}x$；

(5) $\int \frac{1}{x\sqrt{1+x^2}}\mathrm{d}x$；

(6) $\int \frac{x}{\sqrt{4-x^2}}\mathrm{d}x$.

第 3 节　不定积分的分部积分法

由微分法则，可得

$$\mathrm{d}(uv)=u\mathrm{d}v+v\mathrm{d}u \quad 或 \quad u\mathrm{d}v=\mathrm{d}(uv)-v\mathrm{d}u$$

两边积分得

$$\int u\mathrm{d}v=\int \mathrm{d}(uv)-\int v\mathrm{d}u=uv-\int v\mathrm{d}u$$

称这个公式为分部积分公式.

例 1 求$\int x\sin x\mathrm{d}x$.

解 令 $u=x,\sin x\mathrm{d}x=-\mathrm{d}(\cos x)=\mathrm{d}v$,则

$$\int x\sin x\mathrm{d}x=-\int x\mathrm{d}(\cos x)=-\left[x\cos x-\int \cos x\mathrm{d}x\right]=-x\cos x+\sin x+C$$

例 2 求$\int x\mathrm{e}^x\mathrm{d}x$.

解 令 $u=x,\mathrm{e}^x\mathrm{d}x=\mathrm{d}(\mathrm{e}^x)=\mathrm{d}v$,则

$$\int x\mathrm{e}^x\mathrm{d}x=\int x\mathrm{d}(\mathrm{e}^x)=x\mathrm{e}^x-\int \mathrm{e}^x\mathrm{d}x=\mathrm{e}^x(x-1)+C$$

一般在熟悉公式和方法后,可省略设 u 和 $\mathrm{d}v$ 的步骤.

例 3 求$\int x^2\cos x\mathrm{d}x$.

解 $\int x^2\cos x\mathrm{d}x=\int x^2\mathrm{d}(\sin x)=x^2\sin x-\int \sin x\mathrm{d}(x^2)=x^2\sin x-2\int x\sin x\mathrm{d}x=$

$$x^2\sin x-2\left[-\int x\mathrm{d}(\cos x)\right]=x^2\sin x+2\left[x\cos x-\int \cos x\mathrm{d}x\right]=$$

$$x^2\sin x+2x\cos x-2\sin x+C$$

例 4 求$\int x\ln x\mathrm{d}x$.

解 $\int x\ln x\mathrm{d}x=\frac{1}{2}\int \ln x\mathrm{d}(x^2)=\frac{1}{2}\left[x^2\ln x-\int x^2\mathrm{d}(\ln x)\right]=$

$$\frac{1}{2}x^2\ln x-\frac{1}{2}\int x^2\cdot\frac{1}{x}\mathrm{d}x=\frac{1}{4}x^2(2\ln x-1)+C$$

例 5 求$\int \ln\frac{x}{2}\mathrm{d}x$.

解 $\int \ln\frac{x}{2}\mathrm{d}x=x\ln\frac{x}{2}-\int x\mathrm{d}\left(\ln\frac{x}{2}\right)=x\ln\frac{x}{2}-\int \mathrm{d}x=x\left(\ln\frac{x}{2}-1\right)+C$

例 6 求$\int x\arctan x\mathrm{d}x$.

解 $\int x\arctan x\mathrm{d}x=\frac{1}{2}\int \arctan x\mathrm{d}(x^2)=\frac{1}{2}x^2\arctan x-\frac{1}{2}\int x^2\mathrm{d}(\arctan x)=$

$$\frac{1}{2}x^2\arctan x-\frac{1}{2}\int\frac{x^2}{1+x^2}\mathrm{d}x=$$

$$\frac{1}{2}x^2\arctan x-\frac{1}{2}\int\left(1-\frac{1}{1+x^2}\right)\mathrm{d}x=$$

$$\frac{1}{2}x^2\arctan x-\frac{1}{2}(x-\arctan x)+C=$$

$$\frac{1}{2}(x^2+1)\arctan x-\frac{1}{2}x+C$$

例 7 求$\int \arcsin x\mathrm{d}x$.

解　$\int \arcsin x \mathrm{d}x = x\arcsin x - \int x \mathrm{d}(\arcsin x) = x\arcsin x - \int \frac{x}{\sqrt{1-x^2}}\mathrm{d}x =$

$$x\arcsin x + \frac{1}{2}\int \frac{\mathrm{d}(1-x^2)}{\sqrt{1-x^2}} = x\arcsin x + \sqrt{1-x^2} + C$$

由此例表明，有时在积分过程中，要将换元法与分部积分法结合起来使用. 而且由例 4 ～ 例 7 可以得出结论：当被积函数是幂函数和对数函数或反三角函数乘积时，选取对数函数或反三角函数为 u.

例 8　求 $\int \mathrm{e}^{\sqrt{x}}\mathrm{d}x$.

解　令 $\sqrt{x}=t, x=t^2$ 有

$$\int \mathrm{e}^{\sqrt{x}}\mathrm{d}x = 2\int t\mathrm{e}^t\mathrm{d}t = 2(t-1)\mathrm{e}^t + C = 2(\sqrt{x}-1)\mathrm{e}^{\sqrt{x}} + C$$

习　题　4-3

求下列不定积分.

(1) $\int x\cos 2x\mathrm{d}x$；　　(2) $\int t\mathrm{e}^{-t}\mathrm{d}t$；

(3) $\int x^3\ln x\mathrm{d}x$；　　(4) $\int \frac{\ln x}{x^2}\mathrm{d}x$；

(5) $\int \arctan x\mathrm{d}x$；　　(6) $\int (\ln x)^2\mathrm{d}x$；

(7) $\int x\sin x\cos x\mathrm{d}x$；　　(8) $\int x\cos^2 x\mathrm{d}x$；

(9) $\int \sin\sqrt{x}\mathrm{d}x$；　　(10) $\int \frac{x}{\cos^2 x}\mathrm{d}x$.

第 4 节　定积分的概念

一、两个实例

1. 曲边梯形的面积

设 $f(x)$ 在区间 $[a,b]$ 上非负且连续，由曲线 $y=f(x)$ 及直线 $x=a, x=b$ 和 $y=0$ 所围成的平面图形（见图 4-5）称为曲边梯形，其中曲线弧称为曲边，x 轴上对应区间 $[a,b]$ 的线段称为底边.

现在来求曲边梯形的面积，步骤如下：

图　4-5

第一步：分割. 在区间 $[a,b]$ 中任意插入分点 $x_i (i=1,2,3,\cdots,n-1)(x_i < x_{i+1})$，将区间 $[a,b]$ 分成 n 个小区间，记 $x_0=a, x_n=b$，则第 i 个小区间为 $[x_{i-1},x_i]$，其长度记为 $\Delta x_i = x_i - x_{i-1} (i=1,2,3,\cdots,n)$，过各分点作垂直于 x 轴的直线，将整个曲边梯形分割成了 n 个小曲边梯形.

第二步：取近似. 在第 i 个小区间 $[x_{i-1},x_i]$ 上任取一点 ξ_i，以 $f(\xi_i)$ 为高作一个矩形，则第

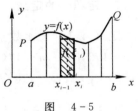

i 个小曲边梯形面积为

$$\Delta A_i \approx f(\xi_i)\Delta x_i$$

第三步:求和.

$$A=\sum_{i=1}^{n}\Delta A_i \approx \sum_{i=1}^{n} f(\xi_i)\Delta x_i$$

第四步:取极限.记小区间长度的最大值为λ,即$\lambda=\max\{\Delta x_1,\Delta x_2,\cdots,\Delta x_n\}$,那么,当$\lambda\to 0$时(即小区间个数无限增多,且长度都无限缩小),取上述和式的极限,便得曲边梯形的面积为

$$A=\lim_{\lambda\to 0}\sum_{i=1}^{n} f(\xi_i)\Delta x_i$$

2. 变速直线运动的路程

问题 设一物体作直线运动,已知速度$v=v(t)$是时间间隔$[T_1,T_2]$上的连续函数,且$v(t)\geqslant 0$,求在这段时间内物体所经过的路程s.

解 物体运动的速度是变化的,故不能用公式$s=vt$来计算路程,但由于$v(t)$是关于t的连续函数,在一很微小的时间间隔内,物体的运动又可近似地看作是匀速运动,因此,可用类似于讨论曲边梯形面积的方法来确定其路程.

第一步:分割.在$[T_1,T_2]$中任意插入分点$t_i(i=1,2,3,\cdots,n)(t_i<t_{i+1})$,将区间$[T_1,T_2]$分成$n$个小区间,记$t_0=T_1,t_n=T_2$,则第$i$个小区间为$[t_{i-1},t_i]$,其长度记为$\Delta t_i=t_i-t_{i-1}$,经过的路程为$\Delta s_i(i=1,2,3,\cdots,n)$.

第二步:取近似.在第i个小区间$[t_{i-1},t_i]$上任取一点τ_i,以$v(\tau_i)$来代替$[t_{i-1},t_i]$上各时刻的速度,从而可得部分路程的近似值$\Delta s_i\approx v(\tau_i)\Delta t_i$.

第三步:求和.

$$s=\sum_{i=1}^{n}\Delta s_i\approx\sum_{i=1}^{n}v(\tau_i)\Delta t_i$$

第四步:取极限.

$$s=\lim_{\lambda\to 0}\sum_{i=1}^{n}v(\tau_i)\Delta t_i,\lambda=\max\{\Delta t_1,\Delta t_2,\cdots,\Delta t_n\}$$

在上面两个例子中,虽然所计算的量具有不同的实际意义,如果抽去它们的实际意义,可以看出计算这些量的思想方法和步骤都是相同的,且最后都归结为求具有相同结构的一种特定和式的极限.

由此可引出定积分的概念.

二、定积分的定义

定义 4.3 设函数$y=f(x)$在$[a,b]$上有定义且有界,在区间$[a,b]$中任意插入一组分点$x_i(i=1,2,3,\cdots,n-1)(x_i<x_{i+1})$,把区间$[a,b]$分成$n$个小区间,记$x_0=a,x_n=b$,则第$i$个小区间为$[x_{i-1},x_i]$,其长度记为$\Delta x_i=x_i-x_{i-1}(i=1,2,3,\cdots,n)$,在每个小区间$[x_{i-1},x_i]$上任取一点$\xi_i$,作积$f(\xi_i)\Delta x_i(i=1,2,3,\cdots,n)$,并作和式$\sum\limits_{i=1}^{n}f(\xi_i)\Delta x_i$,记

$$\lambda=\max\{\Delta x_1,\Delta x_2,\cdots,\Delta x_n\}$$

当极限 $\lim\limits_{\lambda\to 0}\sum\limits_{i=1}^{n} f(\xi_i)\Delta x_i$ 存在时，则称函数 $f(x)$ 在 $[a,b]$ 上可积，并把该极限值称为函数 $f(x)$ 在区间 $[a,b]$ 上的定积分，记作 $\int_a^b f(x)\mathrm{d}x$，即

$$\int_a^b f(x)\mathrm{d}x = \lim_{\lambda\to 0}\sum_{i=1}^{n} f(\xi_i)\Delta x_i$$

其中 $f(x)$ 称为被积函数，$f(x)\mathrm{d}x$ 称为被积表达式，x 称为积分变量，a 叫积分下限，b 叫积分上限，$[a,b]$ 叫积分区间.

由定积分的定义可知，前边两个实际问题都可用定积分表示为

曲边梯形面积：$$A = \int_a^b f(x)\mathrm{d}x$$

变速直线运动的路程：$$s = \int_{T_1}^{T_2} v(t)\mathrm{d}t$$

关于定积分的定义需要作如下说明.

(1) 由定义 4.3 可知，$\int_a^b f(x)\mathrm{d}x$ 代表一个数，只取决于被积函数与积分区间，并且它的值与积分变量用什么字母表示无关，即 $\int_a^b f(x)\mathrm{d}x = \int_a^b f(t)\mathrm{d}t$.

(2) 上述定积分概念中，下限 a 小于上限 b，实际上，下限 a 可以大于或等于上限 b，为了计算和应用方便，特作如下补充规定：

当 $a > b$ 时，$\int_a^b f(x)\mathrm{d}x = -\int_b^a f(x)\mathrm{d}x$；

当 $a = b$ 时，$\int_a^b f(x)\mathrm{d}x = 0$.

(3) 定积分存在的充分条件：若函数 $f(x)$ 在 $[a,b]$ 上连续或在 $[a,b]$ 上只有有限个跳跃间断点，则 $f(x)$ 在 $[a,b]$ 上的定积分存在（也称 $f(x)$ 在 $[a,b]$ 上可积）.

三、定积分的几何意义

由第一个实例可知，当 $a < b$ 时，有

(1) 若 $f(x) \geqslant 0$，$\int_a^b f(x)\mathrm{d}x$ 表示由曲线 $y=f(x)$、直线 $x=a$，$x=b$ 及 x 轴所围成的曲边梯形的面积，即 $\int_a^b f(x)\mathrm{d}x = A$.

(2) 若 $f(x) \leqslant 0$，$\int_a^b f(x)\mathrm{d}x$ 表示由曲线 $y=f(x)$、直线 $x=a$、$x=b$ 及 x 轴所围成的曲边梯形的面积的负值，即 $\int_a^b f(x)\mathrm{d}x = -A$.

(3) 一般而言，定积分 $\int_a^b f(x)\mathrm{d}x$ 在直角坐标平面上总表示由曲线 $y=f(x)$，直线 $x=a$，$x=b$ 及 x 轴所围成的一系列曲边梯形面积的代数和，即 x 轴上方部分的面积减去下方部分的面积.

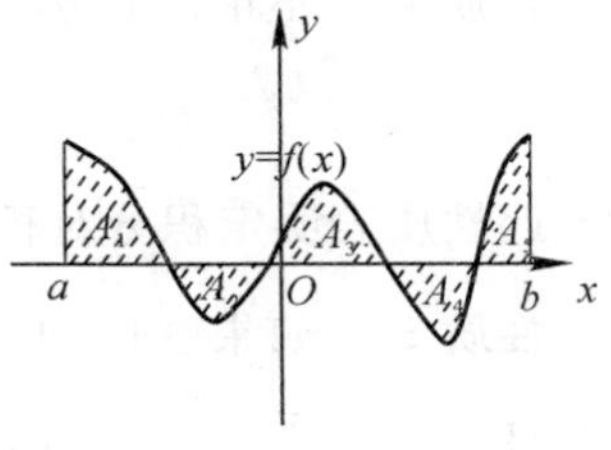

图　4 - 6

如图 4 - 6 所示情形，有

$$\int_a^b f(x)\mathrm{d}x = A_1 - A_2 + A_3 - A_4 + A_5$$

例 1 利用定积分的几何意义计算下列定积分.

(1) $\int_0^3 (x-1)\mathrm{d}x$; (2) $\int_{-\pi}^{\pi} \sin x\mathrm{d}x$.

解 (1) 令 $y = x - 1$,如图 4-7 所示.

$\triangle MNQ$ 的面积为 $A_1 = 2$,$\triangle MOP$ 的面积为 $A_2 = \frac{1}{2}$,故由定积分的几何意义得

$$\int_0^3 (x-1)\mathrm{d}x = A_1 - A_2 = 2 - \frac{1}{2} = \frac{3}{2}$$

(2) 令 $y = \sin x$,如图 4-8 所示,由图形的对称性不难推知 $A_1 = A_2$,所以

$$\int_{-\pi}^{\pi} \sin x\mathrm{d}x = -A_1 + A_2 = 0$$

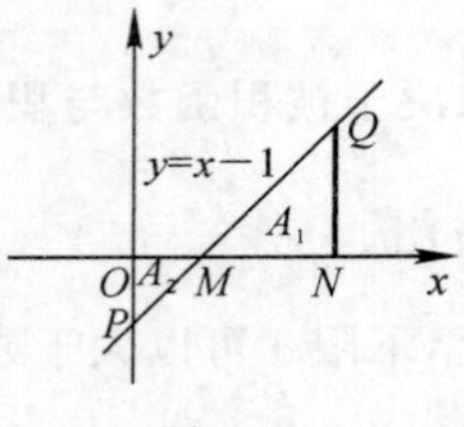

图 4-7

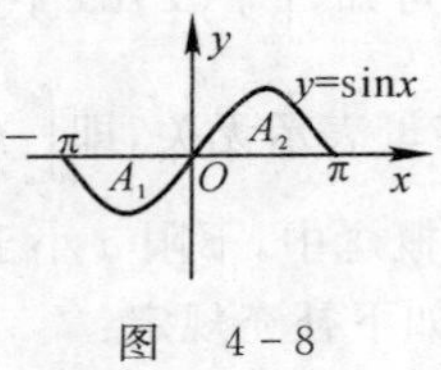

图 4-8

四、定积分的性质

假设函数 $f(x)$ 和 $g(x)$ 在所讨论的区间上都是可积的,定积分有以下性质:

性质 1 如果在区间 $[a,b]$ 上 $f(x) \equiv 1$,则有

$$\int_a^b 1\mathrm{d}x = \int_a^b \mathrm{d}x = b - a$$

性质 2 被积函数中的常数因子可提到积分号外,即

$$\int_a^b kf(x)\mathrm{d}x = k\int_a^b f(x)\mathrm{d}x \ (k \text{ 为常数})$$

性质 3 两个函数的代数和的定积分等于各自的定积分的代数和,即

$$\int_a^b [f(x) \pm g(x)]\mathrm{d}x = \int_a^b f(x)\mathrm{d}x \pm \int_a^b g(x)\mathrm{d}x$$

该性质可推广到有限个可积函数的情形.

性质 4 不论的 a,b,c 大小关系如何,总有等式

$$\int_a^b f(x)\mathrm{d}x = \int_a^c (f)\mathrm{d}x + \int_c^b f(x)\mathrm{d}x$$

此性质表明定积分对积分区间具有可加性.

性质 5 如果在区间 $[a,b]$ 上,$f(x) \geqslant 0$,则 $\int_a^b f(x)\mathrm{d}x \geqslant 0$,当且仅当 $f(x) \equiv 0$ 时才取等号.

上述 5 个性质均可由定积分的定义证得,对于性质 1 作下述证明:

$$\int_a^b [f(x) \pm g(x) \mathrm{d}x = \lim_{\lambda \to 0} \sum_{i=1}^{n} [f(\xi_i) \pm g(\xi_i)] \Delta x_i =$$

$$\lim_{\lambda \to 0} \sum_{i=1}^{n} f(\xi_i) \Delta x_i \pm \lim_{\lambda \to 0} \sum_{i=1}^{n} (\xi_i) \Delta x_i = \int_a^b f(x) \mathrm{d}x \pm \int_a^b g(x) \mathrm{d}x$$

由性质 5 又可得到如下两个推论：

推论 1　如果在区间$[a,b]$上，$f(x) \geqslant g(x)$，则

$$\int_a^b f(x) \mathrm{d}x \geqslant \int_a^b g(x) \mathrm{d}x \quad (a > b)$$

上式仅当 $f(x) \equiv g(x)$ 时才取等号.

推论 2　在区间$[a,b]$上有 $\left|\int_a^b f(x) \mathrm{d}x\right| \leqslant \int_a^b |f(x)| \mathrm{d}x$.

性质 6(定积分估值定理)　设 M 和 m 分别是 $f(x)$ 在区间$[a,b]$上的最大值和最小值，则

$$m(b-a) \leqslant \int_a^b f(x) \mathrm{d}x \leqslant M(b-a)$$

证明　因为 $m \leqslant f(x) \leqslant M$，所以由性质 5 和性质 3 得

$$m(b-a) = \int_a^b m \mathrm{d}x \leqslant \int_a^b f(x) \mathrm{d}x \leqslant \int_a^b M \mathrm{d}x = M(b-a)$$

借助于性质 6 及闭区间上的连续函数的介值定理又可推得如下重要性质：

性质 7(定积分中值定理)　如果 $f(x)$ 在区间$[a,b]$上连续，则在$[a,b]$上至少存在一点 ξ，使得

$$\int_a^b f(x) \mathrm{d}x = f(\xi)(b-a)$$

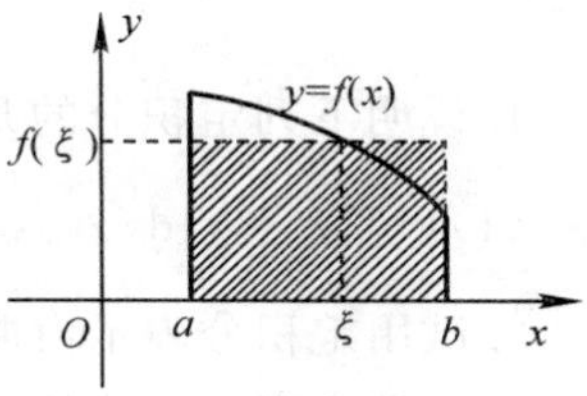

图 4-9

该定理的证明留给读者思考，我们可给出如下的几何解释：在$[a,b]$上至少存在一点 ξ，使得以$[a,b]$为底，曲线 $y = f(x)$ 为曲边的曲边梯形的面积等于同一底边而高为 $f(\xi)$ 的一个矩形的面积(见图 4-9). 显然，该中值定理不论 $a < b$ 还是 $a > b$ 都是成立的. 其他性质同样可给出几何解释.

例 2　已知 $\int_0^2 x^2 \mathrm{d}x = \dfrac{8}{3}$，$\int_0^3 x^2 \mathrm{d}x = 9$，求 $\int_2^3 x^2 \mathrm{d}x$.

解　根据性质可知

$$\int_0^3 x^2 \mathrm{d}x = \int_0^2 x^2 \mathrm{d}x + \int_2^3 x^2 \mathrm{d}x$$

从而

$$\int_2^3 x^2 \mathrm{d}x = \int_0^3 x^2 \mathrm{d}x - \int_0^2 x^2 \mathrm{d}x = 9 - \frac{8}{3} = \frac{19}{3}$$

例 3　估计下列定积分的值.

(1) $\int_0^1 \sqrt{1+x^3} \mathrm{d}x$；　　(2) $\int_{\frac{\pi}{4}}^{\frac{5\pi}{4}} (1+\sin^2 x) \mathrm{d}x$.

解　(1) 由于 $f(x) = \sqrt{1+x^3}$ 在$[0,1]$上为单调加增函数，所以 $m = f(0) = 1$，$M = f(1) = \sqrt{2}$，从而

$$1 \leqslant \int_0^1 \leqslant \sqrt{1+x^3} \mathrm{d}x \leqslant \sqrt{2}$$

(2) 因为在$\left[\frac{\pi}{4},\frac{5\pi}{4}\right]$上，$f(x)=1+\sin^2 x$ 的最大值、最小值分别为

$$m=f(\pi)=1,M=f\left(\frac{\pi}{2}\right)=2$$

所以
$$\pi=\left(\frac{5\pi}{4}-\frac{\pi}{4}\right)\times 1\leqslant\int_{\frac{\pi}{4}}^{\frac{5\pi}{4}}(1+\sin^2 x)\mathrm{d}x\leqslant\left(\frac{5\pi}{4}-\frac{\pi}{4}\right)\times 2=2\pi$$

注 由观察确定 $f(x)$ 最值有一定难度时，总可通过求连续函数在闭区间上的最值的方法来讨论.

例 4 比较下列积分值的大小.

(1)$\int_0^1(1+x)^2\mathrm{d}x$ 与$\int_0^1(1+x)^3\mathrm{d}x$； (2)$\int_1^2\ln x\mathrm{d}x$ 与$\int_1^2(\ln x)^2\mathrm{d}x$.

解 利用性质 5 可比较两个定积分值的大小.

(1) 当 $0\leqslant x\leqslant 1$ 时，$(1+x)^2\leqslant(1+x)^3$，且只要 $x\neq 0$，总有$(1+x)^2<(1+x)^3$，故

$$\int_0^1(1+x^2)\mathrm{d}x<\int_0^1(1+x)^3\mathrm{d}x$$

(2) 当$1\leqslant x\leqslant 2$时，$0\leqslant\ln x\leqslant\ln 2<1$，故有$\ln x\geqslant(\ln x)^2$，且只要$x\neq 1$，总有$\ln x>(\ln x)^2$，故

$$\int_1^2\ln x\mathrm{d}x>\int_1^2(\ln x)^2\mathrm{d}x$$

习 题 4-4

1. 说明下列定积分的几何意义，并指出其值.

(1)$\int_0^1(2x+1)\mathrm{d}x$； (2)$\int_{-1}^1\sqrt{1-x^2}\mathrm{d}x$； (3)$\int_0^{\pi}\cos x\mathrm{d}x$.

2. 试用定积分表示由曲线 $y=x^2$，直线 $x=2$，$x=4$ 及横轴所围成图形的面积.

3. 比较下列定积分的大小.

(1)$\int_0^1 x^2\mathrm{d}x$ 与$\int_0^1 x^3\mathrm{d}x$； (2)$\int_1^{\mathrm{e}}\ln x\mathrm{d}x$ 与$\int_1^{\mathrm{e}}\ln^2 x\mathrm{d}x$；

(3)$\int_0^1\mathrm{e}^{-x}\mathrm{d}x$ 与$\int_0^1\mathrm{e}^{-x^2}\mathrm{d}x$； (4)$\int_0^{\frac{\pi}{2}}\sin x\mathrm{d}x$ 与$\int_0^{\frac{\pi}{2}}\sin^2 x\mathrm{d}x$.

4. 估计下列定积分.

(1)$\int_{\frac{\pi}{4}}^{\frac{\pi}{2}}\frac{1}{1+\sin^2 x}\mathrm{d}x$； (2)$\int_{-1}^2\mathrm{e}^{-x^2}\mathrm{d}x$.

第 5 节 微积分基本公式

在上一节中，介绍了定积分的概念，但定积分的计算问题还没有解决，本节介绍定积分的计算方法.

一、积分上限函数

设函数 $f(t)$ 在$[a,b]$上可积，则对每个 $x\in[a,b]$，有一个确定的值$\int_a^x f(t)\mathrm{d}t$与之对应，即

$$\Phi(x)=\int_{a}^{x} f(t)\mathrm{d}t, x \in [a,b] \tag{4.1}$$

称函数 $\Phi(x)$ 为积分上限函数.

定理 4.1(微积分基本定理)　设函数 $f(x)$ 在 $[a,b]$ 上连续,则以式(4.1) 定义的积分上限函数 $\Phi(x)$ 在 $[a,b]$ 上可导,且

$$\Phi'(x)=[\int_{a}^{x} f(t)\mathrm{d}t]'=f(x), x \in [a,b]$$

定理表明,连续函数的积分上限函数的导数就是被积函数.

例 1　求 $\frac{\mathrm{d}}{\mathrm{d}x}\int_{0}^{x} t^2 \tan t\mathrm{d}t$.

解　$\frac{\mathrm{d}}{\mathrm{d}x}\int_{0}^{x} t^2 \tan t\mathrm{d}t = x^2 \tan x$

例 2　求 $\frac{\mathrm{d}}{\mathrm{d}x}\int_{x}^{0} \mathrm{e}^{-t}\mathrm{d}t$.

解　$\frac{\mathrm{d}}{\mathrm{d}x}\int_{x}^{0} \mathrm{e}^{-t}\mathrm{d}t = \frac{\mathrm{d}}{\mathrm{d}x}[-\int_{0}^{x} \mathrm{e}^{-t}\mathrm{d}t] = -\mathrm{e}^{-x}$

例 3　求 $\frac{\mathrm{d}}{\mathrm{d}x}\int_{a}^{\ln x} \cos t\mathrm{d}t$.

解　记 $u=\ln x, \Phi(u)=\int_{a}^{u}\cos t\mathrm{d}t$,根据复合函数求导法则,有

$$\frac{\mathrm{d}}{\mathrm{d}x}\int_{a}^{\ln x}\cos t\mathrm{d}t=\left[\frac{\mathrm{d}}{\mathrm{d}u}\int_{a}^{u}\cos t\mathrm{d}t\right]\frac{\mathrm{d}u}{\mathrm{d}x}=\frac{\cos u}{x}=\frac{\cos(\ln x)}{x}$$

例 4　求 $\lim\limits_{x\to 0}\frac{\int_{0}^{x}\cos t\mathrm{d}t}{x}$.

解　此极限是"$\frac{0}{0}$"型未定式,利用洛必达法则求极限有

$$\lim_{x\to 0}\frac{\int_{0}^{x}\cos t\mathrm{d}t}{x}=\lim_{x\to 0}\frac{(\int_{0}^{x}\cos t\mathrm{d}t)'}{(x)'}=\lim_{x\to 0}\cos x=1$$

二、牛顿-莱布尼兹公式

定理 4.2(牛顿-莱布尼兹公式)　设 $f(x)$ 在区间 $[a,b]$ 上连续,$F(x)$ 是 $f(x)$ 在 $[a,b]$ 上的一个原函数,则

$$\int_{a}^{b} f(x)\mathrm{d}x = F(x)\Big|_{a}^{b} = F(b)-F(a) \tag{4.2}$$

这个公式称为牛顿-莱布尼兹(Newton - Leibniz)公式,简称 N - L 公式. 式(4.2) 它不仅揭示了定积分的计算问题,还揭示了定积分和不定积分之间的内在联系,所以也称这个公式为微积分基本公式.

例 5　求定积分.

(1) $\int_{0}^{1} x^4\mathrm{d}x$;　　(2) $\int_{0}^{\frac{\pi}{2}}\cos x\mathrm{d}x$.

解　(1) 因为 $\frac{1}{5}x^5$ 是 x^4 的一个原函数,由牛顿-莱布尼兹公式,有

$$\int_0^1 x^4 \mathrm{d}x = \frac{x^5}{5}\Big|_0^1 = \frac{1}{5}$$

(2) 因为 $\sin x$ 是 $\cos x$ 的一个原函数,所以

$$\int_0^{\frac{\pi}{2}} \cos x \mathrm{d}x = \sin x \Big|_0^{\frac{\pi}{2}} = \sin \frac{\pi}{2} - 0 = 1$$

例 6 求定积分.

(1) $\int_0^3 |2-x| \mathrm{d}x$;

(2) $\int_{-1}^1 f(x)\mathrm{d}x$,其中 $f(x) = \begin{cases} 1+x, & 0 < x \leqslant 2 \\ 1, & x \leqslant 0 \end{cases}$.

解 (1) 因为 $|2-x| = \begin{cases} 2-x, & 0 \leqslant x \leqslant 2 \\ x-2, & 2 \leqslant x \leqslant 3 \end{cases}$,所以

$$\int_0^3 |2-x| \mathrm{d}x = \int_0^2 (2-x)\mathrm{d}x + \int_2^3 (x-2)\mathrm{d}x =$$

$$-\frac{1}{2}(2-x)^2 + \frac{1}{2}(x-2)^2 = \frac{5}{2}$$

(2) $$\int_{-1}^1 f(x)\mathrm{d}x = \int_{-1}^0 f(x)\mathrm{d}x + \int_0^1 f(x)\mathrm{d}x =$$

$$\int_{-1}^0 1\mathrm{d}x + \int_0^1 (1+x)\mathrm{d}x =$$

$$x\Big|_{-1}^0 + \frac{1}{2}(1+x)^2\Big|_0^1 = \frac{5}{2}$$

习 题 4-5

1. 计算下列导数.

(1) $\frac{\mathrm{d}}{\mathrm{d}x}\int_0^x \sqrt{1+t^3}\,\mathrm{d}t$;　　(2) $\frac{\mathrm{d}}{\mathrm{d}x}\int_x^0 \frac{1}{1+t^2}\mathrm{d}t$;

(3) $\frac{\mathrm{d}}{\mathrm{d}x}\int_0^{\sqrt{x}} \mathrm{e}^{-t}\mathrm{d}t$.

2. 求 $\lim\limits_{x\to 0^+} \frac{\int_0^{x^2} \ln(1+t+t^2)\mathrm{d}t}{x^3}$.

3. 计算下列定积分.

(1) $\int_0^1 (x^2 + \sqrt{x} - 2)\mathrm{d}x$;　　(2) $\int_{-\frac{1}{2}}^{\frac{1}{2}} \frac{1}{\sqrt{1-x^2}}\mathrm{d}x$;

(3) $\int_{\frac{1}{\pi}}^{\frac{2}{\pi}} \frac{\cos\frac{1}{x}}{x^2}\mathrm{d}x$;　　(4) $\int_{-2}^{-1} \frac{1}{x^2+4x+5}\mathrm{d}x$;

(5) $\int_1^4 |3-x|\mathrm{d}x$;　　(6) $\int_0^{2\pi} |\sin x|\mathrm{d}x$;

(7) $f(x) = \begin{cases} x^2-1, & x \leqslant 0 \\ 2x-1, & x \geqslant 0 \end{cases}$,求 $\int_{-1}^1 f(x)\mathrm{d}x$.

第 6 节　定积分的换元积分法和分部积分法

本节介绍定积分的换元积分法和分部积分法.

一、定积分的换元法

例 1　求$\int_0^{\frac{\pi}{2}}\sin^2 x\cos x\,dx$.

解　$\int_0^{\frac{\pi}{2}}\sin^2 x\cos x\,dx=\int_0^{\frac{\pi}{2}}\sin^2 x\,d(\sin x)$

令 $\sin x=u$,则 $du=\cos x\,dx$,当 $x=0$ 时,$u=0$;当 $x=\frac{\pi}{2}$ 时,$u=1$.

$$\int_0^{\frac{\pi}{2}}\sin^2 x\cos x\,dx=\int_0^1 u^2\,du=\frac{1}{3}u^3\Big|_0^1=\frac{1}{3}$$

一般还可以不进行变量代换和改变积分上、下限,直接用"凑微分"法求出被积函数的原函数,计算即可.

例 2　求$\int_1^2\frac{e^{\frac{1}{x}}}{x^2}dx$.

解　$\int_1^2\frac{e^{\frac{1}{x}}}{x^2}dx=-\int_1^2 e^{\frac{1}{x}}d\left(\frac{1}{x}\right)=-e^{\frac{1}{x}}\Big|_1^2=e-e^{\frac{1}{2}}$

例 3　求$\int_0^{\frac{1}{2}}\frac{x}{\sqrt{1-x^2}}dx$.

解　$\int_0^{\frac{1}{2}}\frac{x}{\sqrt{1-x^2}}dx=-\frac{1}{2}\int_0^{\frac{1}{2}}\frac{d(1-x^2)}{\sqrt{1-x^2}}=-\sqrt{1-x^2}\Big|_0^{\frac{1}{2}}=1-\frac{\sqrt{3}}{2}$

定积分换元积分公式　设 $f(x)$ 在区间$[a,b]$上连续,函数 $x=\varphi(t)$ 满足下列条件:
(1)$x=\varphi(t)$ 在区间$[\alpha,\beta]$(或$[\beta,\alpha]$)上有连续导函数,并且 $a\leqslant\varphi(t)\leqslant b$;
(2)$\varphi(\alpha)=a,\varphi(\beta)=b$.

则
$$\int_a^b f(x)\,dx=\int_\alpha^\beta f\{\varphi(t)\}\,\varphi'(t)\,dt$$

例 4　求$\int_0^3\frac{x}{\sqrt{1+x}+1}dx$.

解　令 $t=\sqrt{x+1}$,则 $x=t^2-1,dx=2t\,dt$. 当 $x=0$ 时,$t=1$;当 $x=3$ 时,$t=2$.

$$\int_0^3\frac{x}{\sqrt{1+x}+1}dx=\int_1^2\frac{t^2-1}{t+1}2t\,dt=\int_1^2 2t(t-1)\,dt=\left(\frac{2}{3}t^3-t^2\right)\Big|_1^2=\frac{5}{3}$$

例 5　求$\int_{\frac{\sqrt{2}}{2}}^1\frac{\sqrt{1-x^2}}{x^2}dx$.

解　令 $x=\sin t,dx=\cos t\,dt$. 当 $x=\frac{\sqrt{2}}{2}$ 时,$t=\frac{\pi}{4}$;当 $x=1$ 时,$t=\frac{\pi}{2}$.

$$\int_{\frac{\sqrt{2}}{2}}^1\frac{\sqrt{1-x^2}}{x^2}dx=\int_{\frac{\pi}{4}}^{\frac{\pi}{2}}\frac{\cos^2 t}{\sin^2 t}dt=\int_{\frac{\pi}{4}}^{\frac{\pi}{2}}\cot^2 t\,dt=(-\cot t-t)\Big|_{\frac{\pi}{4}}^{\frac{\pi}{2}}=1-\frac{\pi}{4}$$

例 6 设函数 $f(x)$ 在闭区间 $[-a,a]$ 上连续，可以证明：

(1) 当 $f(x)$ 为奇函数时，$\int_{-a}^{a} f(x)\mathrm{d}x=0$；

(2) 当 $f(x)$ 为偶函数时，$\int_{-a}^{a} f(x)\mathrm{d}x=2\int_{0}^{a} f(x)\mathrm{d}x$.

证明 $$\int_{-a}^{a} f(x)\mathrm{d}x=\int_{-a}^{0} f(x)\mathrm{d}x+\int_{0}^{a} f(x)\mathrm{d}x$$

在 $\int_{-a}^{0} f(x)\mathrm{d}x$ 换元：令 $x=-t$，则 $\mathrm{d}x=-\mathrm{d}t$，x 从 $-a\to 0 \Leftrightarrow t$ 从 $a\to 0$. 于是

$$\int_{-a}^{0} f(x)\mathrm{d}x=\int_{a}^{0} f(-t)\mathrm{d}(-t)=\int_{0}^{a} f(-t)\mathrm{d}t$$

从而 $$\int_{-a}^{a} f(x)\mathrm{d}x=\int_{0}^{a} f(-t)\mathrm{d}t+\int_{0}^{a} f(x)\mathrm{d}x=\int_{0}^{a}[f(-x)+f(x)]\mathrm{d}x$$

(1) 当 $f(x)$ 为奇函数时，有 $f(-x)+f(x)=0$，因此 $\int_{-a}^{a} f(x)\mathrm{d}x=0$；

(2) 当 $f(x)$ 为偶函数时，有 $f(-x)+f(x)=2f(x)$，因此 $\int_{-a}^{a} f(x)\mathrm{d}x=2\int_{0}^{a} f(x)\mathrm{d}x$.

本例所证明的等式，称为奇、偶函数在对称区间上的积分性质. 在理论和计算中经常会用到这个结论. 从直观上看，性质反映了对称区间上奇函数的正、负面积相消，偶函数面积是半区间上面积的两倍这样一个事实，如图 4-10 所示.

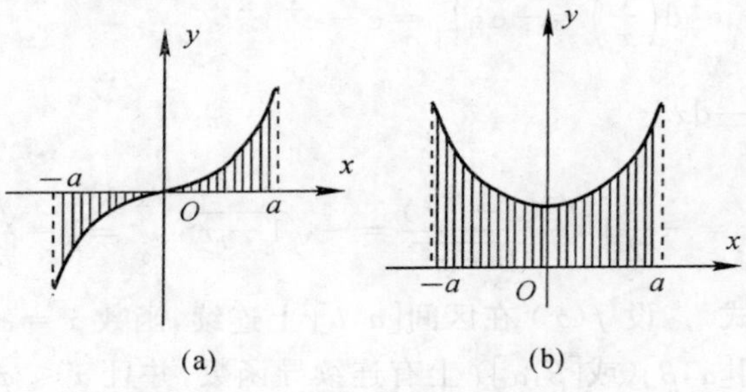

图 4-10

例 7 求 $\int_{-\frac{1}{2}}^{\frac{1}{2}} \dfrac{1+x\cos x}{\sqrt{1-x^2}}\mathrm{d}x$.

解 因为 $\dfrac{1}{\sqrt{1-x^2}}$ 是 $[-\frac{1}{2},\frac{1}{2}]$ 上的偶函数，$\dfrac{x\cos x}{\sqrt{1-x^2}}$ 是 $[-\frac{1}{2},\frac{1}{2}]$ 上的奇函数，所以

$$\int_{-\frac{1}{2}}^{\frac{1}{2}} \frac{1+x\cos x}{\sqrt{1-x^2}}\mathrm{d}x=\int_{-\frac{1}{2}}^{\frac{1}{2}} \frac{1}{\sqrt{1-x^2}}\mathrm{d}x+\int_{-\frac{1}{2}}^{\frac{1}{2}} \frac{x\cos x}{\sqrt{1-x^2}}\mathrm{d}x=$$

$$2\int_{0}^{\frac{1}{2}} \frac{1}{\sqrt{1-x^2}}\mathrm{d}x=2\arcsin x\Big|_{0}^{\frac{1}{2}}=\frac{\pi}{3}$$

二、定积分的分部积分法

定积分的分部积分公式 设 $u'(x)$，$v'(x)$ 在区间 $[a,b]$ 上连续，则

$$\int_{a}^{b} u(x)v'(x)\mathrm{d}x=[u(x)v(x)]\Big|_{a}^{b}-\int_{a}^{b} v(x)u'(x)\mathrm{d}x$$

或简写为

$$\int_a^b u\mathrm{d}v=[uv]\Big|_a^b-\int_a^b v\mathrm{d}u$$

例 8　求$\int_0^{\frac{\pi}{2}}x\cos x\mathrm{d}x$.

解　$\int_0^{\frac{\pi}{2}}x\cos x\mathrm{d}x=\int_0^{\frac{\pi}{2}}x\mathrm{d}(\sin x)=x\sin x\Big|_0^{\frac{\pi}{2}}-\int_0^{\frac{\pi}{2}}\sin x\mathrm{d}x=\frac{\pi}{2}+\cos x\Big|_0^{\frac{\pi}{2}}=\frac{\pi}{2}-1$

例 9　求$\int_0^1 x\mathrm{e}^x\mathrm{d}x$.

解　$\int_0^1 x\mathrm{e}^x\mathrm{d}x=\int_0^1 x\mathrm{d}(\mathrm{e}^x)=x\mathrm{e}^x\Big|_0^1-\int_0^1\mathrm{e}^x\mathrm{d}x=\mathrm{e}-\mathrm{e}^x\Big|_0^1=1$

例 10　求$\int_1^2\frac{\ln x}{x^2}\mathrm{d}x$.

解　$\int_1^2\frac{\ln x}{x^2}\mathrm{d}x=-\int_1^2\ln x\mathrm{d}\left(\frac{1}{x}\right)=-\left[\frac{\ln x}{x}\Big|_1^2-\int_1^2\frac{1}{x}\mathrm{d}(\ln x)\right]=$

$-\frac{\ln 2}{2}+\int_1^2\frac{\mathrm{d}x}{x^2}=\frac{1-\ln 2}{2}$

例 11　求 $\int_0^1 x\arctan x\mathrm{d}x$.

解　$\int_0^1 x\arctan x\mathrm{d}x=\int_0^1\arctan x\mathrm{d}\left(\frac{x^2}{2}\right)=\frac{x^2}{2}\arctan x\Big|_0^1-\frac{1}{2}\int_0^1 x^2\mathrm{d}(\arctan x)=$

$\frac{\pi}{8}-\frac{1}{2}\int_0^1\frac{x^2}{1+x^2}\mathrm{d}x=\frac{\pi}{8}-\frac{1}{2}\left(\int_0^1\mathrm{d}x-\int_0^1\frac{1}{1+x^2}\mathrm{d}x\right)=$

$\frac{\pi}{8}-\frac{1}{2}+\frac{1}{2}\arctan x\Big|_0^1=\frac{\pi}{4}-\frac{1}{2}$

例 12　求 $\int_0^1\cos\sqrt{x}\mathrm{d}x$.

解　令$\sqrt{x}=t$，则 $x=t^2$，$\mathrm{d}x=2t\mathrm{d}t$. 当 $x=0$ 时，$t=0$；当 $x=1$ 时，$t=1$.

$\int_0^1\cos\sqrt{x}\mathrm{d}x=\int_0^1 2t\cos t\mathrm{d}t=2\int_0^1 t\mathrm{d}(\sin t)=2\left(t\sin t\Big|_0^1-\int_0^1\sin t\mathrm{d}t\right)=$

$2(\sin 1+\cos 1-1)$

习　题　4-6

计算下列定积分.

(1)$\int_{-\frac{1}{2}}^{\frac{1}{2}}\frac{1}{(5+2x)^2}\mathrm{d}x$；　(2)$\int_0^{\frac{\pi}{2}}\sin^3\theta\cos\theta\mathrm{d}\theta$

(3)$\int_1^{\mathrm{e}}\frac{\ln^2 x}{x}\mathrm{d}x$；　(4)$\int_0^1 t\mathrm{e}^{-t^2}\mathrm{d}t$；

(5)$\int_0^1\frac{1}{\sqrt{1+3x}}\mathrm{d}x$；　(6)$\int_0^1\frac{x}{\sqrt{4+5x}}\mathrm{d}x$；

(7)$\int_{-\frac{1}{2}}^{\frac{1}{2}}\frac{x^2}{\sqrt{1-x^2}}\mathrm{d}x$；　(8)$\int_1^{\sqrt{3}}\frac{1}{x\sqrt{1+x^2}}\mathrm{d}x$；

(9) $\int_{-\frac{1}{2}}^{\frac{1}{2}} \frac{\arcsin x}{\sqrt{1-x^2}} dx$；　　(10) $\int_0^{\frac{\pi}{2}} x\sin 2x dx$；

(11) $\int_1^4 \frac{\ln x}{\sqrt{x}} dx$；　　(12) $\int_0^1 \arctan\sqrt{x}\, dx$.

第7节　定积分的应用

本节主要介绍定积分在几何学及经济学中的一些应用.

一、元素法

首先回顾求曲边梯形面积的4个步骤.

(1) 分割. 在区间$[a,b]$内任意插入$n-1$个分点，把区间$[a,b]$分成n个小区间$[x_{i-1},x_i]$ $(i=1,2,\cdots,n)$，则大曲边梯形被分割成n个小曲边梯形.

(2) 取近似. 在区间$[x_{i-1},x_i]$上任取一点$\xi_i\in[x_{i-1},x_i]$，用小矩形的面积$f(\xi_i)\Delta x_i$近似代替小曲边梯形的面积，即$\Delta A_i\approx f(\xi_i)\Delta x_i$.

(3) 求和. 将所有的小曲边梯形面积相加，就得出大曲边梯形面积(近似值)，即

$$A=\sum_{i=1}^{n}\Delta A_i\approx\sum_{i=1}^{n}f(\xi_i)\Delta x_i$$

(4) 取极限. 令$\lambda=\max\{\Delta x_i\}(i=1,2,\cdots,n)$，于是，当$\lambda\to 0$时，$\sum_{i=1}^{n}f(\xi_i)\Delta x_i\to A$，即

$$A=\lim_{\lambda\to 0}\sum_{i=1}^{n}f(\xi_i)\Delta x_i=\int_a^b f(x)dx$$

在积分表达式的4个步骤中，主要是第二步确定小曲边梯形面积的近似值，为了简便起见，用ΔA表示任一小区间$[x,x+dx]$上的小曲边梯形的面积，而且取该小区间左端点x处对应的函数值$f(x)$为小矩形的高，则小矩形的面积$f(x)dx$近似等于小曲边梯形的面积ΔA，即$\Delta A\approx f(x)dx$(如图4-11中阴影部分)，于是将小矩形面积求和取极限即得曲边梯形的面积

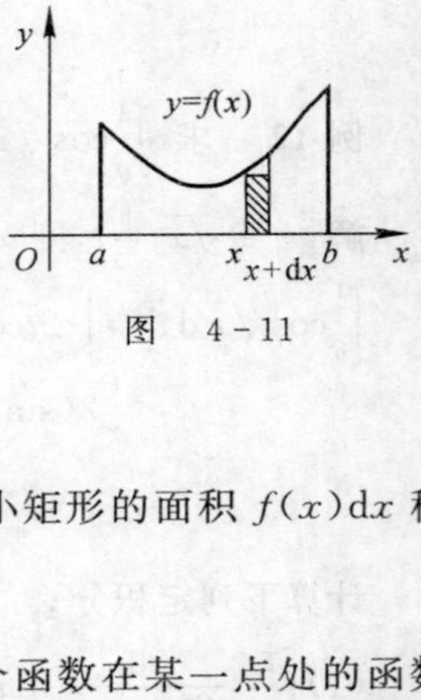

图 4-11

$$A=\int_a^b f(x)dx$$

事实上，小矩形的面积$f(x)dx$就是定积分的被积表达式，将该小矩形的面积$f(x)dx$称为面积元素，记为$dA=f(x)dx$，也即$A=\int_a^b dA=\int_a^b f(x)dx$.

在实际应用过程中，如果所求量的微小增量可以近似表示为一个函数在某一点处的函数值与自变量的增量的积的形式$f(x)dx$，就把这个积$f(x)dx$称为所求量的元素，对该元素求定积分就得到所求量.

元素法的具体步骤：

(1) 选取积分变量$x\in[a,b]$，在$[a,b]$上任取一小区间$[x,x+dx]$，以点x处对应的函数值$f(x)$与dx的乘积$f(x)dx$为所求量A的元素dA，即$dA=f(x)dx$；

(2) 以所求量 A 的元素 $\mathrm{d}A=f(x)\mathrm{d}x$ 为被积表达式，在区间 $[a,b]$ 上求定积分，得 $A=\int_a^b \mathrm{d}A=\int_a^b f(x)\mathrm{d}x$. 这就是所求量 A 的积分表达式.

二、定积分在几何上的应用

1. 平面图形的面积

讨论由连续曲线 $y=f(x)$，$y=g(x)$ 与直线 $x=a$，$x=b$ 所围成的平面图形的面积（$a<b$，见图 4-12）. 取任意 $x\in[a,b]$ 为积分变量，对于任意小区间 $[x,x+\mathrm{d}x]$，该部分的面积可以用以 $|f(x)-g(x)|$ 为高、$\mathrm{d}x$ 为宽的小矩形的面积（面积元素）近似代替，即 $\mathrm{d}A=|f(x)-g(x)|\mathrm{d}x$，于是 $A=\int_a^b |f(x)-g(x)|\mathrm{d}x$.

如果平面图形由连续曲线 $x=f(y)$，$x=g(y)$ 与直线 $y=a$，$y=b(a<b)$ 围成，则取任意 $x\in[a,b]$ 为积分变量，面积元素为 $\mathrm{d}A=|f(y)-g(y)|\mathrm{d}y$，如图 4-13 所示.

$$A=\int_c^d [f(y)-g(y)]\mathrm{d}y$$

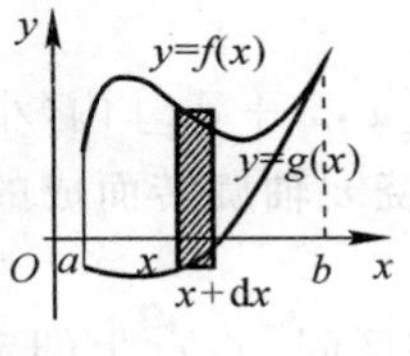

图　4-12

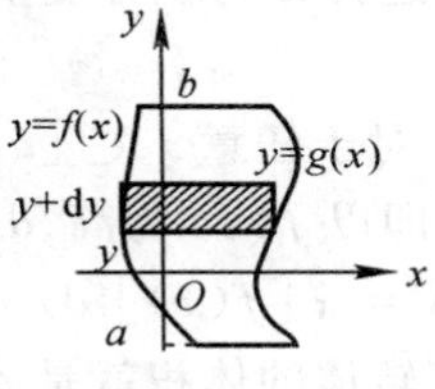

图　4-13

例 1　计算由曲线 $y=x^3$ 和直线 $y=x$ 围成的平面图形的面积.

解　如图 4-14 所示，解方程组 $\begin{cases} y=x^3 \\ y=x \end{cases}$，得曲线交点为 $(-1,-1)$，$(0,0)$，$(1,1)$. 选取 x 为积分变量，则对于任意 $x\in[-1,1]$，在小区间 $[x,x+\mathrm{d}x]$ 上，其面积元素为 $\mathrm{d}A=|x-x^3|\mathrm{d}x$，于是

$$A=\int_{-1}^1 \mathrm{d}A=\int_{-1}^1 |x-x^3|\mathrm{d}x=\int_{-1}^0 |x-x^3|\mathrm{d}x+\int_0^1 |x-x^3|\mathrm{d}x=$$

$$\int_{-1}^0 (x^3-x)\mathrm{d}x+\int_0^1 (x-x^3)\mathrm{d}x=\left(\frac{x^4}{4}\right)\Bigg|_{-1}^0-\left(\frac{x^2}{2}\right)\Bigg|_{-1}^0+\left(\frac{x^2}{2}\right)\Bigg|_0^1-\left(\frac{x^4}{4}\right)\Bigg|_0^1=\frac{1}{2}$$

为简化运算，也可以根据图形的对称性 $A=2\int_0^1 |x-x^3|\mathrm{d}x$ 求面积.

如果选择 y 为积分变量，则对于任意 $y\in[-1,1]$，在小区间 $[y,y+\mathrm{d}y]$ 上，其面积元素为 $\mathrm{d}A=|y-\sqrt[3]{y}|\mathrm{d}y$，于是

$$A=2\int_0^1 |y-\sqrt[3]{y}|\mathrm{d}y=2\int_0^1 (\sqrt[3]{y}-y)\mathrm{d}y=2\left(\frac{3y}{4}\right)\Bigg|_0^1-2\left(\frac{y^2}{2}\right)\Bigg|_0^1=\frac{1}{2}$$

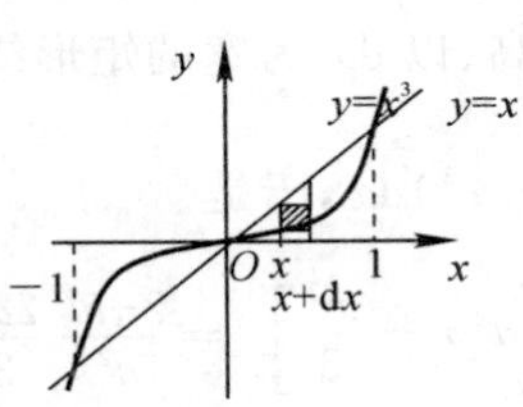

图　4-14

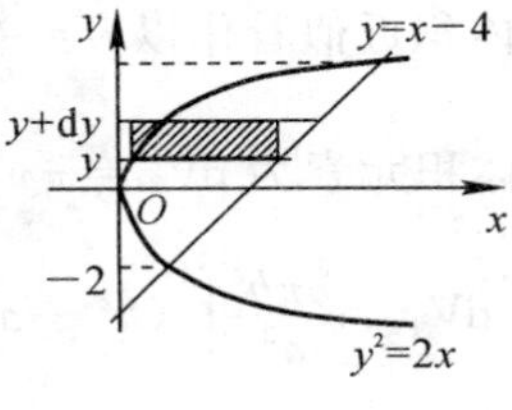

图　4-15

例 2 求由抛物线 $y^2=2x$ 与直线 $y=x-4$ 所围成的平面图形的面积.

解 如图 4-15 所示,解方程组 $\begin{cases}y^2=2x\\y=x-4\end{cases}$,得交点坐标为(2,-2),(8,4).

如果选择 x 为积分变量,在不同的小区间,面积元素的解析式不同,需要分区间求面积.如果选择 y 为积分变量,对于任意 $y\in[-2,4]$,在小区间 $[y,y+\mathrm{d}y]$ 上,面积元素为

$$\mathrm{d}A=\left|(y+4)-\frac{y^2}{2}\right|\mathrm{d}y$$

于是

$$A=\int_{-2}^{4}\mathrm{d}A=\int_{-2}^{4}\left|(y+4)-\frac{y^2}{2}\right|\mathrm{d}y=\int_{-2}^{4}\left(y+4-\frac{y^2}{2}\right)\mathrm{d}y=\left(\frac{y^2}{2}+4y-\frac{1}{6}y^3\right)\Bigg|_{-2}^{4}=18$$

由此可见,适当选取积分变量可以使计算简便.

2. 旋转体的体积

求由曲线 $y=f(x)$ 和直线 $x=a,x=b,y=0$ 围成的曲边梯形绕 x 轴旋转而成的旋转体的体积(见图 4-16),其步骤如下:

(1) 取积分变量. 选择 x 为积分变量,则 x 的取值范围是 $[a,b]$,该区间的长度就是旋转体的高度.

(2) 求面积元素. 对于任意 $x\in[a,b]$,在小区间 $[x,x+\mathrm{d}x]$ 内(小旋转体),可以用小圆柱体的体积近似代替,即以 $f(x)$ 为高、$\mathrm{d}x$ 为宽的矩形绕 x 轴旋转而成的圆柱体的体积就是旋转体的体积元素,有 $\mathrm{d}V=\pi[f(x)]^2\mathrm{d}x$.

(3) 求积分. 该旋转体的体积就是体积元素 $\mathrm{d}V$ 在区间 $[a,b]$ 上的定积分,即

$$V=\int_a^b\mathrm{d}V=\int_a^b\pi[f(x)]^2\mathrm{d}x$$

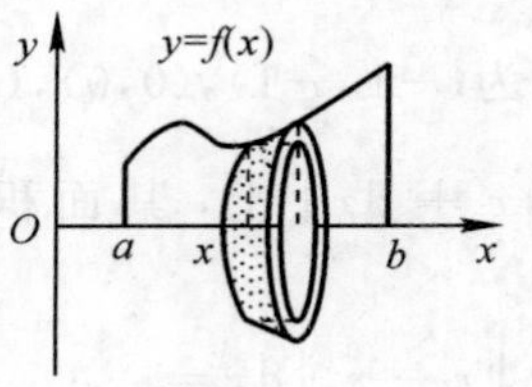

图 4-16

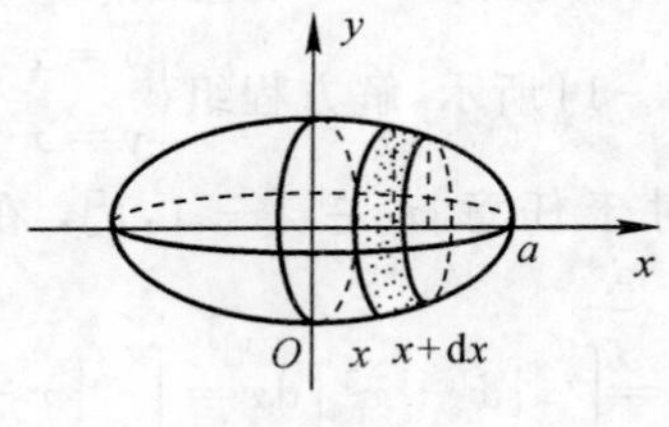

图 4-17

例 3 求由椭圆曲线 $\frac{x^2}{a^2}+\frac{y^2}{b^2}=1(a>0,b>0)$ 绕 x 轴旋转而成的椭球体的体积.

分析 如图 4-17 所示,由于椭圆是对称图形,所以,只需求出椭圆在第一象限内的曲线和坐标轴围成的曲边梯形绕 x 轴旋转而成的半个椭球体的体积 V_1,就得出椭球体的体积 $V=2V_1$.

解 选择 x 为积分变量,其取值范围为 $[0,a]$,对于任意 $x\in[0,a]$,在小区间 $[x,x+\mathrm{d}x]$ 上,将小旋转体的体积近似看作以 $y=\frac{b}{a}\sqrt{a^2-x^2}$ 为高、以 $\mathrm{d}x$ 为宽的矩形绕 x 轴旋转而成的圆柱体的体积,即体积元素为 $\mathrm{d}V_1=\pi y^2\mathrm{d}x=\frac{\pi b^2}{a^2}(a^2-x^2)\mathrm{d}x$,于是

$$V=2V_1=2\int_0^a\mathrm{d}V_1=\frac{2\pi b^2}{a^2}\int_0^a(a^2-x^2)\mathrm{d}x=\frac{2\pi b^2}{a^2}\left[a^2x-\frac{x^3}{3}\right]_0^a=\frac{2\pi b^2}{a^2}\frac{2a^3}{3}=\frac{4}{3}\pi ab^2$$

显然，当 $a=b$ 时，就是半径为 a 的球体的体积 $V=\frac{4}{3}\pi a^3$.

例 4　求由两条曲线 $y=x^2$，$y=\sqrt{x}$ 围成的平面图形绕 x 轴旋转所形成的旋转体的体积.

分析　该立体是一个中空的旋转体，细分后的小旋转体的体积可以近似看作是阴影部分矩形绕 x 轴旋转而成的中空的柱体的体积(体积元素)，如图 4－18 所示，该柱体底面积为 $\pi y_1-\pi y_2$，高为 $\mathrm{d}x$.

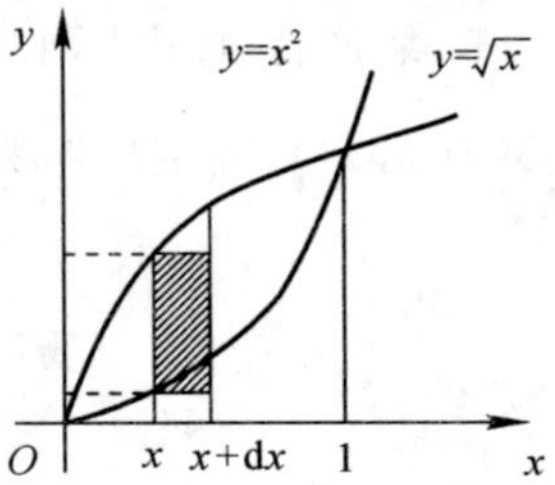

图 4－18

解　解方程组 $\begin{cases} y=x^2 \\ y=\sqrt{x} \end{cases}$ 得交点为(0,0)，(1,1).

选取 x 为积分变量，其取值范围为[0,1]，对于任意 $x\in[0,1]$，在小区间 $[x,x+\mathrm{d}x]$ 上，体积元素为

$$\mathrm{d}V=(\pi y_1-\pi y_2)\mathrm{d}x=(\pi x-\pi x^4)\mathrm{d}x$$

于是

$$V=\int_0^1\mathrm{d}V=\int_0^1(\pi x-\pi x^4)\mathrm{d}x=\pi\left(\frac{x^2}{2}-\frac{x^5}{5}\right)\Big|_0^1=\frac{3}{10}\pi$$

三、定积分在经济学中应用

在经济学中，常会遇到一些求总量的问题. 根据定积分是由变化率求总量累积的实际背景，可由定积分来计算.

例 5　已知边际成本为 $C'(x)=100-2x$，求当产量由 $x=10$ 增加到 $x=20$ 时应追加的成本数.

解
$$C=\int_{10}^{20}(100-2x)\mathrm{d}x=(100x-x^2)\Big|_{10}^{20}=700$$

例 6　已知某产品的边际成本函数 $C'(q)=2-\frac{1}{2}q$(万元/t)，固定成本(即无产出时的投资)为 2 万元，边际收入函数 $R'(q)=6-q$(万元/t)，求总成本函数、总收入函数和总利润函数.

解　(1) 总成本函数为

$$C(q)=C(0)+\int_0^q C'(t)\mathrm{d}t=2+\int_0^q\left(2-\frac{1}{t}\right)\mathrm{d}t=$$
$$2+\left((2t-\frac{1}{4}t^2)\right)\Big|_0^q=2+2q-\frac{1}{4}q^2$$

(2) 总收入函数为

$$R(q)=R(0)+\int_0^q R'(t)\mathrm{d}t=\int_0^q(6-t)\mathrm{d}t=\left(6t-\frac{1}{2}t^2\right)\Big|_0^q=6q-\frac{1}{2}q^2$$

(3) 总利润函数为总收入函数与总成本函数之差，即

$$L(q)=R(q)-C(q)=4q-2-\frac{1}{4}q^2$$

习　题　4－7

1. 求由抛物线 $y=x^2$ 与直线 $y=2x$ 所围成的平面图形的面积.
2. 求抛物线 $y^2=2x$ 与直线 $y=x-4$ 所围成的平面图形的面积.

3. 求由抛物线 $y=x^2$ 与直线 $y=-x^2+1$ 所围成的平面图形的面积.

4. 由曲线 $y=x^3$，直线 $y=0,x=2$ 所围成的图形，分别绕 x 轴，y 轴旋转，计算两个旋转体的体积.

5. 某产品的边际收入函数为 $R'(q)=10-q$(万元 /t)，边际成本函数 $C'(q)=3+\frac{1}{3}q$(万元 /t)，固定成本为 5 万元，求总成本函数、总收入函数和总利润函数.

第 8 节　无穷区间上的广义积分

前面讨论的定积分都是积分区间为有限区间，在实际问题中往往会出现积分区间为无限区间的情形，这就是广义积分.

例 1　如图 4－19 所示，求以 $y=\frac{1}{x^2}$ 为曲顶，$\left[\frac{1}{2},A\right]$ 为底的曲边梯形的面积 $S(A)$，则

$$S(A)=\int_{\frac{1}{2}}^{a}\frac{1}{x^2}\mathrm{d}x=2-\frac{1}{A}$$

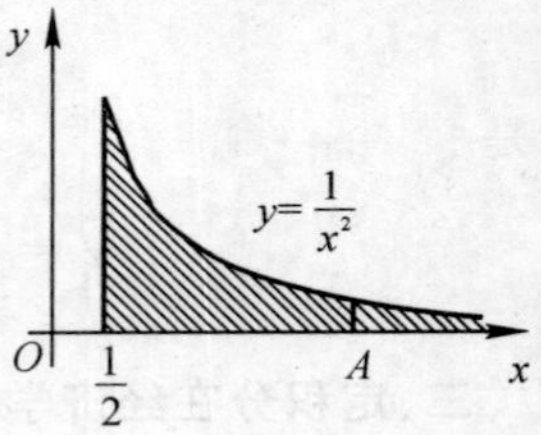

图　4－19

现在若要求由 $x=\frac{1}{2},y=\frac{1}{x^2}$ 和 x 轴所“界定”的区域的面积 S，则因为面积累积区域是$\left[\frac{1}{2},+\infty\right)$，它已经不是定积分问题了，也就是说，它不能再通过区间分划、局部近似、无限加细求极限的步骤来处理. 但可以通过 $S(A)$，即定积分的极限来得到，有

$$S=\lim_{A\to+\infty}\int_{\frac{1}{2}}^{a}\frac{1}{x^2}\mathrm{d}x=\lim_{A\to+\infty}S(A)=\lim_{A\to+\infty}\left(2-\frac{1}{A}\right)=2$$

定义 4.4　设函数 $f(x)$ 在 $[a,+\infty)$ 内有定义，对任意 $A\in[a,+\infty)$，$f(x)$ 在$[a,A]$上可积，称极限 $\lim\limits_{A\to+\infty}\int_a^a f(x)\mathrm{d}x$ 为函数 $f(x)$ 在$[a,+\infty)$上的广义积分，记作$\int_a^{+\infty}f(x)\mathrm{d}x$，即

$$\int_a^{+\infty}f(x)\mathrm{d}x=\lim_{A\to+\infty}\int_a^A f(x)\mathrm{d}x$$

若上式右边的极限存在，则称广义积分$\int_a^{+\infty}f(x)\mathrm{d}x$ 收敛；否则就称其发散.

例 1 的问题可以用广义积分表示为 $S=\int_{\frac{1}{2}}^{+\infty}\frac{1}{x^2}\mathrm{d}x$，而且这个积分是收敛的.

同样可以定义：

$$\int_{-\infty}^{b}f(x)\mathrm{d}x=\lim_{A\to+\infty}\int_{-A}^{b}f(x)\mathrm{d}x$$

$$\int_{-\infty}^{+\infty}f(x)\mathrm{d}x=\lim_{A\to+\infty}\int_{-A}^{a}f(x)\mathrm{d}x+\lim_{B\to+\infty}\int_{a}^{B}f(x)\mathrm{d}x$$

广义积分也称为无穷积分，所谓收敛，表示上式右边的极限都存在，否则就是发散.

若 $F(x)$ 是 $f(x)$ 的一个原函数，则广义积分也可记为

$$\int_a^{+\infty}f(x)\mathrm{d}x=\lim_{b\to+\infty}\int_a^b f(x)\mathrm{d}x=\lim_{b\to+\infty}F(x)\Big|_a^b=\lim_{b\to+\infty}F(b)-F(a)=F(+\infty)-F(a)$$

$$\int_{-\infty}^{b} f(x)\mathrm{d}x = \lim_{a\to-\infty}\int_{a}^{b} f(x)\mathrm{d}x = \lim_{a\to-\infty} F(x)\Big|_{a}^{b} = F(b) - \lim_{a\to-\infty}F(a) = F(b) - F(-\infty)$$

$$\int_{-\infty}^{+\infty} f(x)\mathrm{d}x = \lim_{b\to+\infty}\lim_{a\to-\infty}\int_{a}^{b} f(x) = \lim_{b\to+\infty}\lim_{a\to-\infty} F(x)\Big|_{a}^{b} = \lim_{b\to+\infty}F(b) - \lim_{a\to-\infty}F(a) = F(+\infty) - F(-\infty)$$

上述 3 种广义积分都称为无穷区间上的广义积分.

例 2　计算广义积分.

(1) $\int_{0}^{+\infty} x\mathrm{e}^{-x^2}\mathrm{d}x$；　(2) $\int_{-\infty}^{-1}\frac{1}{x^2}\mathrm{d}x$；　(3) $\int_{-\infty}^{+\infty}\frac{1}{1+x^2}\mathrm{d}x$.

解　(1) $\int_{0}^{A} x\mathrm{e}^{-x^2}\mathrm{d}x = -\frac{1}{2}\int_{0}^{A}\mathrm{e}^{-x^2}\mathrm{d}(-x^2) = -\frac{1}{2}\mathrm{e}^{-x^2}\Big|_{0}^{A} = -\frac{1}{2}(\mathrm{e}^{-A^2}-1)$

$$\int_{0}^{+\infty} x\mathrm{e}^{-x^2}\mathrm{d}x = \lim_{A\to+\infty}\int_{0}^{A} x\mathrm{e}^{-x^2}\mathrm{d}x = -\frac{1}{2}\lim_{A\to+\infty}(\mathrm{e}^{-A^2}-1) = \frac{1}{2}$$

(2) $\int_{-\infty}^{-1}\frac{1}{x^2}\mathrm{d}x = \left(-\frac{1}{x}\right)\Big|_{-\infty}^{-1} = 1$

(3) $\int_{-\infty}^{+\infty}\frac{1}{1+x^2}\mathrm{d}x = \arctan x\Big|_{-\infty}^{+\infty} = \frac{\pi}{2} - \left(-\frac{\pi}{2}\right) = \pi$

例 3　证明:广义积分 $\int_{1}^{+\infty}\frac{\mathrm{d}x}{x^p}(p>0)$,当 $p>1$ 时收敛;当 $0<p\leqslant 1$ 时发散.

证明　当 $p=1$ 时,有

$$\int_{1}^{+\infty}\frac{\mathrm{d}x}{x} = (\ln x)\Big|_{1}^{+\infty} = +\infty$$

当 $p\neq 1$ 时,有

$$\int_{1}^{+\infty}\frac{1}{x^p}\mathrm{d}x = \left[\frac{x^{1-p}}{1-p}\right]_{1}^{+\infty} = \begin{cases}\frac{1}{p-1}, & p>1\\ +\infty, & p<1\end{cases}$$

综合可知,$\int_{1}^{+\infty}\frac{\mathrm{d}x}{x^p}$ 当 $p>1$ 时收敛于 $\frac{1}{p-1}$;当 $0<p\leqslant 1$ 时发散.

习　题　4-8

判别下列广义积分的收敛性,如收敛,计算广义积分.

(1) $\int_{1}^{+\infty}\frac{1}{\sqrt{x}}\mathrm{d}x$；　　(2) $\int_{1}^{+\infty}\frac{1}{x\sqrt{x}}\mathrm{d}x$；

(3) $\int_{-\infty}^{+\infty}\frac{1}{x^2+2x+2}\mathrm{d}x$；　　(4) $\int_{0}^{+\infty} x\mathrm{e}^{-x^2}\mathrm{d}x$.

复习题 4

一、填空题

1. $\int\frac{1+x}{\sqrt{x}}\mathrm{d}x=$____________.

2. $\int \frac{2x}{1+x^2}\mathrm{d}x=$____________.

3. $\int \frac{2x^2}{1+x^2}\mathrm{d}x=$____________.

4. $\frac{\mathrm{d}}{\mathrm{d}x}\int \frac{\cos x}{1+\sin^2 x}\mathrm{d}x=$____________.

5. $\int \mathrm{d}\left(\frac{\sin x}{1+\cos^2 x}\right)=$____________.

6. 设 x^2 为 $f(x)$ 的一个原函数，则 $\mathrm{d}f(x)=$____________.

7. 已知$\int f(x)\mathrm{d}x=\cos x+C$，则 $f(x)=$____________.

8. 若$\int_a^b \frac{f(x)}{f(x)+g(x)}\mathrm{d}x=1$，则$\int_a^b \frac{g(x)}{f(x)+g(x)}\mathrm{d}x=$____________.

9. $\frac{\mathrm{d}}{\mathrm{d}x}\int_1^{\sqrt{x}} \mathrm{e}^{-t^2}\mathrm{d}t=$____________.

10. $\int_{-1}^{1} \frac{x\cos x}{1+x^2}\mathrm{d}x=$____________.

二、选择题

1. $\int \mathrm{d}\sin(2x+1)=($　　$)$.

A. $2\cos(2x+1)+C$　　B. $\cos(2x+1)+C$

C. $2\sin(2x+1)+C$　　D. $\sin(2x+1)+C$

2. 函数 $f(x)=x\cos x^2$ 的原函数是(　　).

A. $\frac{1}{2}\sin x^2$　　B. $2\sin x^2$　　C. $-2\sin x^2$　　D. $-\frac{1}{2}\sin x^2$

3. 设 $F(x)$ 是 $f(x)$ 的一个原函数，则$\int \mathrm{e}^{2x}f(\mathrm{e}^{2x})\mathrm{d}x=($　　$)$.

A. $F(\mathrm{e}^{2x})+C$　　B. $F(x)+C$　　C. $\frac{1}{2}F(\mathrm{e}^{2x})+C$　　D. $\frac{1}{2}F(x)+C$

4. 若 $f'(x)$ 为连续函数，则$\int f'(2x)\mathrm{d}x=($　　$)$.

A. $f(2x)+C$　　B. $\frac{1}{2}f(2x)+C$

C. $2f(2x)+C$　　D. $f(x)+C$

5. 定积分$\int_a^b f(x)\mathrm{d}x$ 是(　　).

A. 一个常数　　B. 一个函数簇

C. $f(x)$ 的一个原函数　　D. 以上都不对

6. 下列式子正确的是(　　).

A. $\int_1^{\mathrm{e}} \ln x\mathrm{d}x<\int_1^{\mathrm{e}} \ln^2 x\mathrm{d}x$　　B. $\int_1^{\mathrm{e}} \ln x\mathrm{d}x>\int_1^{\mathrm{e}} \ln^2 x\mathrm{d}x$

C. $\int_1^{\mathrm{e}} \ln x\mathrm{d}x=\int_1^{\mathrm{e}} \ln^2 x\mathrm{d}x$　　D. 以上都不对

7. $\lim\limits_{x\to 0}\dfrac{\int_1^x \cos t^2\,dt}{x}$ 的值为(　).

A. 0　　B. -1　　C. ∞　　D. 1

8. 设函数 $f(x)$ 在区间 $[a,b]$ 上连续,则 $\int_a^b f(x)\,dx-\int_a^b f(t)\,dt$(　).

A. 小于 0　　B. 大于 0　　C. 等于 0　　D. 不确定

9. 下列广义积分发散的有(　).

A. $\int_0^{+\infty}\sin x\,dx$　　B. $\int_1^{+\infty}\dfrac{1}{x^4}dx$　　C. $\int_{-\infty}^{+\infty}\dfrac{1}{x^2+1}dx$　　D. $\int_{-\infty}^{0}e^x\,dx$

10. 已知 $\int_{-1}^{1}\dfrac{x^4}{e^{x^2}+\sin^2 x}dx=a$,则 $\int_0^1\dfrac{x^4}{e^{x^2}+\sin^2 x}dx=$(　).

A. $2a$　　B. $\dfrac{a}{2}$　　C. 0　　D. a

三、解答题

1. 求下列积分.

(1) $\int\left(x\sqrt{x}+2^x+\dfrac{1}{x}\right)dx$;　　(2) $\int\dfrac{2x^2+5}{x^2+1}dx$;

(3) $\int\dfrac{x}{(1-x)^2}dx$;　　(4) $\int(e^x+\tan^2 x)\,dx$;

(5) $\int\csc x(\csc x-\cot x)\,dx$;　　(6) $\int 10^{2s+1}\,ds$;

(7) $\int\dfrac{x}{2-x^2}dx$;　　(8) $\int x^2\sqrt{1+x^3}\,dx$;

(9) $\int\dfrac{\ln^3 x}{x}dx$;　　(10) $\int\dfrac{1}{x\sqrt{1+\ln x}}dx$;

(11) $\int\dfrac{\arcsin x}{\sqrt{1-x^2}}dx$;　　(12) $\int\dfrac{1}{1+\sqrt{x-1}}dx$;

(13) $\int\dfrac{e^x}{3-2e^x}dx$;　　(14) $\int\dfrac{\cos x}{\sqrt{\sin x}}dx$;

(15) $\int\dfrac{x^2}{\sqrt{25-x^2}}dx$;　　(16) $\int te^{-3t}\,dt$;

(17) $\int_0^1\dfrac{x^3+2x+3}{x+1}dx$;　　(18) $\int_{\frac{1}{e}}^{e}\dfrac{\ln^4 x}{x}dx$;

(19) $\int_0^{\ln 4}e^x(1-e^x)^2\,dx$;　　(20) $\int_0^{+\infty}\dfrac{\arctan x}{1+x^2}dx$.

2. $f(x)=\begin{cases}x^2, & x\leqslant 0\\ \sin x, & x>0\end{cases}$,求 $\int_{-1}^{\frac{\pi}{2}}f(x)\,dx$.

四、应用题

1. 求由曲线 $y=\ln x$ 与直线 $y=\ln 2$,$y=\ln 6$,$x=0$ 所围平面图形的面积.

2. 求由曲线 $y=x^2$ 与直线 $y=2x+3$ 所围平面图形的面积.

3. 求由曲线 $y=x^2$ 与直线 $y=x$, $y=2x$ 所围平面图形的面积.

4. 若某产品总产量的边际函数为 $p(t)=10+2t+3t^2$，求由 $t=1$ 到 $t=3$ 这段时间内的总产量.

5. 某产品的边际成本为 $C'(x)=100-0.02x$.

(1) 求生产了 20 个单位时的总成本；

(2) 在已生产了 20 个单位后再生产 20 个单位，总成本增加了多少？

第5章　常微分方程

第1节　微分方程的基本概念

一、基本概念

(一) 微分方程

定义 5.1　表示未知函数、未知函数的导数或微分以及自变量之间关系的方程，称为微分方程.

在微分方程中，若未知函数是一元函数，则称为常微分方程，若未知函数是多元函数，则称为偏微分方程. 我们本章只讨论常微分方程.

例如：

(1) $y'+2y-3x=1$；　　(2) $dy+y\tan x dx=0$；

(3) $y''+\frac{1}{x}(y')^2+\sin x=0$；　　(4) $e^x dx-dy=0$；

(5) $\frac{dy}{dx}+\cos y=3x$；　　(6) $\left(\frac{dy}{dx}\right)^2+\ln y+\cot x=0$.

以上方程都是常微分方程.

(二) 微分方程的阶

定义 5.2　微分方程中含未知函数的导数的最高阶数称为微分方程的阶.

n 阶微分方程一般记为 $F(x,y,y',\cdots,y^{(n)})=0$.

例如，以上 6 个方程中(1)，(2)，(4)，(5)，(6) 是一阶常微分方程，(3) 是二阶常微分方程.

(三) 微分方程的解

定义 5.3　设函数 $y=\varphi(x)$ 在区间 I 上有相应阶的导数，若将其代入微分方程，能使方程成为恒等式. 则称 $y=\varphi(x)$ 是微分方程在区间 I 上的解. 如果微分方程的解中含有的独立的任意常数的个数与方程的阶数相等，这样的解称为微分方程的通解. 微分方程一个满足特定条件的解，称为该微分方程的一个特解，所给特定条件称为初始条件.

例如，$y'=y$ 满足 $y\Big|_{x=0}=1$ 的特解为 $y=e^x$. 其中 $y\Big|_{x=0}=1$ 就是初始条件.

二、举例

例 1 验证函数 $y=C_1\sin x-C_2\cos x$ 是 $y''+y=0$ 的通解，其中 C_1,C_2 是任意常数.

解 因为 $y'=C_1\cos x+C_2\sin x$，$y''=-C_1\sin x+C_2\cos x$，将 y,y',y'' 代入原方程左端，得

$$-C_1\sin x+C_2\cos x+C_1\sin x-C_2\cos x=0$$

所以，$y=C_1\sin x-C_2\cos x$ 是 $y''+y=0$ 的解，又因为解中含有两个任意常数，其个数与方程阶数相等，所以 $y=C_1\sin x-C_2\cos x$ 是 $y''+y=0$ 的通解.

例 2 已知函数 $y=C_1x+C_2x^2$ 是微分方程 $y=y'x-\frac{1}{2}y''x^2$ 的通解，求满足初始条件 $y\Big|_{x=-1}=1,y'\Big|_{x=1}=-1$ 的特解.

解 将 $y\Big|_{x=-1}=1$ 代入通解中，得 $C_2-C_1=1$，又 $y'=C_1+2C_2x$，将 $y'\Big|_{x=1}=-1$ 代入，得 $C_1+2C_2=-1$，联立

$$\begin{cases}C_2-C_1=1\\C_1+2C_2=-1\end{cases}$$

解得 $C_1=-1,C_2=0$，所以，满足初始条件的特解为 $y=-x$.

例 3 设一个微分方程的通解为 $(x-C)^2+y^2=1$，求对应的一阶微分方程.

解 对通解两端求导数，得

$$2(x-C)+2yy'=0$$

即

$$x-C=-yy' \quad 或 \quad C=x+yy'$$

将 $C=x+yy'$ 代入原方程，得

$$y^2y'^2+y^2=1$$

例 4 已知曲线上任意一点 $M(x,y)$ 处的切线斜率等于该点横坐标的平方的 3 倍，且该曲线通过点$(1,2)$，求该曲线方程.

解 设所求曲线方程为 $y=f(x)$，由题意知

$$\frac{dy}{dx}=3x^2, \quad y_{x=1}=2$$

对 $\frac{dy}{dx}=3x^2$ 两边积分，得

$$y=\int 3x^2\,dx=x^3+C$$

将 $y\Big|_{x=1}=2$ 代入上式中，得

$$C=1$$

所求的曲线方程为

$$y=x^3+1$$

例 5 一质量为 M 的物体自由落下，不计空气阻力，设初速度为 v_0. 求物体的运动规律.

解 设物体的运动规律为 $s=s(t)$，由物理学知识有

$$\frac{d^2s}{dt^2}=g(g\,为重力加速度), \quad s\Big|_{t=0}=0, \quad \frac{ds}{dt}\Big|_{t=0}=v_0$$

对$\frac{d^2 s}{dt^2}=g$两边积分得

$$\frac{ds}{dt}=gt+C_1$$

对$\frac{ds}{dt}=gt+C_1$两边积分得

$$s=\frac{1}{2}gt^2+C_1t+C_2$$

将条件$s\Big|_{t=0}=0,\frac{ds}{dt}\Big|_{t=0}=v_0$带入上两式中得

$$C_1=v_0, C_2=0$$

故物体的运动规律为

$$s(t)=\frac{1}{2}gt^2+v_0t$$

习　题　5-1

1. 指出下列各微分方程的阶数．

(1)$xy'^2-2yy'+x=0$；　(2)$x^2y''-xy'+y=0$；

(3)$xy'''+2y''+x^2y=0$；　(4)$(7x-6y)dx+(x+y)dy=0$；

(5)$L\frac{d^2Q}{dt^2}+R\frac{dQ}{dt}+\frac{1}{C}Q=0$；　(6)$\frac{d\rho}{d\theta}+\rho=\sin^2\theta$.

2. 指出下列各题中的函数是否为所给微分方程的解．

(1)$xy'=2y, y=5x^2$；

(2)$y''+y=0, y=3\sin x-4\cos x$；

(3)$y''-2y'+y=0, y=x^2e^x$；

(4)$y''-(\lambda_1+\lambda_2)y'+\lambda_1\lambda_2y=0, y=C_1e^{\lambda_1x}+C_2e^{\lambda_2x}$.

3. 在下列各题中，验证所给二元方程所确定的函数为所给微分方程的解．

(1)$(x-2y)y'=2x-y, x^2-xy+y^2=C$；

(2)$(xy-x)y''+xy'^2+yy'-2y'=0, y=\ln(xy)$.

4. 在下列各题给出的微分方程的通解中，按所给初始条件确定特解．

(1)$x^2-y^2=C, y\Big|_{x=0}=5$；

(2)$y=(C_1+C_2x)e^{2x}, y\Big|_{x=0}=0, y'\Big|_{x=0}=1$；

(3)$y=C_1\sin(x-C_2), y\Big|_{x=0}=1, y'\Big|_{x=\pi}=0$.

第 2 节　一阶微分方程

一阶微分方程的一般形式为$F(x,y,y')=0$，其通解的形式为$y=y(x,C)$或$\varphi(x,y,C)=0$.本节主要介绍两种特殊的一阶微分方程及解法.

一、可分离变量微分方程

定义 5.4 形如

$$\frac{dy}{dx}=f(x)g(y) \tag{5.1}$$

的一阶微分方程，称为可分离变量的微分方程. 这里 $f(x)$，$g(y)$ 分别是关于 x，y 连续函数.

例如，$\frac{dy}{dx}=\frac{y}{x}$，$x(y^2-1)dx+y(x^2-1)dy=0$ 等都是可分离变量的微分方程. 而 $\cos(xy)dx+xydy=0$ 不是可分离变量的微分方程.

这类方程的特点是：方程经过适当的变形后，可以将含有同一变量的函数与微分分离到等式的同一端.

下面给出可分离变量微分方程(5.1)的求解过程：

由
$$\frac{dy}{dx}=f(x)g(y)$$

分离变量，得
$$\frac{dy}{g(y)}=f(x)dx \tag{5.2}$$

两边积分，得
$$\int\frac{dy}{g(y)}=\int f(x)dx$$

求出积分，得通解
$$G(y)=F(x)+C$$

其中，$G(y)$，$F(x)$ 分别是 $\frac{1}{g(y)}$，$f(x)$ 的原函数，利用初始条件求出常数 C，得特解.

例 1 求微分方程 $\frac{dy}{dx}=\frac{y}{x^2}$ 的通解.

解 将原方程分离变量，得

$$\frac{dy}{y}=\frac{dx}{x^2}$$

两边积分，得
$$\int\frac{dy}{y}=\int\frac{dx}{x^2}$$

$$\ln|y|=-\frac{1}{x}+\ln C\quad(C>0)$$

$$|y|=e^{-\frac{1}{x}+\ln C}\quad(C>0)$$

即
$$y=Ce^{-\frac{1}{x}}\quad(C\neq 0)$$

由于在分离变量过程中，没有考虑 $y=0$，而本题中 $y=0$ 也是方程的解，所以，原方程的通解为

$$y=Ce^{-\frac{1}{x}}\,(C\text{ 为任意常数})$$

例 2 求微分方程 $\frac{dy}{dx}=2xy$ 的通解.

解 将方程进行变量分离可得

$$\frac{dy}{y}=2x\,dx$$

两边积分
$$\int\frac{dy}{y}=\int 2x\,dx$$

得
$$\ln|y|=x^2+C_1$$
即
$$y=\pm e^{x^2+C_1}=\pm e^{C_1}e^{x^2}$$
或者
$$y=C_2e^{x^2}\quad（其中\ C_2=\pm e^{C_1}\ 是非零的任意常数）$$

由于 $y=0$ 也是方程的解，但此解未包含在上述解中，所以原方程的通解为
$$y=Ce^{x^2}\quad（其中\ C\ 为任意常数）$$

例 3　求微分方程 $(y-1)\mathrm{d}x-(xy-y)\mathrm{d}y=0$ 的通解.

解　将方程分离变量为
$$(x-1)y\mathrm{d}y=(y-1)\mathrm{d}x$$
$$\frac{y}{y-1}\mathrm{d}y=\frac{1}{x-1}\mathrm{d}x$$
两边积分得
$$\int\frac{y}{y-1}\mathrm{d}y=\int\frac{1}{x-1}\mathrm{d}x$$
$$y+\ln|y|=\ln|x|+C\quad（C\ 为任意常数）$$

例 4　求方程 $(1+e^x)yy'=e^x$ 满足 $y\Big|_{x=0}=0$ 的特解.

解　方程进行变量分离，有
$$y\mathrm{d}y=\frac{e^x}{1+e^x}\mathrm{d}x$$
两边积分，得
$$\int y\mathrm{d}y=\int\frac{e^x}{1+e^x}\mathrm{d}x$$
所以通解为
$$\frac{y^2}{2}=\ln(1+e^x)+\ln C$$
即
$$\frac{y^2}{2}=\ln C(1+e^x)$$
再由 $y\Big|_{x=0}=0$，得 $C=\frac{1}{2}$，故所求特解为
$$\frac{y^2}{2}=\ln\frac{1+e^x}{2}$$

二、一阶线性微分方程

定义 5.5　形如
$$\frac{\mathrm{d}y}{\mathrm{d}x}+p(x)y=Q(x)\tag{5.3}$$
的方程叫做一阶线性微分方程（因为它对于未知函数及其导数均为一次的）.

如果 $Q(x)\equiv0$，则方程称为齐次的；

如果 $Q(x)\not\equiv0$，则方程称为非齐次的.

(1) 讨论一阶线性微分方程所对应的齐次方程 $\frac{\mathrm{d}y}{\mathrm{d}x}+p(x)y=0$ 的通解问题.

分离变量，得
$$\frac{\mathrm{d}y}{y}=-p(x)\mathrm{d}x$$
两边积分得方程的通解为
$$y=Ce^{-\int p(x)\mathrm{d}x}\quad（C\ 为任意常数）$$

（2）使用常数变易法（即将常数变易为待定函数的方法）来求非齐次线性方程的通解．将齐次方程通解中的常数 C 换成 x 的未知函数 $u(x)$，即作变换

$$y=u(x)\mathrm{e}^{-\int p(x)\mathrm{d}x}$$

两边求导得
$$\frac{\mathrm{d}y}{\mathrm{d}x}=u'\mathrm{e}^{-\int p(x)\mathrm{d}x}-up(x)\mathrm{e}^{-\int p(x)\mathrm{d}x}$$

（3）把上两式代入方程（5.3），得

$$u'=Q(x)\mathrm{e}^{\int p(x)\mathrm{d}x}$$

两边积分得
$$u=\int Q(x)\mathrm{e}^{\int p(x)\mathrm{d}x}\mathrm{d}x+C$$

把上式代入微分方程（5.3），于是得到非齐次线性方程的通解为

$$y=\mathrm{e}^{-\int p(x)\mathrm{d}x}\left[\int Q(x)\mathrm{e}^{\int p(x)\mathrm{d}x}\mathrm{d}x+C\right] \tag{5.4}$$

将它写成两项之和，有

$$y=C\mathrm{e}^{-\int p(x)\mathrm{d}x}+\mathrm{e}^{-\int p(x)\mathrm{d}x}\int Q(x)\mathrm{e}^{\int p(x)\mathrm{d}x}\mathrm{d}x$$

不难发现，第一项是对应的齐次线性方程的通解；第二项是非齐次线性方程的一个特解．

由此得到一阶线性非齐次方程的通解的结构：非齐次方程的通解等于对应的齐次方程的通解与非齐次方程的一个特解的和．

例 5 求方程 $\frac{\mathrm{d}y}{\mathrm{d}x}-\frac{n}{x+1}y=\mathrm{e}^x(x+1)^n$ 的通解，其中 n 为常数．

解 这是一阶线性非齐次方程，则

$$p(x)=-\frac{n}{x+1},\quad Q(x)=\mathrm{e}^x(x+1)^n$$

代入公式，得

$$y=\mathrm{e}^{\int\frac{n}{x+1}\mathrm{d}x}\left[\int\mathrm{e}^x(x+1)^n\mathrm{e}^{-\int\frac{n}{x+1}\mathrm{d}x}\mathrm{d}x+C\right]=$$

$$(x+1)^n\left[\int\mathrm{e}^x(x+1)^n(x+1)^{-n}\mathrm{d}x+C\right]=(x+1)^n(\mathrm{e}^x+C)$$

例 6 求方程 $\frac{\mathrm{d}y}{\mathrm{d}x}=\frac{1}{x+y}$ 的通解．

解 该方程不是未知函数 y 的线性方程，但可将它变形为

$$\frac{\mathrm{d}x}{\mathrm{d}y}=x+y$$

即
$$\frac{\mathrm{d}x}{\mathrm{d}y}-x=y$$

对应公式，有
$$p(y)=-1,Q(y)=y$$

代入公式，有
$$y=C\mathrm{e}^{-\int p(x)\mathrm{d}x}+\mathrm{e}^{-\int p(x)\mathrm{d}x}\int Q(x)\mathrm{e}^{\int p(x)\mathrm{d}x}\mathrm{d}x$$

得原方程的通解为

$$x=C\mathrm{e}^y-y-1$$

此题也可以作变量代换 $x+y=u$ 把方程转化为可分离变量的方程来解决．

三、一阶微分方程的应用举例

例 7　已知某厂的纯利润 L 对广告费 x 变化率 $\frac{dL}{dx}$ 与常数 A 和纯利润 L 之差成正比，当 $x=0$ 时，$L=L_0$，试求纯利润 L 与广告费 x 之间的函数关系.

解　根据题意列出方程，有

$$\begin{cases}\dfrac{dL}{dx}=k(A-L)\\ L\Big|_{x=0}=L_0\end{cases}$$

分离变量，两边积分，得

$$\int\frac{dL}{A-L}=\int k\,dx$$

即

$$-\ln(A-L)=kx+\ln C_1$$

也就是

$$A-L=Ce^{-kx}\left(\text{其中 } C=\frac{1}{C_1}\right)$$

故得

$$L=A-Ce^{-kx}$$

由初始条件 $L\Big|_{x=0}=L_0$，解得 $C=A-L_0$，所以纯利润与广告费的函数关系为

$$L=A-(A-L_0)e^{-kx}$$

例 8　（逻辑斯蒂曲线）在商品销售预测中，时刻 t 时的销售量用 $t=x(t)$ 表示，如果商品销售的增长速度 $\frac{dx(t)}{dt}$ 正比于销售量 $x(t)$ 及销售接近饱和程度 $a-x(t)$ 之乘积（a 为饱和水平），求销售量函数 $x(t)$.

解　根据题意列出微分方程，有

$$\frac{dx(t)}{dt}=kx(t)(a-x(t))$$

分离变量两边积分得，得

$$\ln\frac{x(t)}{a-x(t)}=akt+C_1\ (C_1 \text{ 为任意常数})$$

即

$$\frac{x(t)}{a-x(t)}=C_2e^{akt}\ (C_2=e^{C_1} \text{ 为任意常数})$$

从而可得通解为

$$x(t)=\frac{a}{1+Ce^{-akt}}\left(C=\frac{1}{C_2} \text{ 为任意常数}\right)$$

其中，任意常数 C 将由给定的初始条件确定.

习　题　5－2

1. 求下列微分方程的通解.

(1) $xy\,dx+(x^2+1)dy=0$；　　(2) $y'+y\cos x=0$；

(3) $\frac{dy}{dx}+y=e^{-x}$；　　(4) $\frac{dy}{dx}-3xy=2x$.

2. 求下列微分方程满足所给初始条件的特解.

(1) $(y+3)\mathrm{d}x+\cot x\mathrm{d}y\Big|_{x=0}=1$;

(2) $y'\sin x=y\ln y, y\Big|_{x=\frac{\pi}{2}}=\mathrm{e}$;

(3) $y'-y=\cos x, y\Big|_{x=0}=0$.

第3节　齐次方程

一、齐次方程概念

定义 5.6　形如

$$\frac{\mathrm{d}y}{\mathrm{d}x}=f\left(\frac{y}{x}\right) \tag{5.5}$$

的微分方程称为齐次方程.

例如，$(x^2-y^2)\mathrm{d}x+2xy\mathrm{d}y=0$ 就是齐次方程，因为这个方程可化成

$$\frac{\mathrm{d}y}{\mathrm{d}x}=\frac{y^2-x^2}{2xy}=\frac{\left(\frac{y}{x}\right)^2-1}{2\left(\frac{y}{x}\right)}$$

而 $(x^2-y^2)\mathrm{d}x+2xy^2\mathrm{d}y=0$ 不是齐次微分方程，因为它不能化成式(5.1)的形式.

二、齐次方程的求解

引入新的未知函数 $u=\frac{y}{x}$，则齐次方程就可化成关于新未知函数 $u(x)$ 可分离变量的微分方程.

$u=\frac{y}{x}$，则 $y=ux$，$y'=u+xu'$，代入式 $\frac{\mathrm{d}y}{\mathrm{d}x}=f\left(\frac{y}{x}\right)$ 得

$$u+xu'=f(u)\quad 或\quad x\frac{\mathrm{d}u}{\mathrm{d}x}=f(u)-u$$

即

$$\frac{\mathrm{d}u}{\mathrm{d}x}=\frac{f(u)-u}{x}$$

于是，当 $f(u)-u\neq 0$ 时，有

$$\frac{\mathrm{d}u}{f(u)-u}=\frac{\mathrm{d}x}{x}$$

两边分别积分后，得

$$\int\frac{\mathrm{d}u}{f(u)-u}=\ln|x|+C_1$$

积出结果后，再用 $\frac{y}{x}$ 代替 u，求得 $\frac{\mathrm{d}y}{\mathrm{d}x}=f\left(\frac{y}{x}\right)$ 的通解.

例 1　解方程 $y^2+x^2\frac{\mathrm{d}y}{\mathrm{d}x}=xy\frac{\mathrm{d}y}{\mathrm{d}x}$.

解　原方程变形为

$$\frac{dy}{dx}=\frac{y^2}{xy-x^2}=\frac{\left(\frac{y}{x}\right)^2}{\frac{y}{x}-1}$$

是齐次方程.

令$\frac{y}{x}=u$,即 $y=ux$,两边对 x 求导得

$$\frac{dy}{dx}=u+x\frac{du}{dx}$$

于是原方程变为
$$u+x\frac{du}{dx}=\frac{u^2}{u-1}$$

分离变量得
$$\left(1-\frac{1}{u}\right)du=\frac{dx}{x}$$

两边积分,得

$$u-\ln u+C=\ln x\Rightarrow\ln(xu)=u+C\frac{-b\pm\sqrt{b^2-4ac}}{2a}$$

以$\frac{y}{x}$代替 u,得到原方程的通解为

$$\ln y=\frac{y}{x}+C$$

例 2　求方程$(xy-y^2)dx-(x^2-2xy)dy=0$ 的通解.

解　原方程可化为

$$\frac{dy}{dx}=\frac{xy-y^2}{x^2-2xy}=\frac{\frac{y}{x}-\left(\frac{y}{x}\right)^2}{1-2\frac{y}{x}}$$

设$\frac{y}{x}=u$,则 $y=ux$,$\frac{dy}{dx}=u+x\frac{du}{dx}$.代入原方程,得

$$u+x\frac{du}{dx}=\frac{u-u^2}{1-2u}$$

即
$$x\frac{du}{dx}=\frac{u^2}{1-2u}$$

分离变量得
$$\frac{1-2u}{u^2}du=\frac{dx}{x}$$

两边积分得
$$-\frac{1}{u}-2\ln u=\ln x+\ln C\quad 即\quad Cxu^2=e^{-\frac{1}{u}}$$

将 $u=\frac{y}{x}$ 代回得
$$y^2=\frac{1}{C}xe^{-\frac{x}{y}}$$

故原方程的通解为

$$y^2=C_1xe^{-\frac{x}{y}}\left(C_1=\frac{1}{C}\right)$$

例 3　求微分方程 $xy'=y(1+\ln y-\ln x)$ 的通解.

解　将方程化为齐次方程的形式,有

$$\frac{dy}{dx}=\frac{y}{x}\left(1+\ln\frac{y}{x}\right)$$

令 $u=\frac{y}{x}$，则方程化为

$$u+x\frac{du}{dx}=u(1+\ln x)$$

分离变量后，得 $\frac{du}{u\ln u}=\frac{1}{x}dx$，两边积分，得

$$\ln|\ln u|=\ln x+\ln C$$

即 $$\ln u=Cx \quad u=e^{Cx} \quad (C\text{ 为任意的常数})$$

代回原来的变量，得通解为

$$y=xe^{Cx}$$

习　题　5-3

1. 求下列微分方程的通解．

(1) $y'=\frac{y}{x}+\tan\frac{y}{x}$；　　(2) $y\,dx+(x-y^3)dy=0$．

2. 求下列微分方程满足所给初始条件的特解．

(1) $y'=\frac{x}{y}+\frac{y}{x}, y\Big|=2$；

(2) $\frac{dy}{dx}+3y=8, y\Big|_{x=0}=2$．

第4节　二阶常系数齐次线性微分方程

一、概念

定义 5.7　形如

$$y''+py'+qy=f(x) \tag{5.6}$$

的微分方程称为二阶常系数线性微分方程，其中 p,q 为实常数，$f(x)$ 为 x 的已知连续函数．

当 $f(x)\equiv 0$ 时，方程(5.6) 为

$$y''+py'+qy=0 \tag{5.7}$$

称为二阶常系数线性齐次微分方程．当 $f(x)\equiv 0$ 时，方程(5.6) 称为二阶常系数线性非齐次微分方程．

例如，方程 $y''+4y'+5y=0$ 是二阶常系数线性齐次微分方程，而方程 $y''-y'-6y=\sin x$ 则是二阶常系数线性非齐次微分方程．本节只讨论二阶常系数线性齐次微分方程的求解．

二、二阶常系数齐次线性微分方程解的结构

定理 5.1　如果 y_1 与 y_2 是二阶常系数齐次线性方程(5.7) 的两个特解，且满足

$$\frac{y_1}{y_2}\equiv C \quad (y_2\neq 0, C\text{ 为常数})$$

则 $y=C_1y_1+C_2y_2$ 就是方程(5.7)的通解(其中 C_1、C_2 是任意常数).

定理 5.1 给出了求方程(5.7)通解的一种方法,例如,$\sin 2x$ 与 $\cos 2x$ 是二阶常系数齐次线性微分方程 $y''+4y=0$ 的两个特解,又因 $\frac{\sin 2x}{\cos 2x}=\tan 2x\equiv C$,所以 $y=C_1\sin 2x+C_2\cos 2x$ 是它的通解.

用定理 5.1 求方程(5.7)的通解时,应注意条件 $\frac{y_1}{y_2}\neq C$,否则就会导致错误的结论.例如

$$y_1=\sin 2x \text{ 和 } y_2=3\sin 2x$$

虽然是方程 $y''+4y=0$ 的两个特解,但 $y=C_1y_1+C_2y_2$ 不是它的通解,这是因为

$$\frac{y_1}{y_2}=\frac{\sin 2x}{3\sin 2x}=\frac{1}{3}$$

所以有

$$y=C_1y_1+C_2y_2=C_1y_1+C_2(3y_1)=(C_1+3C_2)y_1=Cy_1$$

即在 y 的表达式中实际上只含有一个任意常数,这与通解的定义矛盾.

三、求解二阶常系数齐次线性微分方程

根据方程 $y''+py'+qy=0$ 的特征,容易想到去试求方程的指数函数 $y=e^{rx}$(r 为常数)形式的解.

设指数函数 $y=e^{rx}$(r 是常数)是方程 $y''+py'+qy=0$ 的解,则有

$$y=e^{rx},y'=re^{rx},y''=r^2e^{rx}$$

代入方程 $y''+py'+qy=0$,得

$$y''+py'+qy=(r^2+pr+q)e^{rx}=0$$

由于 $e^{rx}\neq 0$,从而有

$$\lambda^2+p\lambda+q=0 \tag{5.8}$$

由此可见,只要 r 满足代数方程 $\lambda^2+p\lambda+q=0$,函数 $y=e^{rx}$ 就是微分方程(5.7)的解.把代数方程(5.8)叫做微分方程 $y''+py'+qy=0$ 的特征方程.

显然,对应于特征方程的每一个根 r_i,就有微分方程 $y''+py'+qy=0$ 的一个解 $y=e^{r_ix}$ 与之对应,这样就把方程 $y''+py'+qy=0$ 的求解问题转化为特征方程的求根问题.

根据特征方程 $\lambda^2+p\lambda+q=0$ 根的不同情况,我们分 3 种情况讨论.

(一)特征方程有两个不相等的实根 $r_1\neq r_2$

由上面的讨论知道,$y_1=e^{r_1x}$ 与 $y_2=e^{r_2x}$ 均是微分方程的两个解,并且

$$\frac{y_1}{y_2}=e^{(r_1-r_2)x}\neq \text{常数}$$

因此微分方程(5.7)的通解为

$$y=C_1e^{r_1x}+C_2e^{r_2x}$$

例 1　求微分方程 $y''-2y'-3y=0$ 的通解.

解　方程是二阶常系数齐次线性微分方程.其特征方程为

$$r^2-2r-3=0$$

其根为

$$r_1=-1,r_2=3$$

因此所求通解为

$$y = C_1 e^{-x} + C_2 e^{3x}$$

例 2 求微分方程 $y'' + 4y' - 5y = 0$ 的通解.

解 特征方程为 $\lambda^2 + 4\lambda - 5 = 0$，即

$$(\lambda - 1)(\lambda + 5) = 0$$

得特征根为 $\lambda_1 = 1, \lambda_2 = -5$. 故所求的方程的通解为

$$y = C_1 e^x + C_2 e^{-5x} \quad (C_1, C_2 \text{ 为任意的常数})$$

(二) 特征方程有两个相等的实根 $r_1 = r_2$

这时，只得到微分方程(5.7)的一个解 $y_1 = e^{r_1 x}$，为了得到方程的通解，还需另求一个解 y_2，并且 $\dfrac{y_2}{y_1} \neq$ 常数.

设 $\dfrac{y_2}{y_1} = u(x)$，即 $y_2 = u(x)e^{r_1 x}$，把 $y_2 = u(x)e^{r_1 x}$ 代入方程(5.7)，整理得

$$u'' + (2r_1 + p)u' + (r_1 + pr_1 + q)u = 0$$

由于 $r_1 = -\dfrac{p}{2}$ 是特征方程的二重根，因此

$$2r_1 + p = 0, r_1 + pr_1 + q = 0$$

于是，$u'' = 0$.

因只要得到一个不为常数的解，可取 $u = x$，于是得到微分方程的另一个解

$$y_2 = x e^{r_1 x}$$

从而得到微分方程(5.7)的通解为

$$y = C_1 e^{r_1 x} + C_2 x e^{r_1 x} = e^{r_1 x}(C_1 + C_2 x)$$

例 3 求微分方程 $\dfrac{d^2 s}{dt^2} + 2\dfrac{ds}{dt} + s = 0$ 的解.

解 特征方程为 $\lambda^2 + 2\lambda + 1 = 0$，解得 $\lambda_1 = \lambda_2 = -1$. 故方程的通解为

$$s = (C_1 + C_2 t)e^{-t}$$

例 4 求微分方程 $y'' - 10y' + 25y = 0$ 满足初始条件 $y\Big|_{x=0} = 1, y'\Big|_{x=0} = -1$ 的特解.

解 特征方程 $r^2 - 10r + 25 = 0$ 的特征根为 $r_1 = r_2 = 5$，故原方程的通解为

$$y = (C_1 + C_2 x)e^{5x}$$

用 $y\Big|_{x=0} = 1$ 代入，得 $C_1 = 1$，故

$$y = e^{5x} + C_2 x e^{5x}$$

$$y' = 5e^{5x} + C_2(e^{5x} + 5x e^{5x})$$

用 $y'\Big|_{x=0} = -1$ 代入，得 $C_2 = -6$，于是所求特解为

$$y = e^{5x}(1 - 6x)$$

(三) 特征方程有一对共轭复根 $r_1 = \alpha + i\beta, r_2 = \alpha - i\beta (\beta \neq 0)$

$$y_1 = e^{(\alpha + i\beta)x} = e^{\alpha x}(\cos\beta x + i\sin\beta x)$$

$$y_2 = e^{(\alpha - i\beta)x} = e^{\alpha x}(\cos\beta x - i\sin\beta x)$$

是微分方程(5.7) 的两个解,根据齐次方程解的叠加原理,有

$$\bar{y}_1=\frac{1}{2}(y_1+y_2)=e^{\alpha x}\cos\beta x$$

$$\bar{y}_2=\frac{1}{2i}(y_1-y_2)=e^{\alpha x}\sin\beta x$$

也是微分方程(5.7) 的解,且

$$\frac{\bar{y}_2}{\bar{y}_1}=\tan\beta x\neq\text{常数}$$

故微分方程(5.6) 的通解为

$$y=C_1e^{\alpha x}\cos\beta x+C_2e^{\alpha x}\sin\beta x=e^{\alpha x}(C_1\cos\beta x+C_2\sin\beta x)$$

例 5　求微分方程 $y''-2y'+5y=0$ 的通解.

解　所给方程的特征方程为

$$r^2-2r+5=0$$

其根为 $r_{1,2}=1\pm 2i$,因此所求通解为

$$y=e^x(C_1\cos 2x+C_2\sin 2x)$$

例 6　求微分方程 $\frac{d^2y}{dx^2}-2\frac{dy}{dx}+5y=0$ 的通解.

解　原方程的特征方程为 $\lambda^2-2\lambda+5=0$,于是,$\lambda_{1,2}=1\pm 2i$ 是一对共轭复根,因此所求方程的通解为

$$y=e^x(C_1\cos 2x+C_2\sin 2x)$$

综上所述,可以给出求二阶常系数齐次线性微分方程 $y''+py'+qy=0$ 的通解步骤:

(1) 写出微分方程(5.7) 的特征方程 $\lambda^2+p\lambda+q=0$;

(2) 求出特征方程的两个特征根 λ_1,λ_2;

(3) 根据两个根的不同情况,分别写出微分方程的通解(见表 5-1).

表　5-1

特征方程 $\lambda^2+p\lambda+q=0$ 的两个根 λ_1,λ_2	微分方程 $y''+py'+qy=0$ 的通解
两个不相等的实根 $r_1\neq r_2$	$y=C_1e^{r_1x}+C_2e^{r_2x}$
两个相等的实根 $\lambda=\lambda_1=\lambda_2$	$y=(C_1+C_2x)e^{rx}$
一对共轭复根 $\lambda_{1,2}=\alpha\pm\beta i$	$y=e^{\alpha x}(C_1\cos\beta x+C_2\sin\beta x)$

习　题　5-4

1. 已知特征方程的根为下面的形式,试写出相应的二阶常系数齐次微分方程和它们的通解.

(1) $r_1=2,r_2=-1$;　　(2) $r_1=r_2=2$;

(3) $r_1=-1+i,r_2=-1-i$.

2. 求下列微分方程的通解.

(1) $y''+y'-2y=0$;　　(2) $y''-4y'=0$;

(3) $y'' + y = 0$；　　(4) $y'' + 6y' + 13y = 0$.

3. 求下列微分方程满足所给初始条件的特解．

(1) $y'' - 4y' + 3y = 0, y| = 6, y'| = 10$；

(2) $4y'' + 4y' + y = 0, y| = 2, y'| = 0$；

(3) $y'' - 3y' - 4y = 0, y| = 0, y'| = -5$.

复习题5

一、填空题

1. 微分方程 $e^{-x}dy + e^{-y}dx = 0$ 的通解是________．

2. 以函数 $y = Cx^2 + x$（C 为任意常数）为通解的一阶微分方程是________．

3. 微分方程 $y' + y\cos x = 0$ 的通解是________．

4. 微分方程 $y'' = e^x$ 的通解是________．

二、选择题

1. 微分方程 $y' = y$ 的通解为（　　）.

A. $y = x$　　B. $y = cx$　　C. $y = e^x$　　D. $y = ce^x$

2. 下列方程是可分离变量方程的是（　　）.

A. $y' = x^2 + y$　　B. $x^2(dx + dy) = y(dx - dy)$

C. $(3x + xy^2)dx = (5y + xy)dy$　　D. $(x + y^2)dx = (y + x^2)dy$

3. 微分方程 $y' - 2y = 0$ 通解是（　　）.

A. $y = C\sin 2x$　　B. $y = Ce^{-2x}$　　C. $y = Ce^{2x}$　　D. $y = Ce^x$

4. 微分方程 $(1 - x^2)y - xy' = 0$ 通解是（　　）.

A. $y = C\sqrt{1 - x^2}$　　B. $y = \dfrac{C}{\sqrt{1 - x^2}}$　　C. $y = Cxe^{-\frac{1}{2}x^2}$　　D. $y = -\dfrac{1}{2}x^2 - Cx$

第6章 级 数

第1节 级数的概念

一、数项级数的概念

(一) 级数的概念

定义 6.1 给定一个无穷数列 $\{u_n\}$，把它的各项依次用加号连接起来的表达式

$$u_1 + u_2 + \cdots + u_n + \cdots \tag{6.1}$$

称为数项级数或无穷级数，简称级数，$u_1, u_2, \cdots, u_n, \cdots$ 称为级数(6.1)的项，u_n 称为级数(6.1)的通项或第 n 项. 级数(6.1)简写为 $\sum\limits_{n=1}^{\infty} u_n$.

数项级数(6.1)的前 n 项之和，记为

$$s_n = \sum_{k=1}^{n} u_k = u_1 + u_2 + \cdots + u_n \tag{6.2}$$

称为数项级数(6.1)的前 n 项部分和. 当 n 依次取 $1,2,3,\cdots$ 时，级数(6.1)对应着一个部分和数列 $\{s_n\}$，根据该数列是否有极限，就得到数项级数(6.1)收敛与发散的概念.

(二) 级数的收敛与发散

定义 6.2 如果数项级数(6.1)的部分和数列 $\{s_n\}$ 的极限为 s，即 $\lim\limits_{n\to\infty} s_n = s$，则称数项级数(6.1)收敛，称 s 为数项级数(6.1)的和，记为

$$s = \sum_{n=1}^{\infty} u_n = u_1 + u_2 + \cdots + u_n + \cdots$$

如果 $\{s_n\}$ 是发散数列，则称数项级数(6.1)发散.

当数项级数(6.1)收敛时，其和与部分和的差：

$$r_n = s - s_n = u_{n+1} + u_{n+2} + \cdots$$

称为数项级数(6.1)的余项.

例 1 讨论级数

$$\frac{1}{1\times 4} + \frac{1}{4\times 7} + \frac{1}{7\times 10} + \cdots + \frac{1}{(3n-2)(3n+1)} + \cdots$$

的收敛性.

解　通项 u_n 可表示为

$$u_n=\frac{1}{(3n-2)(3n+1)}=\frac{1}{3}\left(\frac{1}{3n-2}-\frac{1}{3n+1}\right)$$

级数的前 n 项部分和 s_n 为

$$s_n=\frac{1}{1\times 4}+\frac{1}{4\times 7}+\frac{1}{7\times 10}+\cdots+\frac{1}{(3n-2)(3n+1)}=$$

$$\frac{1}{3}\left[\left(1-\frac{1}{4}\right)+\left(\frac{1}{4}-\frac{1}{7}\right)+\left(\frac{1}{7}-\frac{1}{10}\right)+\cdots+\left(\frac{1}{3n-2}-\frac{1}{3n+1}\right)\right]=$$

$$\frac{1}{3}\left(1-\frac{1}{3n+1}\right)$$

由于

$$\lim_{n\to\infty}s_n=\lim_{n\to\infty}\frac{1}{3}\left(1-\frac{1}{3n+1}\right)=\frac{1}{3}$$

因此所给级数收敛，且它的和为$\frac{1}{3}$.

例 2　讨论级数 $\sum\limits_{n=1}^{\infty}\ln\frac{n+1}{n}$ 的收敛性.

解　级数的前 n 项部分和 s_n 为

$$s_n=\sum_{k=1}^{n}\ln\frac{k+1}{k}=\ln\frac{2}{1}+\ln\frac{3}{2}+\ln\frac{4}{3}+\cdots+\ln\frac{n+1}{n}=$$

$$\ln\left(\frac{2}{1}\times\frac{3}{2}\times\frac{4}{3}\times\cdots\times\frac{n+1}{n}\right)=\ln(n+1)$$

由于

$$\lim_{n\to\infty}s_n=\lim_{n\to\infty}\ln(n+1)=\infty$$

因此所给级数是发散的.

例 3　讨论等比级数(又称几何级数)

$$a+aq+aq^2+\cdots+aq^n+\cdots \tag{6.3}$$

的收敛性($a\neq 0$).

解　当 $q\neq 0$ 时，级数(6.3)的前 n 项部分和为

$$s_n=a+aq+aq^2+\cdots+aq^{n-1}=\frac{a-aq^n}{1-q}$$

(1) 当 $|q|<1$ 时，$\lim\limits_{n\to\infty}s_n=\lim\limits_{n\to\infty}\frac{a-aq^n}{1-q}=\frac{a}{1-q}$，级数(6.3)收敛，其和为$\frac{a}{1-q}$；

(2) 当 $|q|>1$ 时，$\lim\limits_{n\to\infty}s_n=\infty$，级数(6.3)发散.

当 $q=1$ 时，$s_n=na$，级数(6.3)发散.

当 $q=-1$ 时，$s_{2k}=0$，$s_{2k+1}=a$，$k=0,1,2,\cdots$ 级数发散.

故级数(6.3)，当 $|q|<1$ 时收敛，当 $|q|\geqslant 1$ 时发散.

二、级数的性质

性质 1　若级数 $\sum\limits_{n=1}^{\infty}u_n$ 收敛于和 s，则级数 $\sum\limits_{n=1}^{\infty}ku_n$ 也收敛，且其和是 ks，其中 k 为常数.

性质 2　如果收敛级数 $\sum_{n=1}^{\infty} u_n$ 与 $\sum_{n=1}^{\infty} v_n$ 分别收敛于和 s, σ，则对任意常数 a, b，级数 $\sum_{n=1}^{\infty}(au_n + bv_n)$ 也收敛，且其和为 $as + b\sigma$.

性质 3　去掉、增加或改变级数的有限项，不会改变级数的收敛性.

性质 4　如果级数 $\sum_{n=1}^{\infty} u_n$ 收敛，则对这级数的项任意加括号后所成的级数

$$(u_1 + \cdots + u_{n_1}) + (u_{n_1+1} + \cdots + u_{n_2}) + \cdots + (u_{n_{k-1}+1} + \cdots + u_{n_k}) + \cdots$$

仍收敛，且其和不变.

说明　从级数加括号后的收敛，不能推断它在未加括号前也收敛. 例如

$$(1-1) + (1-1) + \cdots + (1-1) + \cdots = 0$$

收敛于零，但级数 $1-1+1-1+\cdots$ 却是发散的.

性质 5(级数收敛的必要条件)　若级数(6.1)收敛，则 $\lim\limits_{n\to\infty} u_n = 0$.

说明　级数的通项趋于零不能判断级数收敛，如本节例2，虽然 $\lim\limits_{n\to\infty} u_n = \lim\limits_{n\to\infty} \ln \dfrac{n+1}{n} = 0$，但该级数是发散的.

例 4　(分苹果)有 A, B, C 按以下方法分一个苹果：先将苹果分成4份，每人取一份；然后将剩下的一份又分成4份，每人一份；依次类推，以至无穷. 验证：最终每人分得苹果的 $\dfrac{1}{3}$.

解　根据题意，每人分得的苹果为

$$\frac{1}{4} + \frac{1}{4^2} + \frac{1}{4^3} + \cdots + \frac{1}{4^n} + \cdots$$

它是 $a = q = \dfrac{1}{4}$ 的等比级数，因此其和为

$$s = \frac{\frac{1}{4}}{1 - \frac{1}{4}} = \frac{1}{3}$$

即最终每人分得苹果的 $\dfrac{1}{3}$.

习　题　6-1

1. 判断题.

(1) 若 $\lim\limits_{n\to\infty} u_n = 0$，则级数 $\sum_{n=1}^{\infty} u_n$ 收敛；

(2) 若 $\lim\limits_{n\to\infty} u_n \neq 0$，则级数 $\sum_{n=1}^{\infty} u_n$ 发散；

(3) 若级数 $\sum_{n=1}^{\infty} u_n$ 发散，则 $\lim\limits_{n\to\infty} u_n \neq 0$；

(4) 若级数 $\sum_{n=1}^{\infty} u_n$ 发散，则必有 $\lim\limits_{n\to\infty} u_n = \infty$；

(5) 若级数 $\sum_{n=1}^{\infty} u_n, \sum_{n=1}^{\infty} v_n$ 都发散，则级数 $\sum_{n=1}^{\infty}(u_n+v_n)$ 必发散；

(6) 若级数 $\sum_{n=1}^{\infty}(u_n+v_n)$ 收敛，则级数 $\sum_{n=1}^{\infty} u_n, \sum_{n=1}^{\infty} v_n$ 都收敛；

(7) 若级数 $\sum_{n=1}^{\infty} u_n$ 收敛，$\sum_{n=1}^{\infty} v_n$ 发散，则级数 $\sum_{n=1}^{\infty}(u_n+v_n)$ 必发散；

(8) 若级数 $\sum_{n=1}^{\infty}(u_n+v_n)$ 发散，则级数 $\sum_{n=1}^{\infty} u_n, \sum_{n=1}^{\infty} v_n$ 都发散；

(9) 若级数 $\sum_{n=1}^{\infty}(u_{2n-1}+u_{2n})$ 收敛，则级数 $\sum_{n=1}^{\infty} u_n$ 收敛；

(10) 若级数 $\sum_{n=1}^{\infty}(u_{2n-1}+u_{2n})$ 收敛，则 $\lim\limits_{n\to\infty} u_n=0$；

(11) 若级数 $\sum_{n=1}^{\infty}(u_{2n-1}+u_{2n})$ 发散，则级数 $\sum_{n=1}^{\infty} u_n$ 发散；

(12) 若 $\lim\limits_{n\to\infty} u_n=0$，则级数 $\sum_{n=1}^{\infty}(u_{2n-1}+u_{2n})$ 收敛.

2. 依据级数收敛与发散的定义，判断下列级数的收敛性.

(1) $\sum_{n=1}^{\infty}(\sqrt{n+1}-\sqrt{n})$；　　(2) $\sum_{n=1}^{\infty} \frac{1}{\left(1+\frac{1}{n}\right)^n}$；

(3) $\sum_{n=1}^{\infty}\left(\frac{1}{2^n}+\frac{1}{3^n}\right)$；　　(4) $\frac{1}{3}+\frac{1}{6}+\frac{1}{9}+\cdots+\frac{1}{3n}+\cdots$.

第 2 节　数项级数的审敛法

一、正项级数及其审敛法

定义 6.3　设级数 $\sum_{n=1}^{\infty} u_n$，若对于任意 n，有 $u_n \geqslant 0$，则称它为正项级数，有

$$\sum_{n=1}^{\infty} u_n=u_1+u_2+\cdots+u_n+\cdots \tag{6.4}$$

每一项是非负的，即 $u_n \geqslant 0$，因此部分和数列 $\{s_n\}$ 是一个单调增加数列，$s_n \geqslant s_{n-1}$. 由正项级数的这个特点，有以下定理.

定理 6.1　正项级数 $\sum_{n=1}^{\infty} u_n$ 收敛的充分必要条件是它的部分和数列 $\{s_n\}$ 有界.

例 1　判别级数 $\sum_{n=1}^{\infty} \sin\frac{\pi}{2^n}$ 的敛散性.

解　因为对 $0<x<\frac{\pi}{2}$，有 $\sin x<x$ 成立. 对任意 $n \in \mathbf{N}$，有

$$\sin\frac{\pi}{2^n}<\frac{\pi}{2^n}$$

所以 $$S_n=\sin\frac{\pi}{2}+\sin\frac{\pi}{2^2}+\sin\frac{\pi}{2^3}+\cdots+\sin\frac{\pi}{2^n}<$$

$$\pi\left(\frac{1}{2}+\frac{1}{2^2}+\frac{1}{2^3}+\cdots+\frac{1}{2^n}\right)=\pi\left(1-\frac{1}{2^n}\right)<\pi$$

因此级数 $\sum\limits_{n=1}^{\infty}\sin\frac{\pi}{2^n}$ 收敛.

(一) 比较审敛法

定理 6.2　设 $\sum\limits_{n=1}^{\infty}u_n$ 与 $\sum\limits_{n=1}^{\infty}v_n$ 为正项级数，则

若级数 $\sum\limits_{n=1}^{\infty}v_n$ 收敛，且 $u_n\leqslant v_n$，则级数 $\sum\limits_{n=1}^{\infty}u_n$ 也收敛；

若级数 $\sum\limits_{n=1}^{\infty}v_n$ 发散，且 $u_n\geqslant v_n$，则级数 $\sum\limits_{n=1}^{\infty}u_n$ 也发散.

推论　设正项级数 $\sum\limits_{n=1}^{\infty}u_n$，$\sum\limits_{n=1}^{\infty}v_n$，若 $\lim\limits_{n\to\infty}\frac{u_n}{v_n}=l(0<l<+\infty)$ 则级数 $\sum\limits_{n=1}^{\infty}u_n$，$\sum\limits_{n=1}^{\infty}v_n$ 具有相同的敛散性.

例 2　判定级数 $\sum\limits_{n=1}^{\infty}\frac{1}{n2^n}$ 的收敛性.

解　因为 $\frac{1}{n2^n}\leqslant\frac{1}{2^n}$，而级数 $\sum\limits_{n=1}^{\infty}\frac{1}{2^n}$ 是以 $\frac{1}{2}$ 为公比的几何级数，它是收敛的，依据定理 6.1 知，级数 $\sum\limits_{n=1}^{\infty}\frac{1}{n2^n}$ 是收敛的.

例 3　讨论 p 级数 $\sum\limits_{n=1}^{\infty}\frac{1}{n^p}$ 的敛散性.

解　(1) 当 $p<0$ 时，$\frac{1}{n^p}\to+\infty(n\to\infty)$，由必要条件可得，级数 $\sum\limits_{n=1}^{\infty}\frac{1}{n^p}$ 发散；

(2) 当 $p=1$ 时，是调和级数，故发散；

(3) 当 $p<1$ 时，因 $\frac{1}{n^p}>\frac{1}{n}$，而级数 $\sum\limits_{n=1}^{\infty}\frac{1}{n}$ 发散，由定理 6.2 可得级数发散；

(4) 当 $p>1$ 时，对原级数依次按 1 项、2 项、4 项、8 项 … 规律加括号得新级数：

$$1+\left(\frac{1}{2^p}+\frac{1}{3^p}\right)+\left(\frac{1}{4^p}+\frac{1}{5^p}+\frac{1}{6^p}+\frac{1}{7^p}\right)+\left(\frac{1}{8^p}+\cdots+\frac{1}{15^p}\right)+\cdots<$$

$$1+\underbrace{\left(\frac{1}{2^p}+\frac{1}{2^p}\right)}_{\text{共2项}}+\underbrace{\left(\frac{1}{4^p}+\cdots+\frac{1}{4^p}\right)}_{\text{共4项}}+\underbrace{\left(\frac{1}{8^p}+\cdots+\frac{1}{8^p}\right)}_{\text{共8项}}+\cdots<$$

$$1+\frac{1}{2^{p-1}}+\left(\frac{1}{2^{p-1}}\right)^2+\left(\frac{1}{2^{p-1}}\right)^3+\cdots$$

而 $\frac{1}{2^{p-1}}<1$，故等比级数 $\sum\limits_{n=1}^{\infty}\frac{1}{2^{p-1}}$ 收敛．由定理 6.2 可得级数

$$1+\left(\frac{1}{2^p}+\frac{1}{3^p}\right)+\left(\frac{1}{4^p}+\frac{1}{5^p}+\frac{1}{6^p}+\frac{1}{7^p}\right)+\left(\frac{1}{8^p}+\cdots+\frac{1}{15^p}\right)+\cdots$$

收敛. 对正项级数而言,加括号不改变级数的敛散性,故级数$\sum_{n=1}^{\infty}\frac{1}{n^p}$收敛.

综上所述:p级数$\sum_{n=1}^{\infty}\frac{1}{n^p}$,当$p\leqslant 1$时发散,当$p>1$时收敛. 这是一个很重要的级数,此结论以后可以直接用. 有时经常用此级数的结论来判别其他级数的敛散性.

例 4 判定级数$\sum_{n=1}^{\infty}\frac{n+1}{n^3+1}$的收敛性.

解

$$\frac{n+1}{n^3+1}<\frac{2n}{n^3}=\frac{2}{n^2}$$

级数$\sum_{n=1}^{\infty}\frac{1}{n^2}$是收敛的$p$级数,由级数的性质知,级数$\sum_{n=1}^{\infty}\frac{2}{n^2}$也是收敛的. 由比较审敛法知,级数$\sum_{n=1}^{\infty}\frac{n+1}{n^3+1}$是收敛的.

(二) 比值审敛法(达朗贝尔判别法)

定理 6.3 $\sum_{n=1}^{\infty}u_n$为正项级数时,若$\lim_{n\to\infty}\frac{u_{n+1}}{u_n}=\lambda$,则

当$\lambda<1$时,级数$\sum_{n=1}^{\infty}u_n$收敛;

当$\lambda>1$(或$\lim_{n\to\infty}\frac{u_{n+1}}{u_n}=+\infty$)时,级数$\sum_{n=1}^{\infty}u_n$发散;

当$\lambda=1$时,级数$\sum_{n=0}^{\infty}u_n$的收敛性不能确定.

例 5 判定级数$\sum_{n=1}^{\infty}\frac{n}{3^n}$的收敛性.

解

$$\lim_{n\to\infty}\frac{u_{n+1}}{u_n}=\lim_{n\to\infty}\frac{\frac{n+1}{3^{n+1}}}{\frac{n}{3^n}}=\frac{1}{3}\lim_{n\to\infty}\frac{n+1}{n}=\frac{1}{3}<1$$

由比值审敛法知,级数$\sum_{n=1}^{\infty}\frac{n}{3^n}$收敛.

例 6 判定级数$\sum_{n=1}^{\infty}\frac{a^n}{n!}$($a>0$为常数)的收敛性.

解

$$\lim_{n\to\infty}\frac{u_{n+1}}{u_n}=\lim_{n\to\infty}\frac{\frac{a^{n+1}}{n+1}}{\frac{a^n}{n!}}=\lim_{n\to\infty}\frac{a}{n+1}=0<1$$

故级数$\sum_{n=1}^{\infty}\frac{a^n}{n!}$收敛.

例 7 判定级数$1+\frac{1}{2^2}+\frac{1}{3^3}+\cdots+\frac{1}{n^n}+\cdots$的收敛性.

解
$$\lim_{n\to\infty}\frac{u_{n+1}}{u_n}=\lim_{n\to\infty}\frac{\frac{1}{(n+1)^{n+1}}}{\frac{1}{n^n}}=\lim_{n\to\infty}\left(\frac{n}{n+1}\right)^n\frac{1}{n+1}$$

又
$$\lim_{n\to\infty}\left(\frac{n}{n+1}\right)^n=\lim_{n\to\infty}\frac{1}{\left(1+\frac{1}{n}\right)^n}=\frac{1}{\mathrm{e}}$$

因此
$$\lim_{n\to\infty}\frac{u_{n+1}}{u_n}=\lim_{n\to\infty}\left(\frac{n}{n+1}\right)^n\frac{1}{n+1}=0$$

故级数 $\sum\limits_{n=1}^{\infty}\frac{1}{n^n}$ 收敛.

(三) 根值判别法(柯西判别法)

定理 6.4　设正项级数 $\sum\limits_{n=1}^{\infty}u_n$,若有 $\lim\limits_{n\to\infty}\sqrt[n]{u_n}=l$,则

(1) 当 $l<1$ 时,级数 $\sum\limits_{n=1}^{\infty}u_n$ 收敛;

(2) 当 $l>1$(包括 $l=+\infty$) 时,级数 $\sum\limits_{n=1}^{\infty}u_n$ 发散;

(3) 当 $l=1$ 时,级数 $\sum\limits_{n=1}^{\infty}u_n$ 可能收敛,也可能发散,要另行判定.

例 8　判别下列级数的敛散性.

(1) $\sum\limits_{n=1}^{\infty}\left(\frac{3n}{5n+2}\right)^n$;　(2) $\sum\limits_{n=1}^{\infty}\left(\frac{an}{n+1}\right)^n(a\geqslant 0)$;　(3) $\sum\limits_{n=1}^{\infty}\frac{1}{[\ln(n+1)]^n}$.

解(1) 因
$$\lim_{n\to\infty}\sqrt[n]{\left(\frac{3n}{5n+2}\right)^n}=\lim_{n\to\infty}\frac{3n}{5n+2}=\frac{3}{5}<1$$

所以原级数收敛.

(2) 因
$$\lim_{n\to\infty}\sqrt[n]{\left(\frac{an}{n+1}\right)^n}=\lim_{n\to\infty}\frac{an}{n+1}=a$$

所以,当 $0\leqslant a<1$ 时,级数收敛;当 $a>1$ 时,$\sum\limits_{n=1}^{\infty}\left(\frac{an}{n+1}\right)^n$ 发散.

(3) 因
$$\lim_{n\to\infty}\sqrt[n]{\frac{1}{(\ln(n+1))^n}}=\lim_{n\to\infty}\frac{1}{\ln(n+1)}=0<1$$

故原级数收敛.

二、交错级数及其审敛法

(一) 交错级数的概念

定义 6.4　正、负相间的级数称为交错级数. 形如: $\sum\limits_{n=1}^{\infty}(-1)^{n-1}u_n$, $\sum\limits_{n=1}^{\infty}(-1)^n u_n$, 其

中$u_n>0$.

(二) 交错级数审敛法

定理 6.5(莱布尼兹准则)　若交错级数$\sum\limits_{n=1}^{\infty}(-1)^{n-1}u_n$满足条件:

(1)$u_n \geqslant u_{n+1}(n=1,2\cdots)$;

(2) $\lim\limits_{n\to\infty}u_n=0$.

则级数收敛,且其和$s\leqslant u_1$,其余项r_n的绝对值不超过u_{n+1},即$|r_n|\leqslant u_{n+1}$.

例 9　判定交错级数$1-\dfrac{1}{2}+\dfrac{1}{3}-\dfrac{1}{4}+\cdots+(-1)^{n-1}\dfrac{1}{n}+\cdots$的收敛性.

解　$u_n=\dfrac{1}{n}$,满足$u_n\geqslant u_{n+1}$,且$\lim\limits_{n\to\infty}u_n=\lim\limits_{n\to\infty}\dfrac{1}{n}=0$,故级数$\sum\limits_{n=1}^{\infty}(-1)^{n-1}\dfrac{1}{n}$收敛,且其和$s\leqslant 1$.

若用前n项部分和$s_n=1-\dfrac{1}{2}+\cdots+(-1)^{n-1}\dfrac{1}{n}$作为级数和$s$的近似值,则误差$|r_n|\leqslant\dfrac{1}{n+1}$.

例 10　判定交错级数$\sum\limits_{n=1}^{\infty}(-1)^{n-1}\dfrac{1}{n3^n}$的收敛性.

解　$u_n=\dfrac{1}{n3^n}$,显然$\dfrac{1}{(n+1)3^{n+1}}<\dfrac{1}{n3^n}$,且$\lim\limits_{n\to\infty}u_n=\lim\limits_{n\to\infty}\dfrac{1}{n3^n}=0$,故级数收敛.

三、任意项级数的绝对收敛与条件收敛

对任意项级数$\sum\limits_{n=1}^{\infty}u_n$,若将级数各项$u_n$取绝对值,得正项级数$\sum\limits_{n=1}^{\infty}|u_n|$.

定义 6.5　若级数$\sum\limits_{n=1}^{\infty}|u_n|$收敛,则称级数$\sum\limits_{n=1}^{\infty}u_n$绝对收敛;若级数$\sum\limits_{n=1}^{\infty}u_n$收敛,而级数$\sum\limits_{n=1}^{\infty}|u_n|$发散,则称级数$\sum\limits_{n=1}^{\infty}u_n$条件收敛.

任意项级数$\sum\limits_{n=1}^{\infty}u_n$的收敛性与正项级数$\sum\limits_{n=1}^{\infty}|u_n|$的收敛性有以下关系.

定理 6.6　若级数$\sum\limits_{n=1}^{\infty}u_n$绝对收敛,则任意项级数$\sum\limits_{n=1}^{\infty}u_n$必收敛.

说明　这个定理的逆定理不成立,不能由级数$\sum\limits_{n=1}^{\infty}u_n$收敛推断级数$\sum\limits_{n=1}^{\infty}|u_n|$收敛.例如,例9中级数$\sum\limits_{n=1}^{\infty}(-1)^{n-1}\dfrac{1}{n}$是收敛的,各项取绝对值后得到调和级数$\sum\limits_{n=1}^{\infty}\dfrac{1}{n}$是发散的.

例 11　判定下列级数是绝对收敛或条件收敛.

(1)$\sum\limits_{n=1}^{\infty}\dfrac{(-1)^{\frac{n(n+1)}{2}}}{2^n}$;　(2)$\sum\limits_{n=1}^{\infty}\dfrac{(-1)^{n-1}}{n^2}\sin\dfrac{n\pi}{3}$;　(3)$\sum\limits_{n=1}^{\infty}\dfrac{(-1)^n}{\sqrt[3]{n}}$.

解　(1) 因

$$|u_n| = \left| \frac{(-1)^{\frac{n(n+1)}{2}}}{2^n} \right| = \frac{1}{2^n}$$

而级数 $\sum_{n=1}^{\infty} \frac{1}{2^n}$ 收敛，所以原级数绝对收敛.

(2) 因

$$|u_n| = \left| \frac{(-1)^{n-1}}{n^2} \sin \frac{n\pi}{3} \right| \leqslant \frac{1}{n^2}$$

而级数 $\sum_{n=1}^{\infty} \frac{1}{n^2}$ 收敛，所以原级数 $\sum_{n=1}^{\infty} \frac{(-1)^{n-1}}{n^2} \sin \frac{n\pi}{3}$ 绝对收敛.

(3) 因

$$|u_n| = \left| \frac{(-1)^n}{\sqrt[3]{n}} \right| = \frac{1}{\sqrt[3]{n}}$$

而 $p = \frac{1}{3}$，所以级数 $\sum_{n=1}^{\infty} \frac{1}{\sqrt[3]{n}}$ 发散.

$u_n = \frac{1}{\sqrt[3]{n}} > \frac{1}{\sqrt[3]{n+1}} = u_{n+1}$，且 $\lim\limits_{n \to \infty} \frac{1}{\sqrt[3]{n}} = 0$，所以交错级数 $\sum_{n=1}^{\infty} \frac{(-1)^n}{\sqrt[3]{n}}$ 是属于莱布尼兹级数，故收敛，所以原级数条件收敛.

习　题　6－2

1. 用比较审敛法判定下列级数的收敛性.

(1) $\sum_{n=1}^{\infty} \frac{1}{\sqrt{n}}$；　(2) $\sum_{n=1}^{\infty} \frac{1}{(2n^2+2n+1)}$；　(3) $\sum_{n=1}^{\infty} \sin \frac{\pi}{2^n}$.

2. 用比值审敛法判定下列级数的收敛性.

(1) $\frac{3}{1 \times 2} + \frac{3^2}{2 \times 2^2} + \cdots + \frac{3^n}{n \times 2^n} + \cdots$；

(2) $\frac{4}{1^2} + \frac{4^2}{2^2} + \cdots + \frac{4^n}{n^2} + \cdots$.

3. 判定下列级数的收敛性，若级数收敛，是绝对收敛还是条件收敛.

(1) $1 - \frac{1}{\sqrt{2}} + \frac{1}{\sqrt{3}} - \frac{1}{\sqrt{4}} + \cdots$；　(2) $1 - \frac{1}{3} + \cdots + (-1)^{n+1} \frac{1}{2n-1} + \cdots$；

(3) $\frac{1}{\ln 2} - \frac{1}{\ln 3} + \frac{1}{\ln 4} - \frac{1}{\ln 5} + \cdots$；　(4) $\sum_{n=1}^{\infty} (-1)^{n-1} \frac{n}{3^{n-1}}$.

第 3 节　幂　级　数

一、函数项级数的概念

设有一个定义在区间 I 上的函数列 $u_1(x), u_2(x), u_3(x), \cdots, u_n(x), \cdots$，则称表达式

$$u_1(x) + u_2(x) + u_3(x) + \cdots + u_n(x) + \cdots \tag{6.5}$$

为定义在区间 I 上的函数项级数,简记为 $\sum_{n=1}^{\infty} u_n(x)$. 称

$$s_n = \sum_{k=1}^{n} u_k(x), x \in I, n = 1,2,3,\cdots$$

为函数项级数(6.5) 的部分和函数列.

对每一个 $x = x_0 \in I$,函数项级数(6.5) 为数项级数

$$u_1(x_0) + u_2(x_0) + u_3(x_0) + \cdots + u_n(x_0) + \cdots \tag{6.6}$$

如果级数(6.6) 收敛,则称点 x_0 为函数项级数(6.5) 的收敛点;如果级数(6.6) 发散,则称点 x_0 为函数项级数(6.5) 的发散点. 函数项级数(6.5) 的所有收敛点的全体称为它的收敛域,所有发散点的全体称为它的发散域. 函数项级数(6.5) 在收敛域 D 上的每一点 x 与其所对应的数项级数(6.6) 的和 $s(x)$ 之间就构成一个定义在 D 上的函数,称为级数(6.5) 的和函数,并写成

$$s(x) = u_1(x) + u_2(x) + u_3(x) + \cdots + u_n(x) + \cdots, x \in D$$

即
$$\lim_{n\to\infty} s_n(x) = s(x), x \in D$$

例 1 讨论定义在$(-\infty, +\infty)$上的函数项级数

$$1 + x + x^2 + \cdots + x^n + \cdots \tag{6.7}$$

的收敛性.

解 级数(6.7) 的部分和函数为 $s_n(x) = \dfrac{1 - x^n}{1 - x}$,当 $|x| < 1$ 时,有

$$s(x) = \lim_{n\to\infty} s_n(x) = \frac{1}{1 - x}$$

所以,级数(6.7) 在$(-1,1)$内收敛于和函数 $s(x) = \dfrac{1}{1-x}$,当 $|x| \geqslant 1$ 时,级数(6.7) 发散.

二、幂级数及其收敛域

定义 6.6 形如

$$\sum_{n=0}^{\infty} a_n (x - x_0)^n = a_0 + a_1(x - x_0) + a_2 (x - x_0)^2 + \cdots + a_n (x - x_0)^n + \cdots \tag{6.8}$$

的函数项级数称为 $x - x_0$ 的幂级数,$a_0, a_1, a_2, \cdots, a_n, \cdots$ 叫做幂级数的系数.

特别地,当 $x_0 = 0$ 时,幂级数(6.8) 变为

$$\sum_{n=0}^{\infty} a_n x^n = a_0 + a_1 x + a_2 x^2 + \cdots + a_n x^n + \cdots \tag{6.9}$$

称为 x 的幂级数.

因为通过变换 $t = x - x_0$ 即可将幂级数(6.8) 化为幂级数(6.9) 的形式,所以本节只讨论幂级数(6.9). 幂级数(6.9) 在 $x = 0$ 处总是收敛的,除此之外,它还有哪些点收敛呢?

定理 6.7(阿贝尔定理) 如果幂级数(6.9) 在 $x = x_0 \neq 0$ 收敛,则对满足不等式 $|x| < |x_0|$ 的一切 x 使幂级数(6.9) 绝对收敛;如果幂级数(6.9) 在 $x = x_0$ 发散,则对满足不等式 $|x| > |x_0|$ 的一切 x 使幂级数(6.9) 发散.

由此定理知道:幂级数(6.9) 的收敛域是以原点为中心的区间,若以 $2R$ 表示区间的长度,则称 R 为该幂级数的收敛半径. 称$(-R,R)$为幂级数(6.9) 的收敛区间.

如何求幂级数(6.9)的收敛半径,有如下定理.

定理 6.8　对于幂级数(6.9),若$\lim\limits_{n\to\infty}\left|\frac{a_{n+1}}{a_n}\right|=\rho$,则当

(1)$0<\rho<+\infty$时,幂级数(6.9)的收敛半径$R=\frac{1}{\rho}$;

(2)$\rho=0$时,幂级数(6.9)的收敛半径$R=+\infty$;

(3)$\rho=+\infty$时,幂级数(6.9)的收敛半径$R=0$.

例 2　求幂级数$\sum\limits_{n=1}^{\infty}\frac{2^n}{n}x^n$的收敛半径与收敛域.

解　因为

$$\rho=\lim_{n\to\infty}\left|\frac{a_{n+1}}{a_n}\right|=\lim_{n\to\infty}\left(\frac{2^{n+1}}{n+1}\frac{n}{2^n}\right)=\lim_{n\to\infty}\frac{2n}{n+1}=2$$

所以收敛半径$R=\frac{1}{\rho}=\frac{1}{2}$,收敛区间为$\left(-\frac{1}{2},\frac{1}{2}\right)$.

当$x=\frac{1}{2}$时,所给级数为调和级数$\sum\limits_{n=1}^{\infty}\frac{1}{n}$,它发散.

当$x=-\frac{1}{2}$时,所给级数为交错级数$\sum\limits_{n=1}^{\infty}(-1)^n\frac{1}{n}$,它收敛.因此收敛域为$\left[-\frac{1}{2},\frac{1}{2}\right)$.

例 3　求幂级数$\sum\limits_{n=1}^{\infty}n^n x^n$的收敛半径.

解　因为

$$\rho=\lim_{n\to\infty}\left|\frac{a_{n+1}}{a_n}\right|=\lim_{n\to\infty}\frac{(n+1)^{n+1}}{n^n}=\lim_{n\to\infty}(n+1)\left(1+\frac{1}{n}\right)^n=+\infty$$

因此收敛半径$R=0$,即幂级数仅在点$x=0$处收敛.

例 4　求幂级数$\sum\limits_{n=1}^{\infty}\frac{(x-2)^n}{n^2\cdot 3^n}$的收敛域.

解　令$t=x-2$,则原级数变为$\sum\limits_{n=1}^{\infty}\frac{t^n}{n^2\cdot 3^n}$.因为

$$\rho=\lim_{n\to\infty}\left|\frac{a_{n+1}}{a_n}\right|=\lim_{n\to\infty}\frac{n^2\cdot 3^n}{(n+1)^2\cdot 3^{n+1}}=\frac{1}{3}$$

所以收敛半径$R=3$.

又因$t=\pm 3$时,$\sum\limits_{n=1}^{\infty}\frac{1}{n^2}$与$\sum\limits_{n=1}^{\infty}\frac{(-1)^n}{n^2}$均收敛,所以$\sum\limits_{n=1}^{\infty}\frac{t^n}{n^2\cdot 3^n}$的收敛域为$[-3,3]$,即$-3\leqslant x-2\leqslant 3$,解得$-1\leqslant x\leqslant 5$,因此原级数的收敛域为$[-1,5]$.

三、幂级数的运算和性质

(一) 幂级数的和、差运算

设级数$\sum\limits_{n=0}^{\infty}a_n x^n$,$\sum\limits_{n=0}^{\infty}b_n x^n$的收敛区间分别为$D_1$,$D_2$,当$x\in D_1\cap D_2$时有如下运算:

加法:$\sum\limits_{n=0}^{\infty}a_n x^n+\sum\limits_{n=0}^{\infty}b_n x^n=\sum\limits_{n=0}^{\infty}(a_n+b_n)x^n$;

减法：$\sum_{n=0}^{\infty} a_n x^n - \sum_{n=0}^{\infty} b_n x^n = \sum_{n=0}^{\infty} (a_n - b_n) x^n$.

（二）幂级数的性质

性质 1　设幂级数 $\sum_{n=0}^{\infty} a_n x^n$ 的收敛半径为 $R(R>0)$，则它的和函数 $s(x)$ 在区间 $(-R,R)$ 内连续. 如果幂级数在 $x=R$（或 $x=-R$）处也收敛，则和函数 $s(x)$ 在 $(-R,R]$（或 $[-R,R)$）连续.

性质 2　设幂级数 $\sum_{n=0}^{\infty} a_n x^n$ 的收敛半径为 $R(R>0)$，则它的和函数 $s(x)$ 在区间 $(-R,R)$ 内是可导的，且有逐项求导公式

$$s'(x) = \left(\sum_{n=0}^{\infty} a_n x^n\right)' = \sum_{n=0}^{\infty} (a_n x^n)' = \sum_{n=1}^{\infty} n a_n x^{n-1} \tag{6.10}$$

其中 $|x|<R$，逐项求导后所得到的幂级数和原级数有相同的收敛半径.

反复应用上述结论可得：若幂级数 $\sum_{n=0}^{\infty} a_n x^n$ 的收敛半径为 $R(R>0)$，则它的和函数 $s(x)$ 在区间 $(-R,R)$ 内具有任意阶导数.

推论　设幂级数 $\sum_{n=0}^{\infty} a_n x^n$ 在 $x=0$ 的某邻域内的和函数为 $s(x)$，则该级数的系数与 $s(x)$ 在 $x=0$ 处的各阶导数有如下关系：

$$a_0 = s(0),\ a_n = \frac{s^{(n)}(0)}{n!}\quad (n=1,2,3,\cdots)$$

该推论表明，若级数 $\sum_{n=0}^{\infty} a_n x^n$ 在 $(-R,R)$ 内有和函数 $s(x)$，则该级数由 $s(x)$ 在 $x=0$ 处的各阶导数所唯一确定.

性质 3　设幂级数 $\sum_{n=0}^{\infty} a_n x^n$ 的收敛半径为 $R(R>0)$，则它的和函数 $s(x)$ 在区间 $(-R,R)$ 内是可积的，且有逐项积分公式：

$$\int_0^x s(x)\,dx = \int_0^x \left(\sum_{n=0}^{\infty} a_n x^n\right) dx = \sum_{n=0}^{\infty} \int_0^x a_n x^n\,dx = \sum_{n=0}^{\infty} \frac{a_n}{n+1} x^{n+1} \tag{6.11}$$

其中 $|x|<R$，逐项积分后所得到的幂级数和原级数有相同的收敛半径.

例 5　在区间 $(-1,1)$ 内求幂级数 $\sum_{n=1}^{\infty} n x^{n-1}$ 的和函数.

解　设所给级数的和函数为 $s(x)$，则当 $x \in (-1,1)$，有

$$s(x) = \sum_{n=1}^{\infty} n x^{x-1} = \sum_{n=1}^{\infty} (x^n)' = \left(\sum_{n=1}^{\infty} x^n\right)' = \left(\frac{x}{1-x}\right)' = \frac{1}{(1-x)^2}$$

故
$$\sum_{n=1}^{\infty} n x^{n-1} = \frac{1}{(1-x)^2},\ x \in (-1,1)$$

例 6　求幂级数 $\sum_{n=1}^{\infty} (-1)^n \frac{x^{n+1}}{n+1}$ 的和函数.

解　设

$$s(x)=\sum_{n=1}^{\infty}(-1)^n\frac{x^{n+1}}{n+1}=x-\frac{x^2}{2}+\frac{x^3}{3}-\frac{x^4}{4}+\cdots+(-1)^n\frac{x^{n+1}}{n+1}+\cdots$$

因为

$$s'(x)=1-x+x^2-x^3+\cdots+x^n+\cdots=\frac{1}{1+x},\quad x\in(-1,1)$$

于是

$$s(x)-s(0)=\int_0^x s'(x)\mathrm{d}x=\int_0^x\frac{1}{1+x}\mathrm{d}x=\ln(1+x)$$

又 $s(0)=0$,所以有

$$s(x)=\sum_{n=1}^{\infty}(-1)^n\frac{x^{n+1}}{n+1}=\ln(1+x),\quad x\in(-1,1)$$

习　题　6-3

1. 填空题.

(1) 若幂级数 $\sum\limits_{n=0}^{\infty}a_nx^n$ 的收敛半径为 R，则幂级数 $\sum\limits_{n=0}^{\infty}a_n(x-2)^n$ 的收敛区间为__________;

(2) 若幂级数 $\sum\limits_{n=0}^{\infty}a_nx^n$ 的收敛半径为 R,则幂级数 $\sum\limits_{n=0}^{\infty}a_nx^{3n}$ 的收敛区间为__________.

2. 求下列幂级数的收敛区间.

(1) $1-x+\frac{x^2}{2^2}-\cdots+(-1)^n\frac{x^n}{n^2}+\cdots$;

(2) $\sum\limits_{n=1}^{\infty}nx^n$;

(3) $\sum\limits_{n=1}^{\infty}\frac{2^n}{2n+1}x^n$;

(4) $\frac{x}{1\times 3}+\frac{x^2}{2\times 3^2}+\frac{x^3}{3\times 3^3}+\cdots+\frac{x^n}{n\times 3^n}+\cdots$.

3. 求下列幂级数的和函数.

(1) $\sum\limits_{n=1}^{\infty}\frac{1}{n}x^{n-1}$;　(2) $\sum\limits_{n=1}^{\infty}\frac{1}{2n+1}x^{2n+1}$;　(3) $\sum\limits_{n=1}^{\infty}\frac{1}{n+1}x^n$.

第4节　函数展开成幂级数

一、泰勒级数

设给定函数 $f(x)$ 在 $x=0$ 点的某邻域内存在任意阶导数,如果 $f(x)$ 在 $x=0$ 点的某邻域内可以展开成幂级数

$$f(x)=\sum_{n=0}^{\infty}a_nx^n=a_0+a_1x+a_2x^2+\cdots+a_nx^n+\cdots\tag{6.12}$$

将 $x=0$ 代入式(6.12),得 $a_0=f(0)$.

对式(6.12)两边求各阶导数，再将 $x=0$ 代入，可得

$$a_1=f'(0), a_2=\frac{f''(0)}{2!}, a_3=\frac{f'''(0)}{3!}, \cdots, a_n=\frac{f^{(n)}(0)}{n!}, \cdots$$

于是，得到幂级数为

$$f(x)=f(0)+f'(0)x+\frac{f''(0)}{2!}x^2+\cdots+\frac{f^{(n)}(0)}{n!}x^n+\cdots \tag{6.13}$$

级数(6.13)称为 $f(x)$ 的麦克劳林(Maclaurin)级数. 称

$$R_n(x)=f(x)-\left[f(0)+f'(0)x+\frac{f''(0)}{2!}x^2+\cdots+\frac{f^{(n)}(0)}{n!}x^n+\cdots\right]$$

为 $f(x)$ 的麦克劳林余项.

定理 6.9 如果函数 $f(x)$ 在 $x=0$ 的某邻域内存在 $(n+1)$ 阶导数，则有

$$f(x)=f(0)+f'(0)x+\frac{f''(0)}{2!}x^2+\cdots+\frac{f^{(n)}(0)}{n!}x^n+R_n(x) \tag{6.14}$$

其中

$$R_n(x)=\frac{f^{(n+1)}(\theta x)}{(n+1)!}x^{n+1}\quad(0<\theta<1) \tag{6.15}$$

式(6.14)称为麦克劳林(Maclaurin)公式，余项式(6.15)称为拉格朗日余项.

关于 $f(x)$ 的麦克劳林级数的收敛情况，有以下结论：

定理 6.10 设函数 $f(x)$ 在 $x=0$ 点的某邻域内存在任意阶导数，则 $f(x)$ 的麦克劳林级数(6.13)收敛于 $f(x)$ 的充分必要条件是 $\lim\limits_{n\to+\infty}R_n(x)=0$.

说明 如果 $\lim\limits_{n\to+\infty}R_n(x)=0$，则有

$$f(x)=f(0)+f'(0)x+\frac{f''(0)}{2!}x^2+\cdots+\frac{f^{(n)}(0)}{n!}x^n+\cdots \tag{6.16}$$

式(6.16)称为 $f(x)$ 的麦克劳林(Maclaurin)展开式，又称为 $f(x)$ 的幂级数展开式.

可以证明，$f(x)$ 的幂级数展开式是唯一的.

二、函数展开成幂级数

(一) 直接展开法

所谓直接展开法，就是按以下步骤将函数展开成幂级数：

(1) 求出 $f(x)$ 的各阶导数，进而求出 $f(0), f'(0), f''(0), \cdots, f^{(n)}(0), \cdots$；

(2) 写出 $f(x)$ 的麦克劳林级数，并求出其收敛半径 R 与收敛域；

(3) 考察当 $x\in(-R,R)$ 时，$\lim\limits_{n\to+\infty}R_n(x)$ 是否为零，如果 $\lim\limits_{n\to+\infty}R_n(x)=0$，则式(6.13)所得的级数即为 $f(x)$ 的幂级数展开式.

例 1 将函数 $f(x)=\mathrm{e}^x$ 展开成 x 的幂级数.

解 由于 $f^{(n)}(x)=\mathrm{e}^x, f^{(n)}(0)=1(n=1,2,\cdots), f(0)=1$，于是得级数

$$1+x+\frac{x^2}{2!}+\cdots+\frac{x^n}{n!}+\cdots$$

它的收敛半径为 $R=+\infty$.

由于 $f(x)$ 的拉格朗日余项为

$$R_n(x)=\frac{\mathrm{e}^{\xi}}{(n+1)!}x^{n+1}\quad(\xi\text{ 在 } 0 \text{ 与 } x \text{ 之间})$$

因此
$$|R_n(x)|=\frac{e^{\xi}}{(n+1)!}\ |x|^{n+1}\leqslant e^{|x|}\ \frac{|x|^{n+1}}{(n+1)!}$$

由于级数 $\sum\limits_{n=0}^{\infty}\frac{|x|^{n+1}}{(n+1)!}$ 的收敛域为$(-\infty,+\infty)$，因此

$$\lim_{n\to\infty}\frac{|x|^{n+1}}{(n+1)!}=0$$

所以对任何实数 x 均有$\lim\limits_{n\to\infty}R_n(x)=0$. 于是

$$e^x=1+x+\frac{x^2}{2!}+\cdots+\frac{x^n}{n!}+\cdots,x\in(-\infty,+\infty)$$

例 2　将函数 $f(x)=\sin x$ 展开成 x 的幂级数.

解　由于

$$f^{(n)}(x)=\sin\left(x+\frac{n\pi}{2}\right)(n=1,2\cdots)$$

$f^{(n)}(0)$ 顺序循环地取 $0,1,0,-1,\cdots(n=1,2,\cdots)$，于是得级数

$$x-\frac{x^3}{3!}+\frac{x^5}{5!}-\cdots+(-1)^{n-1}\frac{x^{2n-1}}{(2n-1)!}+\cdots$$

它的收敛半径为 $R=+\infty$. 现考察正弦函数的拉格朗日余项，因为

$$|R_n(x)|=\left|\frac{\sin\xi+(n+1)\ \frac{\pi}{2}}{(n+1)!}x^{n+1}\right|\leqslant\frac{|x|^{n+1}}{(n+1)!}\to 0\quad(n\to\infty)$$

所以 $\sin x$ 的展开式为

$$\sin x=x-\frac{x^3}{3!}+\frac{x^5}{5!}-\cdots+(-1)^{n-1}\ \frac{x^{2n-1}}{(2n-1)!}+\cdots,x\in(-\infty,+\infty)$$

一般来说，只有少数比较简单的函数，其幂级数展开式能用直接展开法得到，更多的是从已知的展开式出发，间接地求得函数的幂级数展开式，这种方法叫做间接展开法.

(二) 间接展开法

用直接展开法求函数 $f(x)$ 的幂级数展开式，既要计算系数，又要考察$\lim\limits_{n\to\infty}R_n(x)$ 是否为零，这样计算量较大，而且比较复杂. 因此常常采用间接展开法来求函数 $f(x)$ 的幂级数展开式，即利用一些已知函数的幂级数展开式和幂级数的性质，通过变量代换或加、减法或逐项求导、逐项积分等方法，将所给函数展开成幂级数.

例 3　将函数 $f(x)=\cos x$ 展开成 x 的幂级数.

解　对 $\sin x=x-\frac{x^3}{3!}+\frac{x^5}{5!}-\cdots+(-1)^{n-1}\ \frac{x^{2n-1}}{(2n-1)!}+\cdots$ 逐项求导，得

$$\cos x=1-\frac{x^2}{2!}+\frac{x^4}{4!}-\cdots+(-1)^n\ \frac{x^{2n}}{(2n)!}+\cdots,x\in(-\infty,+\infty)$$

例 4　将函数$\frac{1}{3+x}$ 展开成：

(1)x 的幂级数；(2)$(x-1)$ 的幂级数.

解　(1) 由于

$$\frac{1}{1-x}=1+x+x^2+\cdots+x^n+\cdots\ (-1<x<1)$$

又由于
$$\frac{1}{3+x}=\frac{1}{3}\cdot\frac{1}{1-\left(-\frac{x}{3}\right)}$$

将上式中的 x 换成 $-\frac{x}{3}$ 得到

$$\frac{1}{3+x}=\frac{1}{3}\sum_{n=0}^{\infty}\left(-\frac{x}{3}\right)^n=\sum_{n=0}^{\infty}\frac{(-1)^n}{3^{n+1}}x^n \quad (-3<x<3)$$

(2) 由于

$$\frac{1}{3+x}=\frac{1}{4+(x-1)}=\frac{1}{4}\cdot\frac{1}{1-\left(-\frac{x-1}{4}\right)}=$$

$$\frac{1}{4}\sum_{n=0}^{\infty}\left(-\frac{x-1}{4}\right)^n=\sum_{n=0}^{\infty}\frac{(-1)^n}{4^{n+1}}(x-1)^n \quad (|x-1|<4)$$

如果函数 $f(x)$ 在开区间 $(-R,R)$ 内的展开式为 $f(x)=\sum\limits_{n=0}^{\infty}a_nx^n$，而所展开的幂级数在该区间的端点 $x=R$（或 $x=-R$）仍收敛，且函数 $f(x)$ 在 $x=R$（或 $x=-R$）处有定义并连续，那么由幂级数的和函数的连续性，所得展式对 $x=R$（或 $x=-R$）也成立.

例 5 将函数 $f(x)=\ln(1+x)$ 展开成 x 的幂级数.

解 因为 $f'(x)=\frac{1}{1+x}$，用例 4 的解法可得

$$\frac{1}{1+x}=1-x+x^2-x^3+\cdots+(-1)^nx^n+\cdots \quad (-1<x<1)$$

将上式从 0 到 x 逐项积分，得

$$\ln(1+x)=x-\frac{x^2}{2}+\frac{x^3}{3}-\frac{x^4}{4}+\cdots+(-1)^n\frac{x^{n+1}}{n+1}+\cdots \quad (-1<x<1)$$

又由于 $\ln(1+x)$ 在 $x=1$ 处连续，且上式右边的幂级数在 $x=1$ 处收敛，故

$$\ln(1+x)=x-\frac{x^2}{2}+\frac{x^3}{3}-\frac{x^4}{4}+\cdots+(-1)^n\frac{x^{n+1}}{n+1}+\cdots \quad (-1<x\leqslant 1)$$

另外，函数 $f(x)=(1+x)^{\lambda}$（其中 λ 为任意实数）展开成 x 的幂级数为

$$(1+x)^{\lambda}=1+\lambda x+\frac{\lambda(\lambda-1)}{2!}x^2+\cdots+\frac{\lambda(\lambda-1)\cdots(\lambda-n+1)}{n!}x^n+\cdots \quad (6.17)$$

它的收敛半径为 1，收敛区间是 $(-1,1)$. 在区间的端点，展开式是否成立，要看 λ 的数值而定.

式(6.17) 称为二项展开式. 特别地，当 λ 为正整数时，级数为 x 的 λ 次多项式，这时的式(6.17) 就是代数中的二项式定理.

当 $\lambda=-\frac{1}{2}$ 时，式(6.17) 为

$$\frac{1}{\sqrt{1+x}}=1-\frac{1}{2}x+\frac{1\times 3}{2\times 4}x^2-\frac{1\times 3\times 5}{2\times 4\times 6}x^3+\cdots, x\in(-1,1] \quad (6.18)$$

习 题 6-4

1. 将下列函数展开成 x 的幂级数.

(1) e^{-x^2}；　　(2) $\cos^2 x$；

(3) $\ln(3+x)$；　　(4) $f(x)=\frac{1}{(1+x)^2}$.

2. 将函数 $f(x)=\frac{1}{x^2+3x+2}$ 展开成 $x+4$ 的幂级数，并确定其收敛域.

复习题 6

一、填空题

1. 幂级数 $\sum_{n=1}^{\infty}(-1)^{n-1}\frac{x^n}{n}$ 在 $(-1,1]$ 上的和函数是__________.

2. 幂级数 $\sum_{n=1}^{\infty}\frac{(x-3)^n}{n3^n}$ 的收敛域是__________.

3. 设 $f(x)=x+1(0\leqslant x\leqslant\pi)$ 的正弦级数 $\sum_{n=1}^{\infty}b_n\sin nx$ 在 $x=-\frac{1}{2}$ 处收敛于__________.

4. 函数 $f(x)=e^{\frac{x}{2}}$ 在点 $x=0$ 处展开成幂级数为__________.

二、选择题

1. 设常数 $a\neq 0$，几何级数 $\sum_{n=1}^{\infty}aq^n$ 收敛，则 q 满足(　　).

A. $q<1$　　B. $-1<q<1$　　C. $q>-1$　　D. $q>1$

2. 若级数 $\sum_{n=1}^{\infty}\frac{1}{n^{p-2}}$ 发散，则有(　　).

A. $p>0$　　B. $p>3$　　C. $p\leqslant 3$　　D. $p\leqslant 2$

3. 若极限 $\lim_{n\to\infty}u_n\neq 0$，则级数 $\sum_{n=1}^{\infty}u_n$(　　).

A. 收敛　　B. 发散　　C. 条件收敛　　D. 绝对收敛

4. 如果级数 $\sum_{n=1}^{\infty}u_n$ 发散，k 为常数，则级数 $\sum_{n=1}^{\infty}ku_n$(　　).

A. 发散　　B. 可能收敛，也可能发散

C. 收敛　　D. 无界

5. 交错级数 $\sum_{n=1}^{\infty}(-1)^n(\sqrt{n+1}-\sqrt{n})$(　　).

A. 绝对收敛　　B. 发散　　C. 条件收敛　　D. 可能收敛，可能发散.

6. 设幂级数 $\sum_{n=1}^{\infty}a_nx^n$ 在 $x=2$ 处收敛，则在 $x=-1$ 处(　　).

A. 绝对收敛　　B. 发散　　C. 条件收敛　　D. 敛散性不一定

7. 设幂级数 $\sum_{n=1}^{\infty}a_nx^n$ 的收敛半径为 $R(0<R<+\infty)$，则幂级数 $\sum_{n=1}^{\infty}a_n\left(\frac{x}{2}\right)^n$ 的收敛半径为(　　).

A. $\frac{R}{2}$　　B. $2R$　　C. R　　D. $\frac{2}{R}$

8. 幂级数 $1-\frac{x^2}{2!}+\frac{x^4}{4!}-\frac{x^6}{6!}+\cdots$ 在$(-\infty,+\infty)$上的和函数为(　　).

A. $\sin x$　　B. $\cos x$　　C. $\ln(1+x^2)$　　D. e^x

三、解答题

1. 用已知函数的展开式,将下列函数展开成 x 幂级数.

(1) $f(x)=\ln(2+x)$;　　(2) $f(x)=\sin 2x$;

(3) $f(x)=e^{x^2}$.

2. 求下列幂级数的收敛半径和收敛区间.

(1) $\sum_{n=1}^{\infty}\frac{\ln(n+1)}{n+1}x^n$;　　(2) $\sum_{n=1}^{\infty}\left(1+\frac{1}{2}+\frac{1}{3}+\cdots+\frac{1}{n}\right)x^n$;

(3) $\sum_{n=1}^{\infty}n(x-1)^n$.

第7章 向量与空间解析几何

向量代数和空间解析几何知识在工程和经济活动中有着广泛的应用.本章主要介绍向量的概念、向量的运算以及空间的平面和直线的方程知识.

第1节 向量的概念及线性运算

一、向量的概念

在实际生活中遇到的量可以分为两类.一类完全由数值的大小决定,如质量、温度、时间、面积、体积、密度等.将这类量称为数量.另一类量,只知其数值大小还不能完全刻画所描述的量,如力、速度、加速度等,它们既有大小还有方向.将这种既有大小又有方向的量称为向量.

在空间中以 A 为起点,B 为终点的线段称为有向线段.从点 A 指向 B 的箭头表示了这条线段的方向,线段的长度表示了这条线段的大小.向量就可用这样一条有向线段来表示,记为 $\overrightarrow{AB}$.如果不强调起点和终点,向量也可简记为 $\boldsymbol{\alpha}$.将向量 $\overrightarrow{AB}$ 的长度记为 $|\overrightarrow{AB}|$ 或 $|\boldsymbol{\alpha}|$,称为向量的模.

(1) 自由向量.这里只研究与起点无关的向量,称这种向量为自由向量,简称向量.

(2) 向量相等.如果向量 $\boldsymbol{\alpha}$ 和 $\boldsymbol{\beta}$ 的大小相等,且方向相同,则说向量 $\boldsymbol{\alpha}$ 和 $\boldsymbol{\beta}$ 是相等的,记为 $\boldsymbol{\alpha}=\boldsymbol{\beta}$.相等的向量经过平移后可以完全重合.

(3) 单位向量.模等于1的向量叫做单位向量.

(4) 零向量.模等于0的向量叫做零向量,记作 $\mathbf{0}$.零向量的起点与终点重合,它的方向是任意的.

(5) 向量的平行.两个非零向量如果它们的方向相同或相反,就称这两个向量平行.向量 $\boldsymbol{\alpha}$ 与 $\boldsymbol{\beta}$ 平行,记作 $\boldsymbol{\alpha} /\!/ \boldsymbol{\beta}$.零向量认为是与任何向量都平行.

当两个平行向量的起点放在同一点时,它们的终点和公共的起点在一条直线上.因此,两向量平行又称两向量共线.

类似还有共面的概念.设有 $k(k \geqslant 3)$,当把它们的起点放在同一点时,如果 k 个终点和公共起点在一个平面上,就称这 k 个向量共面.

二、向量的加减法

向量的加法 设有两个向量 $\boldsymbol{\alpha}$ 与 $\boldsymbol{\beta}$,平移向量使 $\boldsymbol{\beta}$ 的起点与 $\boldsymbol{\alpha}$ 的终点重合,此时从 $\boldsymbol{\alpha}$ 的起点到 $\boldsymbol{\beta}$ 的终点的向量 $\boldsymbol{\gamma}$ 称为向量 $\boldsymbol{\alpha}$ 与 $\boldsymbol{\beta}$ 的和,记作 $\boldsymbol{\alpha}+\boldsymbol{\beta}$,即 $\boldsymbol{\gamma}=\boldsymbol{\alpha}+\boldsymbol{\beta}$.这种确定两向量之和的

方法叫做向量加法的三角形法则(见图 7-1(a)).

平行四边形法则 将两个向量$\boldsymbol{\alpha}$和$\boldsymbol{\beta}$的起点放在一起,并以$\boldsymbol{\alpha}$和$\boldsymbol{\beta}$为邻边作平行四边形,则从起点到对角顶点的向量称为$\boldsymbol{\alpha}+\boldsymbol{\beta}$.这种求向量和的方法称为向量加法的平行四边形法则(见图 7-1(b)).

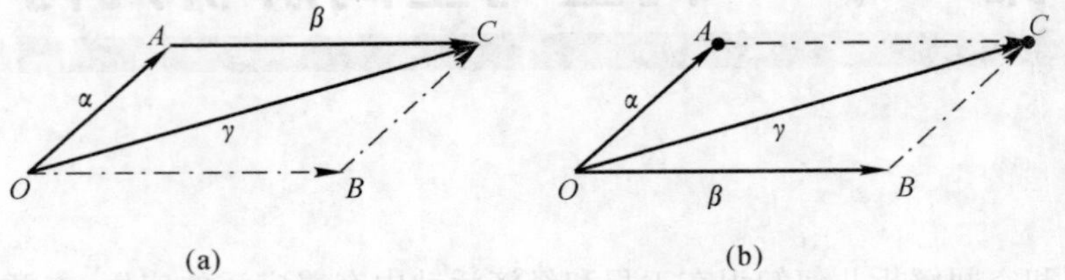

图 7-1

由于零向量的起点与终点重合,对于任何给定向量$\boldsymbol{\alpha}$,根据三角形法则可得

$$\boldsymbol{\alpha}+\mathbf{0}=\boldsymbol{\alpha}$$

向量加法的逆运算称为向量的减法.给定向量$\boldsymbol{\alpha}$与$\boldsymbol{\beta}$,若存在$\boldsymbol{\gamma}$,使得$\boldsymbol{\alpha}=\boldsymbol{\beta}+\boldsymbol{\gamma}$,则称$\boldsymbol{\gamma}$是向量$\boldsymbol{\alpha}$与$\boldsymbol{\beta}$的差,记为$\boldsymbol{\alpha}-\boldsymbol{\beta}=\boldsymbol{\gamma}$.

若设$\overrightarrow{OA}=\boldsymbol{\alpha}$,$\overrightarrow{OB}=\boldsymbol{\beta}$,则由三角形法则可知$\overrightarrow{OA}=\overrightarrow{OB}+\overrightarrow{BA}$(见图 7-2(a)),于是

$$\boldsymbol{\alpha}-\boldsymbol{\beta}=\overrightarrow{OA}-\overrightarrow{OB}=\overrightarrow{BA}$$

也就是说,将$\boldsymbol{\alpha}$与$\boldsymbol{\beta}$的起点放在一起,则$\boldsymbol{\beta}$的终点到$\boldsymbol{\alpha}$的终点的向量即为$\boldsymbol{\alpha}-\boldsymbol{\beta}$.

向量加法与减法的几何意义:$\boldsymbol{\alpha}+\boldsymbol{\beta}$与$\boldsymbol{\alpha}-\boldsymbol{\beta}$分别是以$\boldsymbol{\alpha}$和$\boldsymbol{\beta}$为邻边的平行四边形的两条对角线(见图 7-2(b)).

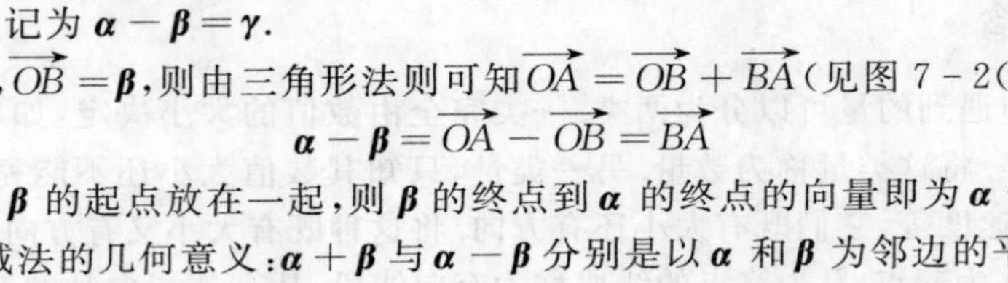

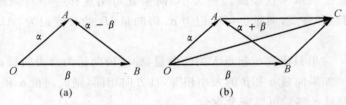

图 7-2

向量的加法的运算规律:

(1) 交换律:$\boldsymbol{\alpha}+\boldsymbol{\beta}=\boldsymbol{\beta}+\boldsymbol{\alpha}$;

(2) 结合律:$(\boldsymbol{\alpha}+\boldsymbol{\beta})+\boldsymbol{\gamma}=\boldsymbol{\alpha}+(\boldsymbol{\beta}+\boldsymbol{\gamma})$.

由于向量的加法符合交换律与结合律,故n个向量$\boldsymbol{\alpha}_1,\boldsymbol{\alpha}_2,\boldsymbol{\alpha}_3,\cdots,\boldsymbol{\alpha}_n(n\geqslant 3)$相加可写成

$$\boldsymbol{\alpha}_1+\boldsymbol{\alpha}_2+\boldsymbol{\alpha}_3+\cdots+\boldsymbol{\alpha}_n$$

按向量相加的三角形法则,可得n个向量相加的法则如下:使前一向量的终点作为次一向量的起点,相继作向量$\boldsymbol{\alpha}_1$,$\boldsymbol{\alpha}_2,\boldsymbol{\alpha}_3,\cdots,\boldsymbol{\alpha}_n$,再以第一向量的起点为起点,最后一向量的终点为终点作一向量,这个向量即为所求的和.

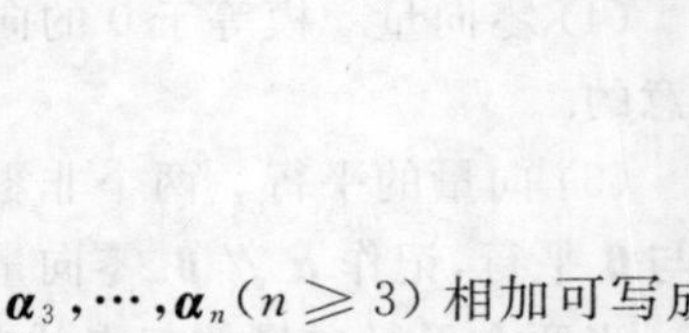

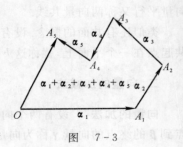

图 7-3

图 7-3 是 5 个向量相加的示意图,从$\boldsymbol{\alpha}_1$开始,依次将它们首尾相接.设$\boldsymbol{\alpha}_1=\overrightarrow{OA_1}$,$\boldsymbol{\alpha}_2=\overrightarrow{A_1A_2}$,$\boldsymbol{\alpha}_3=\overrightarrow{A_2A_3}$,$\boldsymbol{\alpha}_4=\overrightarrow{A_3A_4}$,$\boldsymbol{\alpha}_5=$

$\overrightarrow{A_4A_5}$,可得到它们的和为

$$\boldsymbol{\alpha}_1+\boldsymbol{\alpha}_2+\boldsymbol{\alpha}_3+\boldsymbol{\alpha}_4+\boldsymbol{\alpha}_5=\overrightarrow{OA_1}+\overrightarrow{A_1A_2}+\overrightarrow{A_2A_3}+\overrightarrow{A_3A_4}+\overrightarrow{A_4A_5}=\overrightarrow{OA_5}$$

三、向量与数的乘法

给定实数 λ 及向量 $\boldsymbol{\alpha}$,规定 λ 与 $\boldsymbol{\alpha}$ 的数量乘法,$\lambda\boldsymbol{\alpha}$ 是一个向量,它的大小规定为 $|\lambda\boldsymbol{\alpha}|=|\lambda||\boldsymbol{\alpha}|$;其方向规定为:当 $\lambda>0$ 时,$\lambda\boldsymbol{\alpha}$ 的方向与 $\boldsymbol{\alpha}$ 的方向相同;当 $\lambda<0$ 时,$\lambda\boldsymbol{\alpha}$ 的方向与 $\boldsymbol{\alpha}$ 的方向相反.

由数量乘法的定义可知 $0\boldsymbol{\alpha}=\mathbf{0}$ 及 $\lambda\mathbf{0}=\mathbf{0}$.

由于 $1\boldsymbol{\alpha}=\boldsymbol{\alpha}$,亦记 $(-1)\boldsymbol{\alpha}=-\boldsymbol{\alpha}$,它表示了与 $\boldsymbol{\alpha}$ 的大小相同,方向相反的向量,从而

$$\boldsymbol{\alpha}-\boldsymbol{\beta}=\boldsymbol{\alpha}+(-1)\boldsymbol{\beta}$$

可以证明数量乘法有如下的运算律:

(1) 结合律:$\lambda(\mu\boldsymbol{\alpha})=\mu(\lambda\boldsymbol{\alpha})=(\lambda\mu)\boldsymbol{\alpha}$;

(2) 对于数量加法的分配律:$(\lambda+\mu)\boldsymbol{\alpha}=\lambda\boldsymbol{\alpha}+\mu\boldsymbol{\alpha}$;

(3) 对于向量加法的分配律:$\lambda(\boldsymbol{\alpha}+\boldsymbol{\beta})=\lambda\boldsymbol{\alpha}+\lambda\boldsymbol{\beta}$.

定理 7.1　设向量 $\boldsymbol{\alpha}\neq\mathbf{0}$,则向量 $\boldsymbol{\beta}$ 平行于 $\boldsymbol{\alpha}$ 的充分必要条件是:存在数量 λ,使得 $\boldsymbol{\beta}=\lambda\boldsymbol{\alpha}$.

如果向量 $\boldsymbol{\alpha}$ 的模为 1,即 $|\boldsymbol{\alpha}|=1$,则称 $\boldsymbol{\alpha}$ 为单位向量. 如果 $\boldsymbol{\alpha}\neq 0$,记 $\boldsymbol{\alpha}^0=\dfrac{1}{|\boldsymbol{\alpha}|}\boldsymbol{\alpha}$,称之为 $\boldsymbol{\alpha}$ 的单位化向量. 由数量乘法的定义可知 $\boldsymbol{\alpha}^0$ 与 $\boldsymbol{\alpha}$ 同向,$\boldsymbol{\alpha}^0$ 的长度为 $|\boldsymbol{\alpha}^0|=\dfrac{1}{|\boldsymbol{\alpha}|}|\boldsymbol{\alpha}|=1$,并有 $\boldsymbol{\alpha}=|\boldsymbol{\alpha}|\boldsymbol{\alpha}^0$.

习　题　7-1

已知向量 $\boldsymbol{u}=\boldsymbol{a}+\boldsymbol{b}-\boldsymbol{c}$,$\boldsymbol{v}=\boldsymbol{a}-2\boldsymbol{b}+\boldsymbol{c}$,试用 $\boldsymbol{a},\boldsymbol{b},\boldsymbol{c}$ 来表示 $2\boldsymbol{u}+3\boldsymbol{v}$.

第 2 节　向量的坐标

一、空间直角坐标系

在空间取一定点和 3 个两两垂直的单位向量 $\boldsymbol{i},\boldsymbol{j},\boldsymbol{k}$,就确定了 3 条都以 O 为原点的两两垂直的数轴,这 3 条数轴分别称为 x 轴(横轴)、y 轴(纵轴) 和 z 轴(数轴),统称为坐标轴. 各轴正向之间的顺序要求符合右手法则(见图 7-4),即伸出右手,让四指与大拇指垂直,并使四指先指向 x 轴的正向,然后让四指沿握拳方向旋转 $90°$ 指向 y 轴的正向,这时大拇指所指的方向就是 z 轴的正向(该法则称为右手法则). 这样的 3 个坐标轴构成的坐标系称为空间直角坐标系.

3 条坐标轴中的任意两条都可以确定一个平面,称为坐标面. x 轴与 y 轴所确定的坐标面称为 xOy 坐标面;由 y 轴与 z 轴所确定的 yOz 坐标面;由 x 轴与 z 轴所确定的 xOz 坐标面. 这 3 个相互垂直的坐标面把空间分为 8 个部分,每一部分称为一个卦限(见图 7-5). 位于 x,y,z 轴的正半轴的卦限称为第 Ⅰ 卦限,从第一卦限开始,在 xOy 平面上方的卦限,按逆时针方向依次称为第 Ⅱ,Ⅲ,Ⅳ 卦限;第 Ⅰ,Ⅱ,Ⅲ,Ⅳ 卦限下方的卦限依次称为第 Ⅴ,Ⅵ,Ⅶ,Ⅷ 卦限.

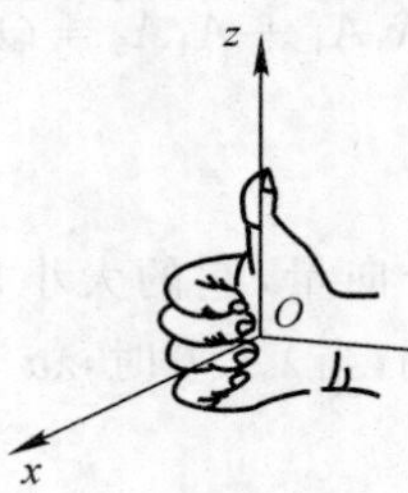

图 7-4

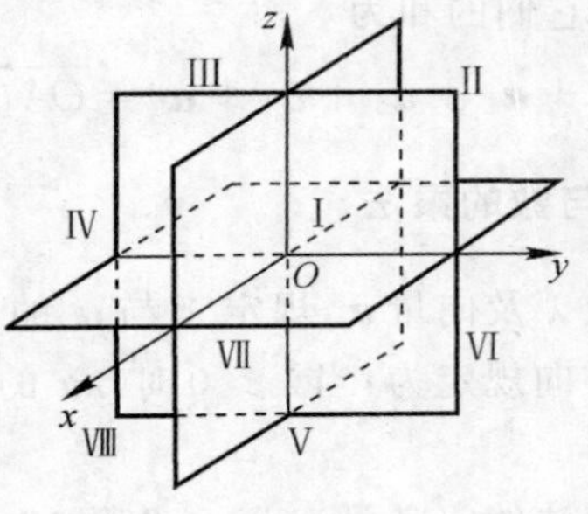

图 7-5

在坐标系建立以后，对空间的一点 M，过 M 分别作垂直于 x 轴、y 轴、z 轴的平面，它们与 3 条坐标轴分别交于 P,Q,R 点(见图 7-6). 设这 3 点在 x 轴、y 轴、z 轴上的坐标依次为 x,y,z，则点 M 唯一确定了一组有序数 x,y,z. 反之，给定这组有序数 x,y,z，设它们在 x 轴、y 轴、z 轴上依次对应的点为 P,Q,R. 过这 3 个点分别作平面垂直于所在坐标轴，则这 3 个平面唯一的交点就是点 M. 这样，空间中的点 M 就可与一组有序数 x,y,z 之间建立一一对应关系. 有序数组 x,y,z 称为点 M 的坐标，记为 $M(x,y,z)$，其中 x,y,z 分别称为点 M 的横坐标、纵坐标和竖坐标.

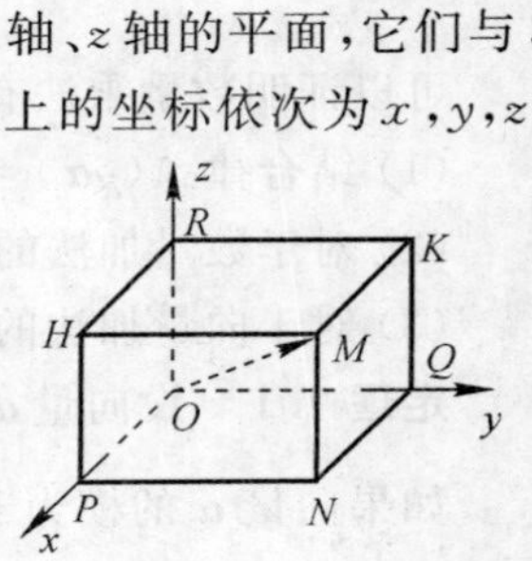

图 7-6

显然，原点 O 的坐标为 $(0,0,0)$；坐标轴上的点至少有两个坐标为 0；坐标面上的点至少有一个坐标为 0. 例如，x 轴上的点的坐标为 $(a,0,0)$ 的形式，xOy 平面上的点坐标为 $(a,b,0)$ 的形式.

二、向量的坐标分解式

在坐标系 $Oxyz$，给定向量 $\boldsymbol{r}$，点 $M(x,y,z)$，使 $\overrightarrow{OM}=\boldsymbol{r}$，则

$$\boldsymbol{r}=\overrightarrow{OM}=\overrightarrow{OP}+\overrightarrow{PN}+\overrightarrow{NM}=\overrightarrow{OP}+\overrightarrow{OQ}+\overrightarrow{OR}$$

设 $\boldsymbol{i},\boldsymbol{j},\boldsymbol{k}$ 分别表示坐标轴 Ox,Oy,Oz 正向的单位向量，则

$$OP=x\boldsymbol{i},\quad OQ=y\boldsymbol{j},\quad OR=z\boldsymbol{k}$$

$$\boldsymbol{r}=OM=x\boldsymbol{i}+y\boldsymbol{j}+z\boldsymbol{k}$$

上式称为向量 $\boldsymbol{r}$ 的坐标分解式，$x\boldsymbol{i},y\boldsymbol{j},z\boldsymbol{k}$ 称为向量 $\boldsymbol{r}$ 沿 3 个坐标轴方向的分向量. 有序数 x,y,z 称为向量 $\boldsymbol{r}$ 的坐标，记作 $\boldsymbol{r}=(x,y,z)$.

一个点与该点的向径有相同的坐标. 记号 (x,y,z) 既表示点 M，又表示向量 $\overrightarrow{OM}$.

现在利用坐标作向量的线性运算.

设 $\boldsymbol{a}=(a_x,a_y,a_z)$，$\boldsymbol{b}=(b_x,b_y,b_z)$ 或 $\boldsymbol{a}=a_x\boldsymbol{i}+a_y\boldsymbol{j}+a_z\boldsymbol{k}$，$\boldsymbol{b}=b_x\boldsymbol{i}+b_y\boldsymbol{j}+b_z\boldsymbol{k}$，则

$$\boldsymbol{a}+\boldsymbol{b}=(a_x+b_x)\boldsymbol{i}+(a_y+b_y)\boldsymbol{j}+(a_z+b_z)\boldsymbol{k}$$

$$\boldsymbol{a}-\boldsymbol{b}=(a_x-b_x)\boldsymbol{i}+(a_y-b_y)\boldsymbol{j}+(a_z-b_z)\boldsymbol{k}$$

$$\lambda\boldsymbol{a}=(\lambda a_x)\boldsymbol{i}+(\lambda a_y)\boldsymbol{j}+(\lambda a_z)\boldsymbol{k}$$

利用向量的坐标判断两个向量的平行，设 $\boldsymbol{a}=(a_x,a_y,a_z)\neq 0$，$\boldsymbol{b}=(b_x,b_y,b_z)$，则

$$\boldsymbol{b}\parallel\boldsymbol{a}\Leftrightarrow\quad\boldsymbol{b}=\lambda\boldsymbol{a}\Leftrightarrow(b_x,b_y,b_z)=(a_x,a_y,a_z)\Leftrightarrow\frac{b_x}{a_x}=\frac{b_y}{a_y}=\frac{b_z}{a_z}$$

例 1　已知以向量为未知元的线性方程组 $\begin{cases}5x-3y=a\\3x-2y=b\end{cases}$，其中 $a=(2,1,2)$，$b=(-1,1,-2)$. 求解之.

解　如同解二元一次线性方程组，可得

$$x=2a-3b,y=3a-5b$$

以 a,b 的坐标表示式代入，有

$$x=2(2,1,2)-3(-1,1,-2)=(7,-1,10),y=3(2,1,2)-5(-1,1,-2)=(11,-2,16)$$

例 2　已知两点 $A(x_1,y_1,z_1)$ 和 $B(x_2,y_2,z_2)$ 以及实数 $\lambda\neq-1$，在直线 AB 上求一点使 $\overrightarrow{AM}=\lambda\overrightarrow{MB}$.

解　由于

$$\overrightarrow{AM}=\overrightarrow{OM}-\overrightarrow{OA},\overrightarrow{MB}=\overrightarrow{OB}-\overrightarrow{OM}$$

因此

$$\overrightarrow{OM}-\overrightarrow{OA}=\lambda(\overrightarrow{OB}-\overrightarrow{OM})$$

从而

$$\overrightarrow{OM}=\frac{1}{1+\lambda}(\overrightarrow{OA}+\lambda\overrightarrow{OB})=\left(\frac{x_1+\lambda x_2}{1+\lambda},\frac{y_1+\lambda y_2}{1+\lambda},\frac{z_1+\lambda z_2}{1+\lambda}\right)$$

这就是点 M 的坐标.

点 M 叫做有向线段 $\overrightarrow{AB}$ 的定比分点. 当 $\lambda=1$，点 M 是有向线段 $\overrightarrow{AB}$ 的中点，其坐标为

$$x=\frac{x_1+x_2}{2},y=\frac{y_1+y_2}{2},z=\frac{z_1+z_2}{2}$$

三、向量的模、方向角、投影

1. 向量的模与两点间的距离公式

设向量 $r=(x,y,z)$，作 $\overrightarrow{OM}=r$，则

$$r=\overrightarrow{OM}=\overrightarrow{OP}+\overrightarrow{OQ}+\overrightarrow{OR}$$

$$|r|=|\overrightarrow{OM}|=\sqrt{|\overrightarrow{OP}|^2+|\overrightarrow{OQ}|^2+|\overrightarrow{OR}|^2}$$

$$\overrightarrow{OP}=xi,\overrightarrow{OQ}=yj,\overrightarrow{OR}=zk$$

$$|\overrightarrow{OP}|=|x|,|\overrightarrow{OQ}|=|y|,|\overrightarrow{OR}|=|z|$$

$$|r|=\sqrt{x^2+y^2+z^2}$$

一般地，设 $a=(a_x,a_y,a_z)$，则有

$$|a|=\sqrt{a_x^2+a_y^2+a_z^2}$$

设有点 $M_1(x_1,y_1,z_1)$、点 $M_2(x_2,y_2,z_2)$（见图 7-7），则

$$\overrightarrow{M_1M_2}=\overrightarrow{OM_1}-\overrightarrow{OM_2}=(x_1,y_1,z_1)-(x_2,y_2,z_2)=(x_2-x_1,y_2-y_1,z_2-z_1)$$

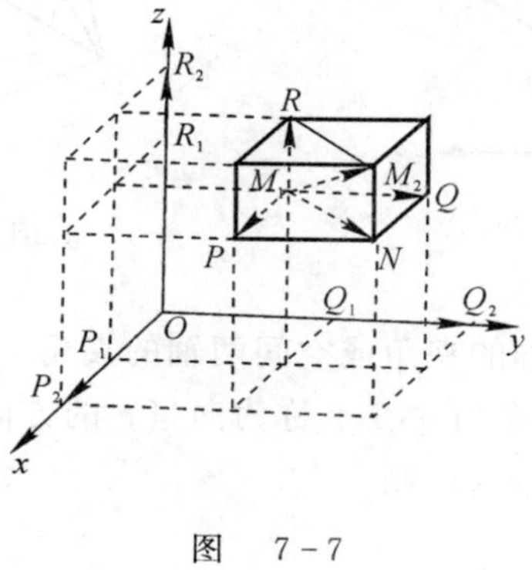

图　7-7

点 M_1 和点 M_2 的距离 $|\overrightarrow{M_1M_2}|$ 为

$$|\overrightarrow{M_1M_2}|=\sqrt{(x_2-x_1)^2+(y_2-y_1)^2+(z_2-z_1)^2}$$

例 3 求点 $M(x,y,z)$ 到 3 条坐标轴的距离.

解 设点 M 在 x 轴的投影为点 P，则点 P 的坐标为 $P(x,0,0)$，且线段 MP 的长就是 M 到 x 轴的距离，则

$$|\overrightarrow{MP}|=\sqrt{(x-x)^2+(y-0)^2+(z-0)^2}=\sqrt{y^2+z^2}$$

同理可知，点 M 到 y 轴和 z 轴的距离分别为

$$|\overrightarrow{MQ}|=\sqrt{x^2+z^2},\quad |\overrightarrow{MR}|=\sqrt{x^2+y^2}$$

其中，Q,R 分别是点 M 在 y 轴和 z 轴上的投影点.

例 4 在 y 轴上求与点 $A(1,-3,7)$ 和 $B(5,-7,5)$ 等距离的点.

解 因为所求的点在 y 轴上，故可设它为 $M(0,y,0)$，依题意有

$$|\overrightarrow{MA}|=|\overrightarrow{MB}|$$

即有

$$\sqrt{(1-0)^2+(-3-y)^2+(7-0)^2}=\sqrt{(5-0)^2+(7-y)^2+(-5-0)^2}$$

解得 $y=2$，因此，所求的点为 $M(0,2,0)$.

例 5 求证：以点 $M_1(4,3,1)$，$M_2(7,1,2)$，$M_3(5,2,3)$ 三点为顶点的三角形是等腰三角形.

证明 只需证明 $\triangle M_1M_2M_3$ 有两个边长相等即可，有

$$|\overrightarrow{M_1M_2}|=\sqrt{(7-4)^2+(1-3)^2+(2-1)^2}=\sqrt{14}$$

$$|\overrightarrow{M_2M_3}|=\sqrt{(5-7)^2+(2-1)^2+(3-2)^2}=\sqrt{6}$$

$$|\overrightarrow{M_3M_1}|=\sqrt{(4-5)^2+(3-2)^2+(1-3)^2}=\sqrt{14}$$

因为 $|\overrightarrow{M_1M_2}|=|\overrightarrow{M_3M_1}|$，所以 $\triangle M_1M_2M_3$ 是等腰三角形.

2. 方向角与方向余弦

当把两个非零向量 $\boldsymbol{a}$ 与 $\boldsymbol{b}$ 的起点放到同一点时，两个向量之间的不超过 π 的夹角称为向量 $\boldsymbol{a}$ 与 $\boldsymbol{b}$ 的夹角，记作 $(\widehat{\boldsymbol{a},\boldsymbol{b}})$ 或 $(\widehat{\boldsymbol{b},\boldsymbol{a}})$. 如果向量 $\boldsymbol{a}$ 与 $\boldsymbol{b}$ 中有一个是零向量，规定它们的夹角可以在 0 与 π 之间任意取值（见图 7-8）.

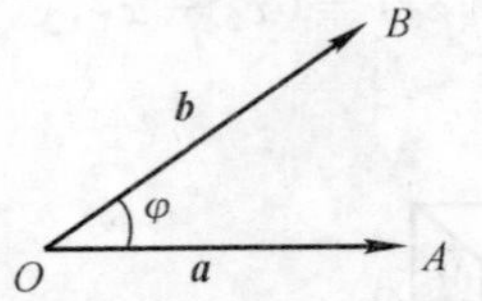

图 7-8

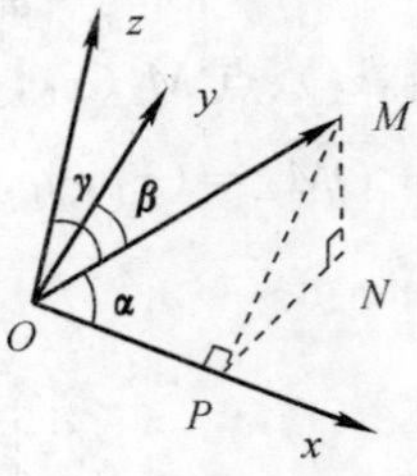

图 7-9

类似地，可以规定向量与一轴的夹角或空间两轴的夹角.

非零向量 $\boldsymbol{r}$ 与 3 条坐标轴的夹角 α,β,γ 称为向量 $\boldsymbol{r}$ 的方向角（见图 7-9）.

向量的方向余弦：设 $\boldsymbol{r}=(x,y,z)$，则

$$x=|\boldsymbol{r}|\cos\alpha, y=|\boldsymbol{r}|\cos\beta, z=|\boldsymbol{r}|\cos\gamma$$

$\cos\alpha,\cos\beta,\cos\gamma$ 称为向量 $\boldsymbol{r}$ 的方向余弦，则

$$\cos\alpha=\frac{x}{|\boldsymbol{r}|},\cos\beta=\frac{y}{|\boldsymbol{r}|},\cos\gamma=\frac{z}{|\boldsymbol{r}|}$$

从而有

$$(\cos\alpha,\cos\beta,\cos\gamma)=\frac{1}{|\boldsymbol{r}|}\boldsymbol{r}=\boldsymbol{e}_r$$

上式表明，以向量 $\boldsymbol{r}$ 的方向余弦为坐标的向量就是与 $\boldsymbol{r}$ 同方向的单位向量 $\boldsymbol{e}_r$. 因此

$$\cos^2\alpha+\cos^2\beta+\cos^2\gamma=1$$

例 6　已知空间两点 $M_1(2,2,\sqrt{2})$，$M_2(1,3,0)$，求 $\overrightarrow{M_1M_2}$ 的模、方向余弦，并求与 $\overrightarrow{M_1M_2}$ 平行的单位向量.

解　$$\overrightarrow{M_1M_2}=(-1,1,-\sqrt{2}),\ |\overrightarrow{M_1M_2}|=\sqrt{(-1)^2+1^2+(-\sqrt{2})^2}=2$$

$$\cos\alpha=-\frac{1}{2},\cos\beta=\frac{1}{2},\cos\gamma=-\frac{\sqrt{2}}{2}$$

与 $\overrightarrow{M_1M_2}$ 平行的单位向量为

$$\pm\frac{\overrightarrow{M_1M_2}}{|\overrightarrow{M_1M_2}|}=\pm\{\cos\alpha,\cos\beta,\cos\gamma\}=\pm\left\{-\frac{1}{2},\frac{1}{2},-\frac{\sqrt{2}}{2}\right\}$$

例 7　设点 A 位于第 Ⅰ 卦限，向径 $\overrightarrow{OA}$ 与 x 轴，y 轴的夹角依次为 $\pi/3$ 和 $\pi/4$，且 $|\overrightarrow{OA}|=6$，求点 A 的坐标.

解　$$\alpha=\pi/3,\quad \beta=\pi/4$$

由　$$\cos^2\alpha+\cos^2\beta+\cos^2\gamma=1\Rightarrow\cos^2\gamma=1/4$$

又点 A 在第 Ⅰ 卦限，有　$$\cos\gamma=1/2$$

$$\overrightarrow{OA}=|\overrightarrow{OA}|\boldsymbol{e}_{OA}=6\left(\frac{1}{2},\frac{1}{\sqrt{2}},\frac{1}{2}\right)=(3,3\sqrt{2},3)$$

故 $(3,3\sqrt{2},3)$ 为点 A 的坐标.

3. 向量在轴上的投影

设点 O 及单位向量 $\boldsymbol{e}$ 确定轴 u，给定向量 $\boldsymbol{r}$，作 $\boldsymbol{r}=\overrightarrow{OM}$，过点 M 作与轴 u 垂直的平面交轴 u 于点 M'，点 M' 称为点 M 在轴 u 上的投影.

向量 $\overrightarrow{OM'}=\lambda\boldsymbol{e}$，称 λ 为向量 $\boldsymbol{r}$ 在轴 u 上的投影，记为 $\mathrm{Prj}_u\boldsymbol{r}$（或 $(\boldsymbol{r})_u$），如图 7-10 所示.

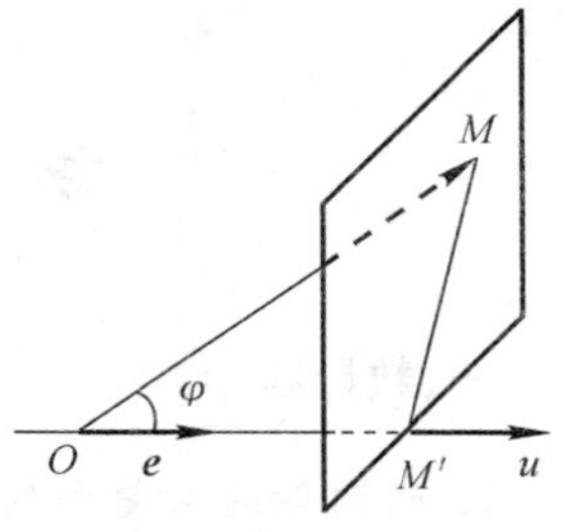

图 7-10

由此向量 $\boldsymbol{a}$ 在坐标系 $Oxyz$ 中的坐标 a_x,a_y,a_z 为 $\boldsymbol{a}$ 在 3 条坐标轴上的投影，即

$$a_x=\mathrm{Prj}_x\boldsymbol{a},\ a_y=\mathrm{Prj}_y\boldsymbol{a},\ a_z=\mathrm{Prj}_z\boldsymbol{a}$$

或　$$a_x=(\boldsymbol{a})_x,\ a_y=(\boldsymbol{a})_y,\ a_z=(\boldsymbol{a})_z$$

向量的投影具有于向量坐标相同的性质：

性质 1　$(\boldsymbol{a})_u=|\boldsymbol{a}|\cos\varphi$　[或 $\mathrm{Prj}_u\boldsymbol{a}=|\boldsymbol{a}|\cos\varphi$]

其中 φ 为 $\boldsymbol{a}$ 与轴 u 的夹角.

性质 2　$$(\boldsymbol{a}+\boldsymbol{b})_u=(\boldsymbol{a})_u+(\boldsymbol{b})_u[\text{或 }\mathrm{Prj}_u(\boldsymbol{a}+\boldsymbol{b})=\mathrm{Prj}_u\boldsymbol{a}+\mathrm{Prj}_u\boldsymbol{b}]$$

$$\mathrm{Prj}_u(\boldsymbol{a}_1+\boldsymbol{a}_2+\cdots+\boldsymbol{a}_n)=\mathrm{Prj}_u\boldsymbol{a}_1+\mathrm{Prj}_u\boldsymbol{a}_2+\cdots+\mathrm{Prj}_u\boldsymbol{a}_n$$

性质 3　$(\lambda\boldsymbol{a})_u=\lambda(\boldsymbol{a})_u$[或 $\mathrm{Prj}_u(\lambda\boldsymbol{a})=\lambda\mathrm{Prj}_u\boldsymbol{a}$]

例 8 设立方体的一条对角线为 OM，一条棱为 OA，且 $|\overrightarrow{OA}|=a$，求 $\overrightarrow{OA}$ 在 $\overrightarrow{OM}$ 上的投影 $\mathrm{Prj}_{\overrightarrow{OM}}\overrightarrow{OA}$.

解 设 $\varphi=\angle MOA$，则

$$\cos\varphi=\frac{|\overrightarrow{OA}|}{|\overrightarrow{OM}|}=\frac{1}{\sqrt{3}}$$

故

$$\mathrm{Prj}_{\overrightarrow{OM}}\overrightarrow{OA}=|\overrightarrow{OA}|\cdot\cos\varphi=\frac{a}{\sqrt{3}}$$

习 题 7-2

一、填空题

1. 点 $M(x,y,z)$ 关于 x 轴的对称点为 M_1 ________；关于 xOy 平面的对称点为 M_2 ________；关于原点的对称点为 M_3 ________.

2. 平行于 $\boldsymbol{a}=(1,1,1)$ 的单位向量为________；若向量 $\boldsymbol{a}=(\lambda,1,5)$ 与向量 $\boldsymbol{b}=(2,10,50)$ 平行，λ 为________.

3. 设 $\boldsymbol{u}=\boldsymbol{a}-\boldsymbol{b}+2\boldsymbol{c}$，$\boldsymbol{v}=-\boldsymbol{a}+3\boldsymbol{b}-\boldsymbol{c}$，则 $2\boldsymbol{u}-3\boldsymbol{v}=$________.

4. 已知两点 $M_1(4,\sqrt{2},1)$ 和 $M_2(3,0,2)$，则向量 $\overrightarrow{M_1M_2}$ 在 3 个坐标轴上的投影分别是________，________，________.

5. 同时垂直于向量 $\boldsymbol{a}=(-3,6,8)$ 和 y 轴的单位向量为________.

6. 已知两向量 $\boldsymbol{a}=6\boldsymbol{i}-4\boldsymbol{j}+10\boldsymbol{k}$，$\boldsymbol{b}=3\boldsymbol{i}+4\boldsymbol{j}-9\boldsymbol{k}$，则 $\boldsymbol{a}+2\boldsymbol{b}=$________，$3\boldsymbol{a}-2\boldsymbol{b}=$________.

7. 若两向量 $l\boldsymbol{i}+3\boldsymbol{j}+(m-n)\boldsymbol{k}$ 与 $3\boldsymbol{i}+n\boldsymbol{j}+3\boldsymbol{k}$ 相等，则 $l=$________，$m=$________，$n=$________.

二、计算题

1. 求点 $M(4,-3,5)$ 与原点及各坐标轴、坐标面间的距离.

2. 在 z 轴上求一点，与两点 $A(-4,1,7)$，$B(3,5,-2)$ 的距离相等.

3. 已知 $\boldsymbol{a}_1=(1,-2,1)$，$\boldsymbol{a}_2=(-4,5,8)$，$\boldsymbol{a}_3=(-2,1,0)$，求向量 $\boldsymbol{a}_4$，使 4 个向量之和等于零.

第 3 节 向量的数量积与向量积

一、数量积

1. 两向量的数量积的概念与性质

设一物体在常力 $\boldsymbol{F}$ 作用下沿直线从点 A 移动到点 B，以 $\boldsymbol{s}$ 表示位移 $\overrightarrow{AB}$. 由物理学知道，力 $\boldsymbol{F}$ 所做的功为

$$W=|\boldsymbol{F}||\boldsymbol{s}|\cos\varphi$$

其中 φ 为 $\boldsymbol{F}$ 与 $\boldsymbol{s}$ 的夹角(见图 7-11).

像这个由两个向量的模及其夹角余弦的乘积构成的算式，在其他问题中还会遇到.

定义 7.1　给定两个向量 $\boldsymbol{\alpha},\boldsymbol{\beta}$,定义它们的数量积为

$$\boldsymbol{\alpha}\cdot\boldsymbol{\beta}=|\boldsymbol{\alpha}||\boldsymbol{\beta}|\cos\varphi$$

其中 φ 是 $\boldsymbol{\alpha}$ 与 $\boldsymbol{\beta}$ 的夹角.

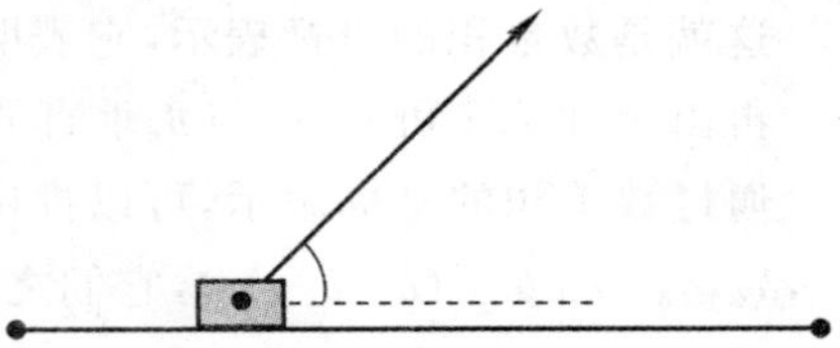

图　7-11

与向量的数量乘法不同,两个向量的向量积不是向量,而是数量.数量积也被称为点积.

根据上节的投影定理,可以得到数量积与投影的关系为

$$\boldsymbol{\alpha}\cdot\boldsymbol{\beta}=|\boldsymbol{\alpha}|\mathrm{Prj}_{\boldsymbol{\alpha}}\boldsymbol{\beta}=|\boldsymbol{\beta}|\mathrm{Prj}_{\boldsymbol{\beta}}\boldsymbol{\alpha}$$

由于 $\boldsymbol{\alpha}$ 与 $\boldsymbol{\alpha}$ 的夹角 $\varphi=0$,则有

$$\boldsymbol{\alpha}\cdot\boldsymbol{\alpha}=|\boldsymbol{\alpha}|\cdot|\boldsymbol{\alpha}|\cos 0=|\boldsymbol{\alpha}|^2$$

通常将 $\boldsymbol{\alpha}\cdot\boldsymbol{\alpha}$ 记为 $\boldsymbol{\alpha}^2$.

向量的数量积满足以下的运算律:

(1) 交换律:$\boldsymbol{\alpha}\cdot\boldsymbol{\beta}=\boldsymbol{\beta}\cdot\boldsymbol{\alpha}$;

(2) 结合律:$\lambda(\boldsymbol{\alpha}\cdot\boldsymbol{\beta})=(\lambda\boldsymbol{\alpha})\cdot\boldsymbol{\beta}=\boldsymbol{\alpha}\cdot(\lambda\boldsymbol{\beta})$;

(3) 对于向量加法的分配律:$(\boldsymbol{\alpha}+\boldsymbol{\beta})\cdot\boldsymbol{\gamma}=\boldsymbol{\alpha}\cdot\boldsymbol{\gamma}+\boldsymbol{\beta}\cdot\boldsymbol{\gamma}$.

例 1　试用向量证明三角形的余弦定理(见图 7-12).

证明　设在 $\triangle ABC$ 中,有

$$\angle BCA=\theta,\ |BC|=a,\ |CA|=b,\ |AB|=c$$

记

$\overrightarrow{CB}=\boldsymbol{a},\overrightarrow{CA}=\boldsymbol{b},AB=\boldsymbol{c}\Rightarrow \boldsymbol{c}=\boldsymbol{a}-\boldsymbol{b}\Rightarrow$

$\boldsymbol{c}^2=|\boldsymbol{c}|^2=\boldsymbol{c}\cdot\boldsymbol{c}=(\boldsymbol{a}-\boldsymbol{b})\cdot(\boldsymbol{a}-\boldsymbol{b})=\boldsymbol{a}\cdot\boldsymbol{a}+\boldsymbol{b}\cdot\boldsymbol{b}-2\boldsymbol{a}\cdot\boldsymbol{b}\Rightarrow$

$\boldsymbol{c}^2=|\boldsymbol{a}|^2+|\boldsymbol{b}|^2-2|\boldsymbol{a}||\boldsymbol{b}|\cos\theta=\boldsymbol{a}^2+\boldsymbol{b}^2-2\boldsymbol{ab}\cos\theta$

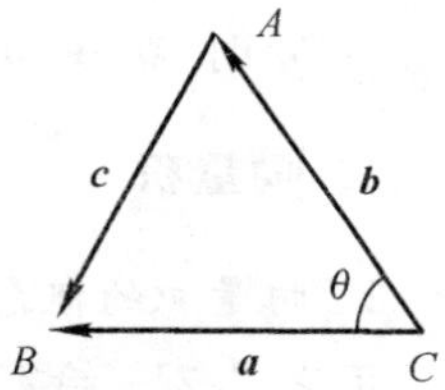

图　7-12

定理 7.2(向量垂直与数量积的关系)　向量 $\boldsymbol{\alpha}$ 与 $\boldsymbol{\beta}$ 相互垂直的充分必要条件是 $\boldsymbol{\alpha}\cdot\boldsymbol{\beta}=0$(规定零向量与任何向量垂直).

2. 数量积的坐标表示

下面来研究数量积的坐标表示.设向量 $\boldsymbol{\alpha}=(a_1,a_2,a_3),\boldsymbol{\beta}=(b_1,b_2,b_3)$,则

$$\boldsymbol{\alpha}=a_1\boldsymbol{i}+a_2\boldsymbol{j}+a_3\boldsymbol{k},\quad \boldsymbol{\beta}=b_1\boldsymbol{i}+b_2\boldsymbol{j}+b_3\boldsymbol{k}$$

根据数量积的运算律可得

$$\begin{aligned}\boldsymbol{\alpha}\cdot\boldsymbol{\beta}=&(a_1\boldsymbol{i}+a_2\boldsymbol{j}+a_3\boldsymbol{k})\cdot(b_1\boldsymbol{i}+b_2\boldsymbol{j}+b_3\boldsymbol{k})=\\&(a_1\boldsymbol{i}+a_2\boldsymbol{j}+a_3\boldsymbol{k})\cdot(b_1\boldsymbol{i})+(a_1\boldsymbol{i}+a_2\boldsymbol{j}+a_3\boldsymbol{k})\cdot(b_2\boldsymbol{j})+\\&(a_1\boldsymbol{i}+a_2\boldsymbol{j}+a_3\boldsymbol{k})\cdot(b_3\boldsymbol{k})=\\&(a_1b_1)\boldsymbol{i}\cdot\boldsymbol{i}+(a_2b_1)\boldsymbol{j}\cdot\boldsymbol{i}+(a_3b_1)\boldsymbol{k}\cdot\boldsymbol{i}+\\&(a_1b_2)\boldsymbol{i}\cdot\boldsymbol{j}+(a_2b_2)\boldsymbol{j}\cdot\boldsymbol{j}+(a_3b_2)\boldsymbol{k}\cdot\boldsymbol{j}+\\&(a_1b_3)\boldsymbol{i}\cdot\boldsymbol{k}+(a_2b_3)\boldsymbol{j}\cdot\boldsymbol{k}+(a_3b_3)\boldsymbol{k}\cdot\boldsymbol{k}\end{aligned}$$

因向量 $\boldsymbol{i},\boldsymbol{j},\boldsymbol{k}$ 都是单位向量且相互垂直,由式可得

$$\boldsymbol{i}\cdot\boldsymbol{i}=|\boldsymbol{i}|^2=1,\boldsymbol{j}\cdot\boldsymbol{j}=1,\boldsymbol{k}\cdot\boldsymbol{k}=1$$

再由垂直于数量积的关系知,在式中,除含有 $\boldsymbol{i}\cdot\boldsymbol{i},\boldsymbol{j}\cdot\boldsymbol{j},\boldsymbol{k}\cdot\boldsymbol{k}$ 的项外,其他数量积都为零,从而

$$\boldsymbol{\alpha}\cdot\boldsymbol{\beta}=a_1b_1+a_2b_2+a_3b_3$$

这就是数量积的坐标表示，它表明 $\boldsymbol{\alpha}$ 与 $\boldsymbol{\beta}$ 的数量积是它们对应坐标的乘积之和.

再由定理 7.2 可知，$\boldsymbol{\alpha}$ 与 $\boldsymbol{\beta}$ 垂直的充分必要条件是 $a_1b_1+a_2b_2+a_3b_3=0$.

通过数量积的坐标表示，可以推出两个向量夹角余弦的坐标表示. 给定两个非零向量 $\boldsymbol{\alpha}=(a_1,a_2,a_3)$ 和 $\boldsymbol{\beta}=(b_1,b_2,b_3)$，它们之间的夹角 φ. 由向量积的定义 $\boldsymbol{\alpha}\cdot\boldsymbol{\beta}=|\boldsymbol{\alpha}||\boldsymbol{\beta}|\cos\varphi$ 得到

$$\cos\varphi=\frac{\boldsymbol{\alpha}\cdot\boldsymbol{\beta}}{|\boldsymbol{\alpha}|\cdot|\boldsymbol{\beta}|}=\frac{a_1b_1+a_2b_2+a_3b_3}{\sqrt{a_1+a_2+a_3}\cdot\sqrt{b_1+b_2+b_3}}$$

例 2 设 $\boldsymbol{a}=2\boldsymbol{i}-4\boldsymbol{j}-5\boldsymbol{k},\boldsymbol{b}=\boldsymbol{i}-2\boldsymbol{j}-\boldsymbol{k}$，求 $(-2\boldsymbol{a})\cdot(3\boldsymbol{b})$，$\boldsymbol{a}$ 与 $\boldsymbol{b}$ 的夹角 θ.

解
$$\boldsymbol{a}\cdot\boldsymbol{b}=2\times1+(-4)\times(-2)+(-5)\times(-1)=15$$
$$(-2\boldsymbol{a})\cdot(3\boldsymbol{b})=-6(\boldsymbol{a}\cdot\boldsymbol{b})=-6\times15=-90$$
$$\cos\theta=\frac{\boldsymbol{a}\cdot\boldsymbol{b}}{|\boldsymbol{a}||\boldsymbol{b}|}=\frac{15}{\sqrt{2^2+(-4)^2+(-5)^2}\sqrt{1^2+(-2)^2+(-1)^2}}=\frac{5}{\sqrt{30}},\theta=\arccos\frac{5}{\sqrt{30}}$$

例 3 设 $\boldsymbol{a}=(3,4,-2),\boldsymbol{b}=(2,1,4)$，问 λ,μ 关系如何，才能使 $\lambda\boldsymbol{a}+\mu\boldsymbol{b}$ 与 z 轴垂直.

解 $\lambda\boldsymbol{a}+\mu\boldsymbol{b}$ 与 z 轴垂直，即 $(\lambda\boldsymbol{a}+\mu\boldsymbol{b})\cdot\boldsymbol{k}=0$，而
$$\lambda\boldsymbol{a}+\mu\boldsymbol{b}=(3\lambda+2\mu,5\lambda+\mu,-2\lambda+4\mu),\boldsymbol{k}=(0,0,1)$$
故
$$(\lambda\boldsymbol{a}+\mu\boldsymbol{b})\cdot\boldsymbol{k}=(3\lambda+2\mu)\times0+(5\lambda+\mu)\times0+(-2\lambda+4\mu)\times1=4\mu-2\lambda=0$$
即 $\lambda=2\mu$ 时，$\lambda\boldsymbol{a}+\mu\boldsymbol{b}$ 与 z 轴垂直.

二、向量积

1. 向量积的概念及性质

定义 7.2 给定两个向量 $\boldsymbol{\alpha}$ 与 $\boldsymbol{\beta}$，它们的向量积规定为一个向量 $\boldsymbol{\gamma}$，它由下述方式确定：

(1) $\boldsymbol{\gamma}$ 的长度为 $|\boldsymbol{\gamma}|=|\boldsymbol{\alpha}|\cdot|\boldsymbol{\beta}|\sin\varphi$，其中 φ 是向量 $\boldsymbol{\alpha}$ 与 $\boldsymbol{\beta}$ 的夹角；

(2) $\boldsymbol{\gamma}$ 的方向为既垂直于 $\boldsymbol{\alpha}$ 又垂直于 $\boldsymbol{\beta}$，并且按右手法则由 $\boldsymbol{\alpha}$ 转到 $\boldsymbol{\beta}$ 来确定. 按照上述方法确定的向量积 $\boldsymbol{\gamma}$ 记为 $\boldsymbol{\alpha}\times\boldsymbol{\beta}$，因此向量积也称为叉积. 需注意，与定义 7.1 中的数量积不同，向量积不是数量，而是向量.

向量积的模的几何意义：设 $\boldsymbol{\alpha}=\overrightarrow{OA},\boldsymbol{\beta}=\overrightarrow{OB}$，则模 $|\boldsymbol{\alpha}\times\boldsymbol{\beta}|$ 表示了以 $\boldsymbol{\alpha}$ 和 $\boldsymbol{\beta}$ 为边得平行四边形 $OBCA$ 的面积.

底边 OB 上的高 $h=|\boldsymbol{\alpha}|\sin\varphi$，所以，平行四边形 $OBCA$ 的面积为
$$S_{OBCA}=h|\boldsymbol{\beta}|=|\boldsymbol{\alpha}|\cdot|\boldsymbol{\beta}|\sin\varphi=|\boldsymbol{\alpha}\times\boldsymbol{\beta}|$$

向量的向量积满足如下运算律.

反交换律：$\boldsymbol{\alpha}\times\boldsymbol{\beta}=-\boldsymbol{\beta}\times\boldsymbol{\alpha}$；

分配律：$(\boldsymbol{\alpha}+\boldsymbol{\beta})\times\boldsymbol{\gamma}=\boldsymbol{\alpha}\times\boldsymbol{\gamma}+\boldsymbol{\beta}\times\boldsymbol{\gamma}$；

结合律：$\lambda(\boldsymbol{\alpha}\times\boldsymbol{\beta})=(\lambda\boldsymbol{\alpha})\times\boldsymbol{\beta}=\boldsymbol{\alpha}\times(\lambda\boldsymbol{\beta})$（其中 λ 为常数）.

定理 7.3（向量积与向量的平行的关系） 两个向量 $\boldsymbol{\alpha}$ 与 $\boldsymbol{\beta}$ 相互平行的充分必要条件是
$$\boldsymbol{\alpha}\times\boldsymbol{\beta}=\boldsymbol{0}$$

例 4 对于基本单位向量 $\boldsymbol{i},\boldsymbol{j},\boldsymbol{k}$，讨论它们的向量积.

解 由定理知 $\boldsymbol{i}\times\boldsymbol{i}=\boldsymbol{0},\boldsymbol{j}\times\boldsymbol{j}=\boldsymbol{0},\boldsymbol{k}\times\boldsymbol{k}=\boldsymbol{0}$. 由于 $\boldsymbol{i},\boldsymbol{j},\boldsymbol{k}$ 都是单位向量，相互垂直，于是 $\boldsymbol{i}\times\boldsymbol{j}=\boldsymbol{k},\boldsymbol{j}\times\boldsymbol{k}=\boldsymbol{i},\boldsymbol{k}\times\boldsymbol{i}=\boldsymbol{j}$. 再由反交换律可得
$$\boldsymbol{k}\times\boldsymbol{j}=-\boldsymbol{i},\boldsymbol{j}\times\boldsymbol{i}=-\boldsymbol{k},\boldsymbol{i}\times\boldsymbol{k}=-\boldsymbol{j}$$

2. 向量积的坐标表示

对于给定的向量 $\boldsymbol{\alpha}=\{a_1,a_2,a_3\}$，$\boldsymbol{\beta}=\{b_1,b_2,b_3\}$，下面来讨论向量积的坐标表示. 此时 $\boldsymbol{\alpha}=a_1\boldsymbol{i}+a_2\boldsymbol{j}+a_3\boldsymbol{k}$，$\boldsymbol{\beta}=b_1\boldsymbol{i}+b_2\boldsymbol{j}+b_3\boldsymbol{k}$，，根据向量积的运算律可得

$$\boldsymbol{\alpha}\times\boldsymbol{\beta}=(a_2b_3-a_3b_2)\boldsymbol{i}-(a_1b_3-a_3b_1)\boldsymbol{j}+(a_1b_2-a_2b_1)\boldsymbol{k}$$

$$\begin{aligned}\boldsymbol{\alpha}\times\boldsymbol{\beta}=&(a_1\boldsymbol{i}+a_2\boldsymbol{j}+a_3\boldsymbol{k})\times(b_1\boldsymbol{i}+b_2\boldsymbol{j}+b_3\boldsymbol{k})=\\&(a_1\boldsymbol{i}+a_2\boldsymbol{j}+a_3\boldsymbol{k})\times(b_1\boldsymbol{i})+(a_1\boldsymbol{i}+a_2\boldsymbol{j}+a_3\boldsymbol{k})\times(b_2\boldsymbol{j})+\\&(a_1\boldsymbol{i}+a_2\boldsymbol{j}+a_3\boldsymbol{k})\times(b_3\boldsymbol{k})=\\&(a_1b_1)\boldsymbol{i}\times\boldsymbol{i}+(a_2b_1)\boldsymbol{j}\times\boldsymbol{i}+(a_3b_1)\boldsymbol{k}\times\boldsymbol{i}+\\&(a_1b_2)\boldsymbol{i}\times\boldsymbol{j}+(a_2b_2)\boldsymbol{j}\times\boldsymbol{j}+(a_3b_2)\boldsymbol{k}\times\boldsymbol{j}+\\&(a_1b_3)\boldsymbol{i}\times\boldsymbol{k}+(a_2b_3)\boldsymbol{j}\times\boldsymbol{k}+(a_3b_3)\boldsymbol{k}\times\boldsymbol{k}\end{aligned}$$

再由例中 $\boldsymbol{i},\boldsymbol{j},\boldsymbol{k}$ 向量积的结论可得

$$\begin{aligned}\boldsymbol{\alpha}\times\boldsymbol{\beta}=&(a_1b_1)\boldsymbol{0}-(a_2b_1)\boldsymbol{k}+(a_3b_1)\boldsymbol{j}+(a_1b_2)\boldsymbol{k}+(a_2b_2)\boldsymbol{0}-(a_3b_2)\boldsymbol{i}-\\&(a_1b_3)\boldsymbol{j}+(a_2b_3)\boldsymbol{i}\times\boldsymbol{k}+(a_3b_3)\boldsymbol{0}=\\&(a_2b_3-a_3b_2)\boldsymbol{i}+(a_3b_1-a_1b_3)\boldsymbol{j}+(a_1b_2-a_2b_1)\boldsymbol{k}\end{aligned}$$

为了便于记忆，将上式写成行列式的形式

$$\boldsymbol{\alpha}\times\boldsymbol{\beta}=\begin{vmatrix}a_2&a_3\\b_2&b_3\end{vmatrix}\boldsymbol{i}-\begin{vmatrix}a_1&a_3\\b_1&b_3\end{vmatrix}\boldsymbol{j}+\begin{vmatrix}a_1&a_2\\b_1&b_2\end{vmatrix}\boldsymbol{k}=\begin{vmatrix}\boldsymbol{i}&\boldsymbol{j}&\boldsymbol{k}\\a_1&a_2&a_3\\b_1&b_2&b_3\end{vmatrix}$$

注　式中的三阶行列式并不是真正的三阶行列式，只是利用了三阶行列式按照第一行展开的公式.

例 5　设 $\boldsymbol{a}=(2,1,-1)$，$\boldsymbol{b}=(1,-1,2)$，计算 $\boldsymbol{a}\times\boldsymbol{b}$.

解　$$\boldsymbol{a}\times\boldsymbol{b}=\begin{vmatrix}\boldsymbol{i}&\boldsymbol{j}&\boldsymbol{k}\\2&1&-1\\1&-1&2\end{vmatrix}=\begin{vmatrix}1&-1\\-1&2\end{vmatrix}\boldsymbol{i}-\begin{vmatrix}2&-1\\1&2\end{vmatrix}\boldsymbol{j}+\begin{vmatrix}2&1\\1&-1\end{vmatrix}\boldsymbol{k}=\boldsymbol{i}-5\boldsymbol{j}-3\boldsymbol{k}$$

例 6　已知 $\triangle ABC$ 的顶点分别是 $A(1,2,3)$，$B(3,4,5)$ 和 $C(2,4,7)$，求 $\triangle ABC$ 的面积.

解　$$S_{\triangle ABC}=\frac{1}{2}\mid\overrightarrow{AB}\mid\cdot\mid\overrightarrow{AC}\mid\cdot\sin\angle A=\frac{1}{2}\mid\overrightarrow{AB}\times\overrightarrow{AC}\mid$$

$$\overrightarrow{AB}=(3,4,5)-(1,2,3)=(2,2,2),\quad\overrightarrow{AC}=(2,4,7)-(1,2,3)=(1,2,4)$$

$$S_{\triangle ABC}=\frac{1}{2}\mid\overrightarrow{AB}\times\overrightarrow{AC}\mid=\begin{vmatrix}\boldsymbol{i}&\boldsymbol{j}&\boldsymbol{k}\\2&2&2\\1&2&4\end{vmatrix}=\begin{vmatrix}2&2\\2&4\end{vmatrix}\boldsymbol{i}-\begin{vmatrix}2&2\\1&4\end{vmatrix}\boldsymbol{j}+\begin{vmatrix}1&2\\1&4\end{vmatrix}\boldsymbol{k}=4\boldsymbol{i}-6\boldsymbol{j}+2\boldsymbol{k}$$

例 7　已知 $M_1(1,-1,2)$，$M_2(3,3,1)$，$M_3(3,1,3)$ 求与 $\overrightarrow{M_1M_2}$，$\overrightarrow{M_2M_3}$ 同时垂直的单位向量.

解
$$\overrightarrow{M_1M_2}=(3,3,1)-(1,-1,2)=(2,4,-1)$$
$$\overrightarrow{M_2M_3}=(3,1,3)-(3,3,1)=(0,-2,2)$$

与 $\overrightarrow{M_1M_2}$，$\overrightarrow{M_2M_3}$ 同时垂直的一个向量为

$$\boldsymbol{a}=\overrightarrow{M_1M_2}\times\overrightarrow{M_2M_3}=\begin{vmatrix}\boldsymbol{i}&\boldsymbol{j}&\boldsymbol{k}\\2&4&-1\\0&-2&2\end{vmatrix}=\begin{vmatrix}4&-1\\-2&2\end{vmatrix}\boldsymbol{i}-\begin{vmatrix}2&-1\\0&2\end{vmatrix}\boldsymbol{j}+\begin{vmatrix}2&4\\0&-2\end{vmatrix}\boldsymbol{k}=$$

$$6\boldsymbol{i}-4\boldsymbol{j}-4\boldsymbol{k}$$

$$|\boldsymbol{a}|=\sqrt{6^2+(-4)^2+(-4)^2}=2\sqrt{17}$$

$$\Rightarrow \boldsymbol{a}=\pm\frac{1}{\sqrt{17}}(3\boldsymbol{i}-2\boldsymbol{j}-2\boldsymbol{k})$$

习　题　7-3

一、选择题

1. 向量 $\boldsymbol{a}$ 与 $\boldsymbol{b}$ 的数量积 $\boldsymbol{a}\cdot\boldsymbol{b}=($　　$)$.

A. $|\boldsymbol{a}|\mathrm{Prj}\boldsymbol{a}$　　B. $\boldsymbol{a}\cdot\mathrm{Prj}\boldsymbol{b}$　　C. $|\boldsymbol{a}|\mathrm{Prj}\boldsymbol{b}$　　D. $|\boldsymbol{b}|\mathrm{Prj}\boldsymbol{b}$

2. 非零向量 $\boldsymbol{a},\boldsymbol{b}$ 满足 $\boldsymbol{a}\cdot\boldsymbol{b}=\boldsymbol{0}$，则有(　　).

A. $\boldsymbol{a}\parallel\boldsymbol{b}$　　B. $\boldsymbol{a}=\lambda\boldsymbol{b}$($\lambda$ 为实数)　　C. $\boldsymbol{a}\perp\boldsymbol{b}$　　D. $\boldsymbol{a}+\boldsymbol{b}=0$

3. 设 $\boldsymbol{a}$ 与 $\boldsymbol{b}$ 为非零向量，则 $\boldsymbol{a}\times\boldsymbol{b}=\boldsymbol{0}$ 是(　　).

A. $\boldsymbol{a}\parallel\boldsymbol{b}$ 的充要条件　　B. $\boldsymbol{a}\perp\boldsymbol{b}$ 的充要条件

C. $\boldsymbol{a}=\boldsymbol{b}$ 的充要条件　　D. $\boldsymbol{a}\parallel\boldsymbol{b}$ 的必要但不充分条件

4. 设 $\boldsymbol{i},\boldsymbol{j},\boldsymbol{k}$ 是 3 个坐标轴正方向上的单位向量，下列等式中正确的是(　　).

A. $\boldsymbol{k}\times\boldsymbol{j}=\boldsymbol{i}$　　B. $\boldsymbol{i}\cdot\boldsymbol{j}=\boldsymbol{k}$　　C. $\boldsymbol{i}\cdot\boldsymbol{i}=\boldsymbol{k}\cdot\boldsymbol{k}$　　D. $\boldsymbol{k}\times\boldsymbol{k}=\boldsymbol{k}\cdot\boldsymbol{k}$

5. 设 $\boldsymbol{a},\boldsymbol{b},\boldsymbol{c},\boldsymbol{d}$ 为向量，则下列各量为向量的是(　　).

A. $\mathrm{Prj}\boldsymbol{a}$　　B. $\boldsymbol{b}\cdot(\boldsymbol{c}\times\boldsymbol{d})$　　C. $(\boldsymbol{a}\times\boldsymbol{b})\cdot(\boldsymbol{c}\times\boldsymbol{d})$　　D. $\boldsymbol{a}\times(\boldsymbol{b}\times\boldsymbol{c})$

6. 设 $\boldsymbol{a}=2\boldsymbol{i}+3\boldsymbol{j}-4\boldsymbol{k},\boldsymbol{b}=5\boldsymbol{i}-\boldsymbol{j}+\boldsymbol{k}$，则向量 $\boldsymbol{c}=2\boldsymbol{a}-\boldsymbol{b}$ 在 y 轴上的分向量是(　　).

A. 7　　B. $7\boldsymbol{j}$　　C. -1　　D. $-9\boldsymbol{k}$

7. 以下结论正确的是(　　).

A. $(\boldsymbol{a}\cdot\boldsymbol{b})^2=|\boldsymbol{a}|^2\cdot|\boldsymbol{b}|^2$

B. $\boldsymbol{a}\times\boldsymbol{b}=|\boldsymbol{a}||\boldsymbol{b}|\sin(\widehat{\boldsymbol{a},\boldsymbol{b}})$

C. 若 $\boldsymbol{a}\cdot\boldsymbol{b}=\boldsymbol{a}\cdot\boldsymbol{c}$ 或 $\boldsymbol{a}\times\boldsymbol{b}=\boldsymbol{a}\times\boldsymbol{c}$，且 $\boldsymbol{a}\neq\boldsymbol{0}$，则 $\boldsymbol{b}=\boldsymbol{c}$

D. $(\boldsymbol{a}+\boldsymbol{b})\times(\boldsymbol{a}-\boldsymbol{b})=-2\boldsymbol{a}\times\boldsymbol{b}$

二、计算题

1. 设 $\boldsymbol{a}=3\boldsymbol{i}-\boldsymbol{j}-2\boldsymbol{k},\boldsymbol{b}=\boldsymbol{i}+2\boldsymbol{j}-\boldsymbol{k}$，求：

(1) $(-2\boldsymbol{a})\cdot 3\boldsymbol{b}$ 及 $\boldsymbol{a}\times\boldsymbol{b}$；

(2) $\boldsymbol{a},\boldsymbol{b}$ 夹角的余弦.

2. $\boldsymbol{a}=2\boldsymbol{i}-2\boldsymbol{j}+\boldsymbol{k},\boldsymbol{b}=\boldsymbol{i}-\boldsymbol{j}+\boldsymbol{k}$，求(1) $\boldsymbol{a}\cdot\boldsymbol{b}$；(2) $\mathrm{Prj}\boldsymbol{b}$；(3) $\cos(\boldsymbol{a},\boldsymbol{b})$

3. 设 $\boldsymbol{a}=\boldsymbol{i}-\boldsymbol{k},\boldsymbol{b}=2\boldsymbol{i}+3\boldsymbol{j}+\boldsymbol{k}$，求 $\boldsymbol{a}\times\boldsymbol{b}$.

4. 设 $\triangle ABC$ 的顶点为 $A(3,0,2),B(5,3,1),C(0,-1,3)$，求三角形的面积.

第 4 节　空间平面及方程

一、平面的点法式方程

给定点 $P_0(x_0,y_0,z_0)$ 及非零向量 $\boldsymbol{n}=(A,B,C)$，求经过点 P_0 且垂直于 $\boldsymbol{n}$ 的平面 π 的方

程. 从几何意义上讲，当 P_0 与 $\boldsymbol{n}$ 给定以后，平面 π 就被确定下来，因此 P_0 与 $\boldsymbol{n}$ 是确定平面 π 的两个要素.

设点 $P(x,y,z)$ 是 π 上的一点，则向量 $\overrightarrow{P_0P}$ 总与 $\boldsymbol{n}$ 垂直，从而

$$\boldsymbol{n}\cdot\overrightarrow{P_0P}=A(x-x_0)+B(y-y_0)+C(z-z_0)=0 \tag{7.1}$$

反之，如果点 $P(x,y,z)$ 满足方程(7.1)，则说明向量 $\overrightarrow{P_0P}$ 垂直于 $\boldsymbol{n}$，于是点 $P(x,y,z)$ 在平面 π 上. 称 $\boldsymbol{n}$ 为平面 π 的点法式方程.

例 1　求下列平面的方程：已知平面过点 $A(0,1,-1)$，法向量为 $\boldsymbol{n}=\{4,-2,-2\}$.

解　由点法式方程(7.1) 有

$$4\cdot(x-0)+(-2)\cdot(y-1)+(-2)\cdot(z+1)=0$$

化简得

$$2x-y-z=0$$

二、平面的一般式方程

将平面的点法式方程(7.1) 展开得

$$Ax+By+Cz+(-Az_0-By_0-Cz_0)=0$$

令 $(-Az_0-By_0-Cz_0)=D$，则方程(7.1) 可变为

$$Ax+By+Cz+D=0 \tag{7.2}$$

称方程(7.2) 为平面的一般方程，它是个三元一次方程.

反之，任给三元一次方程，其中 A,B,C 不全为零，则它必是某个平面的方程.

从方程(7.2) 中一次项的系数，我们可以直接写出平面的法向量.

例 2　已知平面 π 经过 3 个点 $P_1(1,1,1)$，$P_2(-2,1,2)$，$P_3(-3,3,1)$，求平面 π 的方程.

解法 1　用点法式方程. 由空间几何的知识可知，空间中不共线的 3 个点可确定一个平面. 需要根据这 3 个点确定出平面 π 的两个元素：法向量及 π 所经过的点. 显然，点 P_1,P_2,P_3 中的任何一个都可以当作 π 所经过的点. 余下的问题就是确定 π 的法向量.

因为向量 $\overrightarrow{P_1P_2}$，$\overrightarrow{P_1P_3}$ 都在 π 上，如果某个非零向量垂直于 $\overrightarrow{P_1P_2}$，$\overrightarrow{P_1P_3}$，则它必垂直于 $\overrightarrow{P_1P_2}$，$\overrightarrow{P_1P_3}$ 所在的平面 π. 因此，取法向量 $\boldsymbol{n}=\overrightarrow{P_1P_2}\times\overrightarrow{P_1P_3}$. 由 $\overrightarrow{P_1P_2}=\{-3,0,1\}$，$\overrightarrow{P_1P_3}=\{-4,2,0\}$ 可得

$$\boldsymbol{n}=\overrightarrow{P_1P_2}\times\overrightarrow{P_1P_3}=\begin{vmatrix}\boldsymbol{i} & \boldsymbol{j} & \boldsymbol{k}\\ -3 & 0 & 1\\ -4 & 2 & 0\end{vmatrix}=(-2,-4,-6)$$

取 P_1 为 π 经过的点，则有点法式方程得

$$-2(x-1)-4(y-1)-6(z-1)=0$$

化简得

$$x+2y+3z-6=0$$

解法 2　用待定系数法. 设 π 的一般方程为 $Ax+By+Cz+D=0$，只需确定系数 A,B,C,D. 将 P_1,P_2,P_3 的坐标代入一般方程，可得到方程组

$$\begin{cases}A+B+C+D=0\\ -2A+B+2C+D=0\\ -3A+3B+C+D=0\end{cases}$$

后两个方程分别减去第一个方程得

$$\begin{cases}-3A+C=0\\-4A+2B=0\end{cases}$$

所以 $C=3A, B=2A$. 再代入第一个方程得

$$A+2A+3A+D=0$$

故 $D=-6A$. 由于 A,B,C 不能同时为零,因此取 $A=1$ 得到 $C=3, B=2, D=-6$. 所以所求方程为

$$x+2y+3z-6=0$$

三、两个平面的夹角

给定两个平面:

$$\pi_1: A_1x+B_1y+C_1z+D_1=0$$
$$\pi_2: A_2x+B_2y+C_2z+D_2=0$$

则它们的法向量分别为

$$\boldsymbol{n}_1=(A_1,B_1,C_1) \text{ 和 } \boldsymbol{n}_2=(A_2,B_2,C_2)$$

规定 π_1 与 π_2 的夹角 θ 为它们法向量的夹角,取锐角. 于是当 $\boldsymbol{n}_1$ 与 $\boldsymbol{n}_2$ 的夹角是锐角时,有

$$\cos\theta=\frac{|\boldsymbol{n}_1\cdot\boldsymbol{n}_2|}{|\boldsymbol{n}_1|\cdot|\boldsymbol{n}_2|}$$

但是,给定的 $\boldsymbol{n}_1$ 与 $\boldsymbol{n}_2$ 的夹角不一定是锐角,当为钝角时,由于法向量不是唯一的,$(-\boldsymbol{n}_1)$ 也是 π_1 的法向量,则 $(-\boldsymbol{n}_1)$ 与 $\boldsymbol{n}_2$ 的夹角是锐角 θ. 无论何种情况,总有

$$\cos\theta=\frac{|\boldsymbol{n}_1\cdot\boldsymbol{n}_2|}{|\boldsymbol{n}_1|\cdot|\boldsymbol{n}_2|}=\frac{|A_1A_2+B_1B_2+C_1C_2|}{\sqrt{A_1^2+B_1^2+C_1^2}\cdot\sqrt{A_2^2+B_2^2+C_2^2}}$$

由于两个平面垂直就是它们的法向量垂直,两个平面平行就是它们的法向量平行,于是容易得到下述结论:

(1) π_1 与 π_2 垂直的充分必要条件为

$$A_1A_2+B_1B_2+C_1C_2=0$$

这是因为此时两个平面的法向量的数量积为零.

(2) π_1 与 π_2 平行的充分必要条件为

$$\frac{A_1}{A_2}=\frac{B_1}{B_2}=\frac{C_1}{C_2}$$

这是因为此时它们的法向量相互平行,从而两个法向量对应的坐标成比例.

例 3 已知两个平面 $\pi_1: 2x-y+z-6=0$ 和 $\pi_2: x+y+2z-5=0$,求这两个平面的夹角 θ.

解 由公式得

$$\cos\theta=\frac{|2\times1+(-1)\times1+1\times2|}{\sqrt{2^2+(-1)^2+1^2}\times\sqrt{1^2+1^2+2^2}}=\frac{3}{\sqrt{6}\sqrt{6}}=\frac{1}{2}$$

则 $\theta=\dfrac{\pi}{3}$.

例 4 一平面通过两点 $M_1(1,1,1)$ 和 $M_2(0,1,-1)$ 且垂直于平面 $x+y+z=0$,求它的方程.

解法 1　已知从点 M_1 到点 M_2 的向量为 $\boldsymbol{n}_1=(-1,0,-2)$，平面 $x+y+z=0$ 的法线向量为 $\boldsymbol{n}_2=(1,1,1)$.

设所求平面的法线向量为 $\boldsymbol{n}=(A,B,C)$，因为点 $M_1(1,1,1)$ 和 $M_2(0,1,-1)$ 在所求平面上，所以 $\boldsymbol{n}\perp\boldsymbol{n}_1$，即

$$-A-2C=0, A=-2C$$

又因为所求平面垂直于平面 $x+y+z=0$，所以 $\boldsymbol{n}\perp\boldsymbol{n}_1$，即 $A+B+C=0, B=C$.

于是由点法式方程得所求平面为

$$-2C(x-1)+C(y-1)+C(z-1)=0$$

即

$$2x-y-z=0$$

解法 2　从点 M_1 到点 M_2 的向量为 $\boldsymbol{n}_1=(-1,0,-2)$，平面 $x+y+z=0$ 的法线向量为 $\boldsymbol{n}_2=(1,1,1)$.

设所求平面的法线向量 $\boldsymbol{n}$，可取为 $\boldsymbol{n}_1\times\boldsymbol{n}_2$，则有

$$\boldsymbol{n}=\boldsymbol{n}_1\times\boldsymbol{n}_2=\begin{vmatrix}\boldsymbol{i} & \boldsymbol{j} & \boldsymbol{k}\\ -1 & 0 & -2\\ 1 & 1 & 1\end{vmatrix}=2\boldsymbol{i}-\boldsymbol{j}-\boldsymbol{k}$$

得所求平面方程为

$$2(x-1)-(y-1)-(z-1)=0$$

即

$$2x-y-z=0$$

四、点到平面的距离

设 $P_0(x_0,y_0,z_0)$ 是平面 $Ax+By+Cz+D=0$ 外一点，求 P_0 到这平面的距离.

解　设 $\boldsymbol{e}_n$ 是平面上的单位法线向量，在平面上任取一点 $P_1(x_1,y_1,z_1)$，取

$$\boldsymbol{e}_n=\frac{1}{\sqrt{A^2+B^2+C^2}}(A,B,C),\quad \overrightarrow{P_1P_0}=(x_0-x_1,y_0-y_1,z_0-z_1)$$

则 P_0 到这平面的距离为

$$d=|\overrightarrow{P_1P_0}\cdot\boldsymbol{e}_n|=\frac{|A(x_0-x_1)+B(y_0-y_1)+C(z_0-z_1)|}{\sqrt{A^2+B^2+C^2}}=$$

$$\frac{|Ax_0+By_0+Cz_0-(Ax_1+By_1+Cz_1)|}{\sqrt{A^2+B^2+C^2}}=\frac{|Ax_0+By_0+Cz_0+D|}{\sqrt{A^2+B^2+C^2}}$$

即

$$d=\frac{|Ax_0+By_0+Cz_0|}{\sqrt{A^2+B^2+C^2}}$$

上式称为点 P_0 到平面 π 的距离公式.

例 5　求点 $(2,1,1)$ 到平面 $x+y-z+1=0$ 的距离.

解　$$d=\frac{|Ax_0+By_0+Cz_0+D|}{\sqrt{A^2+B^2+C^2}}=\frac{|1\times2+1\times1-(-1)\times1+1|}{\sqrt{1^2+1^2+(-1)^2}}=\frac{3}{\sqrt{3}}=\sqrt{3}$$

习　题　7-4

1. 指出下列平面的特点，并画出平面.

(1) $2x+3y=0$；

(2)$x-y-z=0$;

(3)$2y-3z-4=0$;

(4)$y-3=0$.

2. 已知 $A(2,-1,2)$ 与 $B(8,-7,5)$,求通过点 B 且与线段 AB 垂直的平面方程.

3. 求过 3 点 $(2,3,0)$,$(-2,-3,4)$ 和 $(0,6,0)$ 的平面方程.

4. 求过点 $(1,3,2)$ 及 x 轴的平面方程.

5. 求平面 $2x-2y+z+5$ 与各个坐标轴的夹角的余弦.

6. 求点 $(1,-2,1)$ 到平面 $x-2y+2z+3=0$ 的距离.

第 5 节　空间直线及方程

一、直线的对称式方程

给定点 $P_0(x_0,y_0,z_0)$ 及非零向量 $\boldsymbol{v}=(l,m,n)$,则经过点 P_0 且与 $\boldsymbol{v}$ 平行的直线 L 就被确定下来.因此,点 P_0 与 $\boldsymbol{v}$ 是确定直线 L 的两要素,$\boldsymbol{v}$ 称为 L 的的方向向量.由此求直线 L 的方程.

设 $P(x,y,z)$ 在直线 L 上的任一点,于是向量

$$\overrightarrow{P_0P}=(x-x_0,y-y_0,z-z_0) \tag{7.3}$$

平行于 $\boldsymbol{v}$,则它们对应的坐标成比例,从而

$$\frac{x-x_0}{l}=\frac{y-y_0}{m}=\frac{z-z_0}{n}$$

这就是直线 L 的方程,叫做直线的对称式方程或点向式方程.

注　当 l,m,n 中有一个为零,例如 $l=0$,而 $m,n\neq 0$ 时,这方程组应理解为

$$\begin{cases} x=x_0 \\ \dfrac{y-y_0}{m}=\dfrac{z-z_0}{n} \end{cases}$$

当 l,m,n 中有两个为零,例如 $l=m=0$,而 $n\neq 0$ 时,这方程组应理解为

$$\begin{cases} x-x_0=0 \\ y-y_0=0 \end{cases}$$

直线的任一方向向量 $\boldsymbol{v}$ 的坐标 l,m,n 叫做这直线的一组方向数,而向量 $\boldsymbol{v}$ 的方向余弦叫做该直线的方向余弦.

对于直线 L 的对称式方程,它表示当点 $P(x,y,z)$ 在 L 上变化时,总保持着方程中的 3 个比例式相等.但是等于多少,式没有给出,如果令

$$\frac{x-x_0}{m}=\frac{y-y_0}{n}=\frac{z-z_0}{p}=t$$

则分别有 $\dfrac{x-x_0}{m}=t$,$\dfrac{y-y_0}{n}=t$,$\dfrac{z-z_0}{p}=t$,从而得到直线 L 的参数式方程为

$$\begin{cases} x=x_0+mt \\ y=y_0+nt \\ z=z_0+pt \end{cases}$$

例 1　求经过点 $(-1,0,2)$,方向向量为 $\{-1,-3,1\}$ 的直线 L 的对称式方程和参数

式方程.

解　由对称式方程(7.3)得直线 L 的对称式方程为

$$\frac{x-(-1)}{-1}=\frac{y-0}{-3}=\frac{z-2}{1} \quad \text{或} \quad -(x+1)=\frac{y}{-3}=z-2$$

由参数式方程得直线 L 的参数式方程为

$$\begin{cases} x=-1-t \\ y=-3t \\ z=2+t \end{cases}$$

二、空间直线的一般方程

设平面

$$\pi_1: A_1x+B_1y+C_1z+D_1=0$$
$$\pi_2: A_2x+B_2y+C_2z+D_2=0$$

如果它们不相互平行,则它们的交线就是空间中的一条直线 L,于是直线 L 的方程可以表示为

$$\left.\begin{aligned} A_1x+B_1y+C_1z+D_1=0 \\ A_2x+B_2y+C_2z+D_2=0 \end{aligned}\right\} \tag{7.4}$$

称方程组为直线 L 的一般方程. 同一条直线 L 可以由很多平面相交而成. 因此,直线 L 的一般方程也不是唯一的.

例 2　已知直线 L_1 经过点 $P_1(1,2,3)$ 和点 $P_2(3,4,5)$;直线 L_2 经过点 $Q_1(2,2,4)$ 和点 $Q_2(3,2,5)$,分别求:

(1)L_1 和 L_2 的对称式方程;

(2)L_1 和 L_2 的一般方程.

解　(1)L_1 经过点 P_1,方向向量可取为 $\overrightarrow{P_1P_2}=\{2,2,2\}$,故其对称式方程为

$$\frac{x-1}{2}=\frac{y-2}{2}=\frac{z-3}{2} \quad \text{或} \quad x-1=y-2=z-3$$

L_2 经过点 Q_1,方向向量可取为 $\overrightarrow{Q_1Q_2}=\{1,0,1\}$,故其对称式方程为

$$\frac{x-2}{1}=\frac{y-2}{0}=\frac{z-4}{1} \quad \text{或} \quad x-2=\frac{y-2}{0}=z-4$$

(2) 由 L_1 的对称式方程,得

$$\begin{cases} x-1=y-2 \\ z-3=y-2 \end{cases}$$

即

$$\begin{cases} x-y+1=0 \\ y-z+1=0 \end{cases}$$

由 L_2 的对称式方程,得

$$\begin{cases} x-2=z-4 \\ y-2=0 \end{cases}$$

即

$$\begin{cases} x-z+2=0 \\ y=2 \end{cases}$$

例 3　用对称式方程及参数方程表示直线 $\begin{cases} x+y+z+1=0 \\ 2x-y+3z+4=0 \end{cases}$.

解 先求直线上的一点.取 $x=1$,有

$$\begin{cases} y+z=-2 \\ -y+3z=-6 \end{cases}$$

解此方程组,得 $y=0,z=-2$,即 $(1,0,-2)$ 就是直线上的一点.

再求这直线的方向向量 $\boldsymbol{v}$.以平面 $x+y+z+1=0$ 和 $2x-y+3z+4=0$ 的法线向量的向量积作为直线的方向向量 $\boldsymbol{v}$.

$$\boldsymbol{v}=(\boldsymbol{i}+\boldsymbol{j}+\boldsymbol{k})\times(2\boldsymbol{i}-\boldsymbol{j}+3\boldsymbol{k})=\begin{vmatrix} \boldsymbol{i} & \boldsymbol{j} & \boldsymbol{k} \\ 1 & 1 & 1 \\ 2 & -1 & 3 \end{vmatrix}=4\boldsymbol{i}-\boldsymbol{j}-3\boldsymbol{k}$$

因此,所给直线的对称式方程为

$$\frac{x-1}{4}=\frac{y}{-1}=\frac{z+2}{-3}$$

令 $\frac{x-1}{4}=\frac{y}{-1}=\frac{z+2}{-3}=t$,得所给直线的参数方程为

$$\begin{cases} x=1+4t \\ y=-t \\ z=-2-3t \end{cases}$$

三、两直线的夹角

两直线的方向向量的夹角(通常指锐角)叫做两直线的夹角.

设直线 L_1 和 L_2 的方向向量分别为 $\boldsymbol{v}_1=(l_1,m_1,n_1)$ 和 $\boldsymbol{v}_2=(l_2,m_2,n_2)$,那么 L_1 和 L_2 的夹角就是 $(\widehat{\boldsymbol{v}_1,\boldsymbol{v}_2})$ 和 $(\widehat{-\boldsymbol{v}_1,\boldsymbol{v}_2})=\pi-(\widehat{\boldsymbol{v}_1,\boldsymbol{v}_2})$ 两者中的锐角,因此 $\cos\varphi=|\cos(\widehat{\boldsymbol{v}_1,\boldsymbol{v}_2})|$.根据两向量的夹角的余弦公式,直线 L_1 和 L_2 的夹角可由

$$\cos\varphi=|\cos(\widehat{\boldsymbol{v}_1,\boldsymbol{v}_2})|=\frac{|l_1l_2+m_1m_2+n_1n_2|}{\sqrt{l_1^2+m_1^2+n_1^2}\cdot\sqrt{l_2^2+m_2^2+n_2^2}}$$

来确定.

从两向量垂直、平行的充分必要条件立即推得下述结论:

设有两直线 $L_1:\frac{x-x_1}{l_1}=\frac{y-y_1}{m_1}=\frac{z-z_1}{n_1}$,$L_2:\frac{x-x_2}{l_2}=\frac{y-y_2}{m_2}=\frac{z-z_2}{n_2}$,则

$$L_1\perp L_2\Leftrightarrow l_1l_2+m_1m_2+n_1n_2=0$$

$$L_1 /\!/ L_2\Leftrightarrow\frac{l_1}{l_2}=\frac{m_1}{m_2}=\frac{n_1}{n_2}$$

例 4 求直线 $L_1:\frac{x-1}{1}=\frac{y}{-4}=\frac{z+3}{1}$ 和 $L_2:\frac{x}{2}=\frac{y+2}{-2}=\frac{z}{-1}$ 的夹角.

解 两直线的方向向量分别为 $\boldsymbol{v}_1=(1,-4,1)$ 和 $\boldsymbol{v}_2=(2,-2,-1)$.设两直线的夹角为 φ,则

$$\cos\varphi=\frac{|1\times2+(-4)\times(-2)+1\times(-1)|}{\sqrt{1^2+(-4)^2+1^2}\times\sqrt{2^2+(-2)^2+(-1)^2}}=\frac{1}{\sqrt{2}}=\frac{\sqrt{2}}{2}$$

所以两直线夹角为 $45°$.

四、直线与平面的夹角

当直线与平面不垂直时，直线和它在平面上的投影直线的夹角称为直线与平面的夹角，当直线与平面垂直时，规定直线与平面的夹角为$\frac{\pi}{2}$.

设直线的方向向量 $\boldsymbol{v}=(l,m,n)$，平面的法线向量 $\boldsymbol{n}=(A,B,C)$，直线与平面的夹角为 φ，那么 $\varphi=\left|\frac{\pi}{2}-(\widehat{\boldsymbol{v},\boldsymbol{n}})\right|$，因此 $\sin\varphi=|\cos(\widehat{\boldsymbol{v},\boldsymbol{n}})|$.按两向量夹角余弦的坐标表示式，有

$$\sin\varphi=\frac{|Al+Bm+Cn|}{\sqrt{A^2+B^2+C^2}\cdot\sqrt{l^2+m^2+n^2}}$$

因为直线与平面垂直相当于直线的方向向量与平面的法线向量平行，所以，直线与平面垂直相当于

$$\frac{A}{l}=\frac{B}{m}=\frac{C}{n}$$

因为直线与平面平行或直线在平面上相当于直线的方向向量与平面的法线向量垂直，所以，直线与平面平行或直线在平面上相当于

$$Al+Bm+Cn=0$$

设直线 L 的方向向量为(l,m,n)，平面 π 的法线向量为(A,B,C)，则

$$L\perp\pi\Leftrightarrow\frac{A}{l}=\frac{B}{m}=\frac{C}{n}$$

$$L\,/\!/\,\pi\Leftrightarrow Al+Bm+Cn=0$$

例 5　求直线 $L:\frac{x+2}{1}=\frac{y-3}{2}=\frac{z+6}{-3}$ 与平面 $\pi:x-y-z=0$ 的夹角 θ.

解　直线 L 的方向向量 $\boldsymbol{s}=(1,2,-3)$，平面 π 的法向量 $\boldsymbol{n}=(1,-1,-1)$ 由直线与平面所成角的公式得

$$\sin\theta=\frac{|\boldsymbol{s}\cdot\boldsymbol{n}|}{|\boldsymbol{s}|\cdot|\boldsymbol{n}|}=\frac{|1\times1+2\times(-1)+(-3)\times(-1)|}{\sqrt{1^2+2^2+(-3)^2}\cdot\sqrt{1^2+(-1)^2+(-1)^2}}=\frac{2}{\sqrt{42}}$$

由此得

$$\theta=\arcsin\frac{2}{\sqrt{42}}$$

习　题　7-5

一、填空题

1. 过点 $M(1,2,-1)$ 且与直线$\begin{cases}x=-t+2\\y=3t-4\\z=t-1\end{cases}$垂直的平面方程是____________.

2. 已知两条直线的方程分别是 $L_1:\frac{x-1}{1}=\frac{y-2}{0}=\frac{z-3}{-1}$，$L_2:\frac{x+2}{2}=\frac{y-1}{1}=\frac{z}{1}$，则过 L_1 且平行于 L_2 的平面方程是____________.

二、选择题

1. 设空间直线的对称式方程为$\frac{x}{0}=\frac{y}{1}=\frac{z}{2}$,则该直线必(　　).

A. 过原点且垂直于 x 轴　　B. 过原点且垂直于 y 轴

C. 过原点且垂直于 z 轴　　D. 过原点且平行于 x 轴

2. 设空间 3 条直线的方程分别为

$$L_1:\frac{x+3}{-2}=\frac{y+4}{-5}=\frac{z}{3},\quad L_2:\begin{cases}x=3t\\ y=-1+3t,\\ z=2+7t\end{cases}\quad L_3:\begin{cases}x+2y-z+1=0\\ 2x+y-z=0\end{cases}$$

则必有(　　).

A. $L_1 /\!/ L_2$　　B. $L_1 /\!/ L_3$　　C. $L_2 \perp L_3$　　D. $L_1 \perp L_2$

三、计算题

1. 写出满足下列各条件的直线方程.

(1) 经过点$(-1,2,5)$且垂直于平面 $3x-7y+2z-11=0$;

(2) 经过点$(2,0,-1)$且平行于 y 轴;

(3) 经过点$(-2,3,1)$且平行于直线$\begin{cases}2x-3y+z=0\\ x+5y-2z=0\end{cases}$.

2. 用对称式方程及参数方程表示直线$\begin{cases}x-y+z=1\\ 2x+y+z=4\end{cases}$.

3. 求过点$(0,2,4)$且与两平面 $x+2z=1$ 和 $y-3z=2$ 平行的直线方程.

4. 求过点$(2,0,-3)$且与直线$\begin{cases}x-2y+4z-7=0\\ 3x+5y-2z+1=0\end{cases}$垂直的平面方程.

5. 求直线$\begin{cases}x+y+3z=0\\ x-y-z=0\end{cases}$与平面 $x-y-z+1=0$ 间的夹角.

6. 求过点$(3,1,-2)$且通过直线$\frac{x-4}{5}=\frac{y+3}{2}=\frac{z}{1}$的平面方程.

7. 求直线$\frac{x-2}{1}=\frac{y-3}{1}=\frac{z-4}{2}$与平面 $2x+y+z-6=0$ 的交点.

8. 求过点$(1,2,1)$且与两直线$\begin{cases}x+2y-z+1=0\\ x-y+z-1=0\end{cases}$和$\begin{cases}2x-y+z=0\\ x-y+z=0\end{cases}$平行的平面方程.

第 6 节　常见的曲面

1. 球面

设 $M(x,y,z)$ 为球面上任意一点,球心在 $M_0(x_0,y_0,z_0)$,半径为 R,则 $|M_0M|=R$,即

$$\sqrt{(x-x_0)^2+(y-y_0)^2+(z-z_0)^2}=R$$

从而

$$(x-x_0)^2+(y-y_0)^2+(z-z_0)^2=R^2 \tag{7.5}$$

这就是球心在 $M_0(x_0,y_0,z_0)$、半径为 R 的球面方程(见图7-13).

特别地，圆心在坐标原点 $O(0,0,0)$，半径为 R 的球面方程为

$$x^2+y^2+z^2=R^2$$

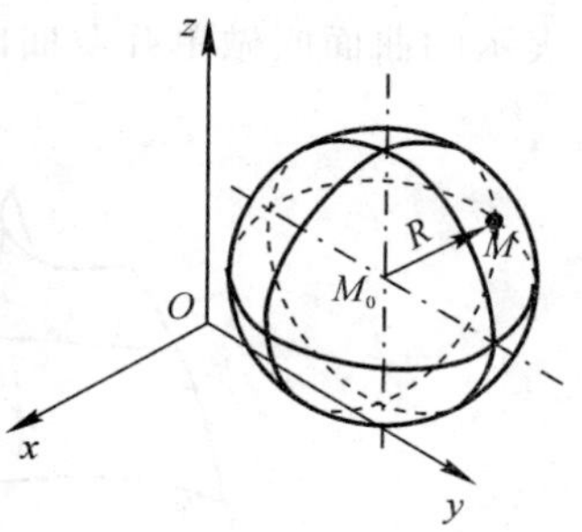

图　7-13

2. 椭球面

形如

$$\frac{x^2}{a^2}+\frac{y^2}{b^2}+\frac{z^2}{c^2}=1 \tag{7.6}$$

的方程所表示的曲面叫做椭球面. 如图 7-14 所示，该曲面与 3 个坐标平面的交线都是椭圆. a，b，c 称为椭球面的 3 个半轴.

若 $a=b=c$，则方程(7.6) 变为

$$x^2+y^2+z^2=a^2$$

即球心在坐标原点，半径为 a 的球面.

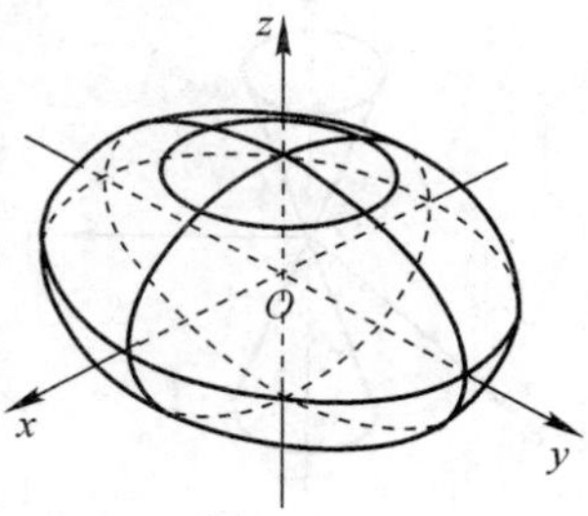

图　7-14

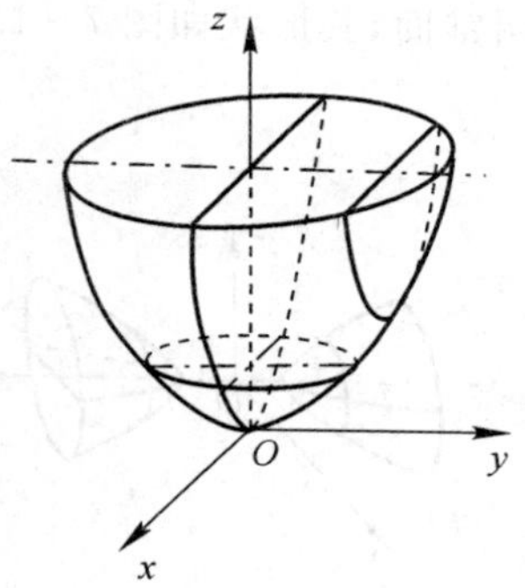

图　7-15

3. 抛物面

由方程

$$\frac{x^2}{2p}+\frac{y^2}{2q}=z \quad (p,q\text{ 同号}) \tag{7.7}$$

所表示的曲面叫做椭圆抛物面. 如图 7-15 所示，曲面过坐标原点且位于 xOy 面上方，与 yOz 面及 xOz 面的交线都是抛物线，而用平面 $z=k(k\neq 0)$ 去截时，交线为椭圆. 方程

$$-\frac{x^2}{2p}+\frac{y^2}{2q}=z \quad (p,q\text{ 同号}) \tag{7.8}$$

表示双曲抛物面. 当 $p,q>0$ 时，如图 7-16 所示. 它与平面 $y=k$ 及 $x=k$ 的交线均为抛物线，与平面 $z=k(k\neq 0)$ 的交线为双曲线. 因其形状似马鞍，又称马鞍面.

4. 双曲面

由方程

$$\frac{x^2}{a^2}+\frac{y^2}{b^2}-\frac{z^2}{c^2}=1 \tag{7.9}$$

所表示的曲面叫做单叶双曲面,其形状如图 7-17 所示.

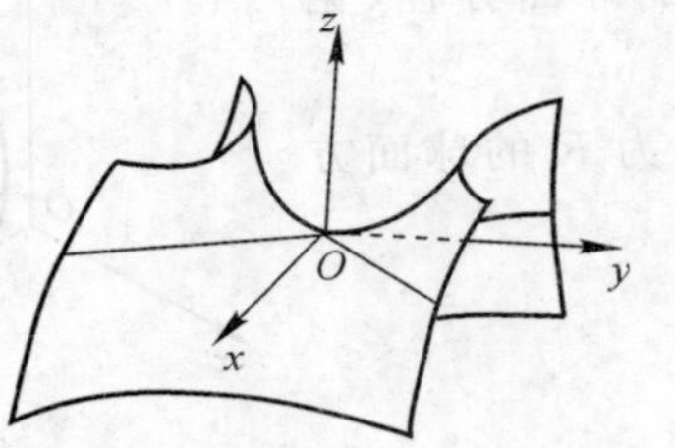

图 7-16

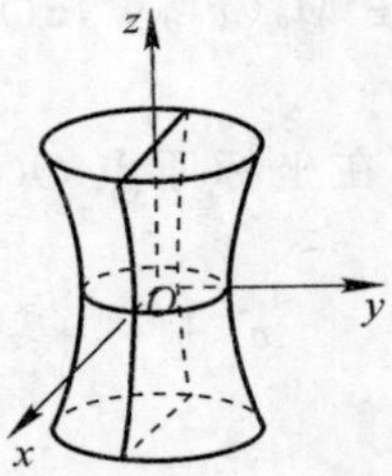

图 7-17

由方程

$$\frac{x^2}{a^2}+\frac{y^2}{b^2}-\frac{z^2}{c^2}=-1 \quad (7.10)$$

所表示的曲面叫做双叶双曲面,其形状如图 7-18 所示.

5. 锥面

由方程

$$z^2=a^2x^2+b^2y^2 \quad (7.11)$$

所表示的曲面叫锥面,其形状如图 7-19 所示.

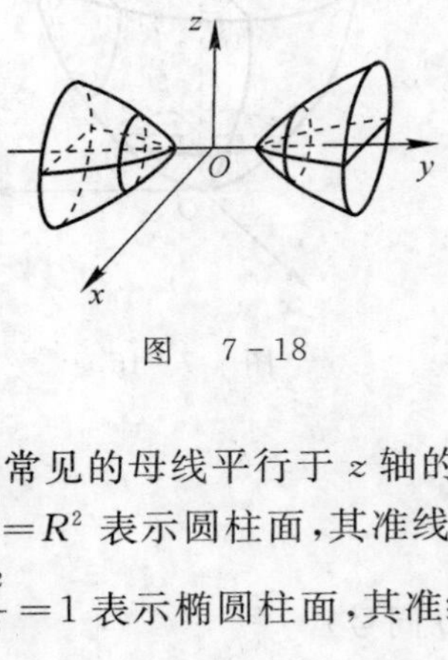

图 7-18

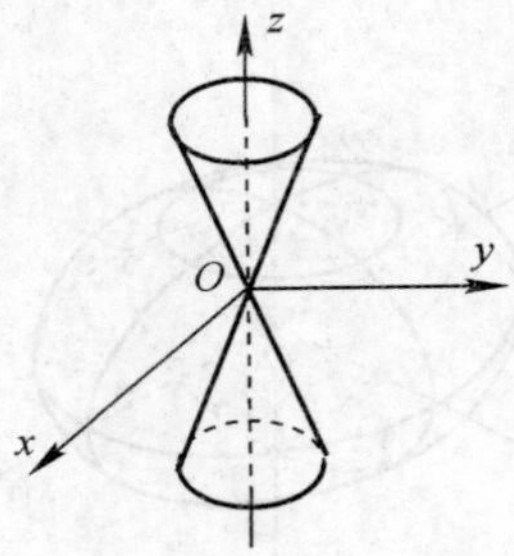

图 7-19

6. 柱面

下面是几种常见的母线平行于 z 轴的柱面.

(1) $x^2+y^2=R^2$ 表示圆柱面,其准线为 xOy 面上的圆 $x^2+y^2=R^2$;

(2) $\frac{x^2}{a^2}+\frac{y^2}{b^2}=1$ 表示椭圆柱面,其准线为 xOy 面上的椭圆 $\frac{x^2}{a^2}+\frac{y^2}{b^2}=1$;

(3) $\frac{x^2}{a^2}-\frac{y^2}{b^2}=1$ 表示双曲柱面,其准线为 xOy 面上的双曲线 $\frac{x^2}{a^2}-\frac{y^2}{b^2}=1$(见图 7-20);

(4) $x^2=2py(p>0)$ 表示抛物柱面,其准线为 xOy 面上抛物线 $x^2=2py$(见图 7-21).

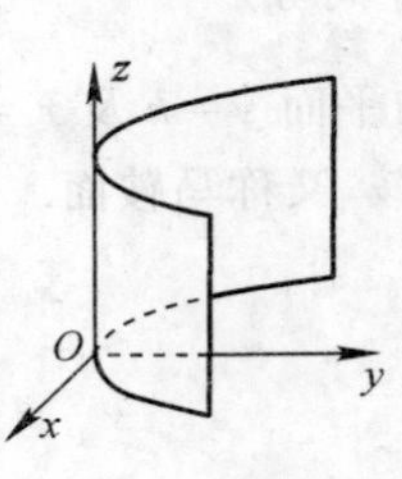

图 7-20

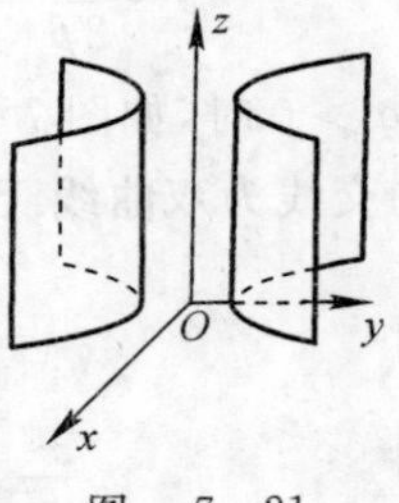

图 7-21

需要注意的是，同一个方程 $F(x,y)=0$，在平面直角坐标系 xOy 下，表示一条平面曲线，而在空间直角坐标系下，表示的是母线平行于 z 轴，并以 xOy 面上的曲线 $F(x,y)=0$ 为准线的柱面.

复习题 7

一、填空题

1. 已知 $|\boldsymbol{a}|=3$，$|\boldsymbol{b}|=24$，$|\boldsymbol{a}\times\boldsymbol{b}|=72$，则 $\boldsymbol{a}\cdot\boldsymbol{b}=$ ________.

2. 已知 $\boldsymbol{\alpha},\boldsymbol{\beta},\boldsymbol{\gamma}$ 都是单位向量，且满足 $\boldsymbol{\alpha}+\boldsymbol{\beta}+\boldsymbol{\gamma}=\boldsymbol{0}$，则 $\boldsymbol{\alpha}\cdot\boldsymbol{\beta}+\boldsymbol{\beta}\cdot\boldsymbol{\gamma}+\boldsymbol{\gamma}\cdot\boldsymbol{\alpha}=$ ________.

3. 已知 $|\boldsymbol{\alpha}|=2$，$|\boldsymbol{\beta}|=5$，夹角 $(\widehat{\boldsymbol{\alpha},\boldsymbol{\beta}})=\frac{2}{3}\pi$，且向量 $\boldsymbol{p}=\lambda\boldsymbol{\alpha}+17\boldsymbol{\beta}$ 与 $\boldsymbol{q}=3\boldsymbol{\alpha}-\boldsymbol{\beta}$ 垂直，则常数 $\lambda=$ ________.

4. 空间一动点到 Ox 轴与到 xOy 平面的距离相等，则其轨迹方程为________，该曲面为________面.

二、选择题

1. 已知 $\boldsymbol{\alpha},\boldsymbol{\beta},\boldsymbol{\gamma}$ 都是非零向量，且 $\boldsymbol{\alpha}\cdot\boldsymbol{\beta}=\boldsymbol{0}$，$\boldsymbol{\alpha}\times\boldsymbol{\gamma}=\boldsymbol{0}$，则(　　).

A. $\boldsymbol{\alpha}\parallel\boldsymbol{\beta}$ 且 $\boldsymbol{\beta}\perp\boldsymbol{\gamma}$　　B. $\boldsymbol{\alpha}\perp\boldsymbol{\beta}$ 且 $\boldsymbol{\beta}\parallel\boldsymbol{\gamma}$

C. $\boldsymbol{\alpha}\parallel\boldsymbol{\gamma}$ 且 $\boldsymbol{\beta}\perp\boldsymbol{\gamma}$　　D. $\boldsymbol{\alpha}\perp\boldsymbol{\gamma}$ 且 $\boldsymbol{\beta}\parallel\boldsymbol{\gamma}$

2. 两平面 $x-4y+z+5=0$ 与 $2x-2y-z-3=0$ 的夹角是(　　).

A. $\frac{\pi}{6}$　　B. $\frac{\pi}{4}$　　C. $\frac{\pi}{3}$　　D. $\frac{\pi}{2}$

3. 设平面 $\pi: 4x-2y+z-2=0$，直线 $L:\begin{cases}x+3y+2z+1=0\\2x-y-10z+3=0\end{cases}$，则它们的位置关系是(　　).

A. 直线 L 与平面 π 平行　　B. 直线 L 与平面 π 垂直

C. 直线 L 与平面 π 斜交　　D. 直线 L 在平面 π 上

4. 两平行线 $\begin{cases}x=t+1\\y=2t+1\\z=t\end{cases}$ 与 $\frac{x-2}{1}=\frac{y+1}{2}=\frac{z-1}{1}$ 之间的距离是(　　).

A. 1　　B. $\frac{2}{3}$　　C. $\frac{4\sqrt{3}}{3}$　　D. $\frac{2\sqrt{3}}{3}$

三、计算题

1. 设 $\boldsymbol{a}=(2,-1,1)$，$\boldsymbol{b}=(1,3,-1)$，求与 $\boldsymbol{a},\boldsymbol{b}$ 均垂直的单位向量.

2. 求通过 3 点 $(1,1,1)$、$(-2,-2,2)$ 和 $(1,-1,2)$ 的平面方程.

3. 设平面 π 过点 $(1,2,3)$ 且与直线 $L:\begin{cases}x-4z=3\\2x-y-5z=1\end{cases}$ 垂直：

求(1) 直线 L 的方向向量；(2) 平面 π 的方程.

第8章 线性代数

第1节 行列式的概念及性质

一、行列式的概念及展开

(一) 行列式的概念

定义 8.1 用正方形数表

$$\begin{vmatrix} a_{11} & a_{12} & \cdots & a_{1n} \\ a_{21} & a_{22} & \cdots & a_{2n} \\ \vdots & \vdots & & \vdots \\ a_{n1} & a_{n2} & \cdots & a_{nn} \end{vmatrix}$$

表示的数叫行列式. 其中数 a_{ij} $(i=1,2,\cdots n;j=1,2\cdots n)$ 称为行列式第 i 行第 j 列的元素，n 叫行列式的阶数.

一般情况下，用大写英文字母 $A,B,C,D\cdots$ 表示行列式.

(二) 行列式的展开

1. 行列式的对角线展开

当 n 为 2 或 3 时，行列式可用对角线方法展开. 我们把正方形数表中从左上角到右下角的对角线叫左对角线；把从右上角到左下角的对角线叫右对角线. 行列式的展开则为左对角线元素的乘积减去右对角线元素的乘积. 分别为

$$D=\begin{vmatrix} a_{11} & a_{12} \\ a_{21} & a_{22} \end{vmatrix}=a_{11}a_{22}-a_{12}a_{21}$$

$$D=\begin{vmatrix} a_{11} & a_{12} & a_{13} \\ a_{21} & a_{22} & a_{23} \\ a_{31} & a_{32} & a_{33} \end{vmatrix}=a_{11}a_{22}a_{33}+a_{12}a_{23}a_{31}+a_{13}a_{21}a_{32}-a_{13}a_{22}a_{31}-a_{12}a_{21}a_{33}-a_{11}a_{23}a_{32}$$

例 1 计算行列式 $\begin{vmatrix} 4 & -3 \\ 2 & 1 \end{vmatrix}$.

解 按对角线展开法，有

$$\begin{vmatrix} 4 & -3 \\ 2 & 1 \end{vmatrix}=4\times1-(-3)\times2=4+6=10$$

例 2 计算行列式 $\begin{vmatrix} 2 & 0 & 1 \\ -1 & 3 & 6 \\ 4 & -12 & -24 \end{vmatrix}$.

解 按对角线展开法,有

$$\begin{vmatrix} 2 & 0 & 1 \\ -1 & 3 & 6 \\ 4 & -12 & -24 \end{vmatrix} = 2\times3\times(-24)+0\times6\times4+1\times(-1)\times(-12)-$$

$$1\times3\times4-0\times(-1)\times(-24)-2\times6\times(-12)=0$$

说明 对角线展开法只适用于二、三阶行列式.

2. 行列式的代数余子式展开

定义 8.2 在行列式

$$D=\begin{vmatrix} a_{11} & a_{12} & \cdots & a_{1n} \\ a_{21} & a_{22} & \cdots & a_{2n} \\ \vdots & \vdots & & \vdots \\ a_{n1} & a_{n2} & \cdots & a_{nn} \end{vmatrix}$$

中去掉元素 a_{ij} 所在的第 i 行及第 j 列,所得的 $n-1$ 阶行列式叫元素 a_{ij} 的余子式,用 M_{ij} 表示,而 $(-1)^{i+j}M_{ij}$ 叫元素 a_{ij} 的代数余子式,用 A_{ij} 表示.

例 3 计算行列式 $\begin{vmatrix} 2 & 0 & 1 \\ -1 & 3 & 6 \\ 4 & -2 & 4 \end{vmatrix}$ 各元素的余子式及其代数余子式.

解 $M_{11}=\begin{vmatrix} 3 & 6 \\ -2 & 4 \end{vmatrix}=12-(-12)=24, A_{11}=(-1)^{1+1}\begin{vmatrix} 3 & 6 \\ -2 & 4 \end{vmatrix}=12-(-12)=24$

$M_{12}=\begin{vmatrix} -1 & 6 \\ 4 & 4 \end{vmatrix}=-4-24=-28, A_{12}=(-1)^{1+2}\begin{vmatrix} -1 & 6 \\ 4 & 4 \end{vmatrix}=(-1)^3(-4-24)=28$

$M_{13}=\begin{vmatrix} -1 & 3 \\ 4 & -2 \end{vmatrix}=2-12=-10; A_{13}=(-1)^{1+3}\begin{vmatrix} -1 & 3 \\ 4 & -2 \end{vmatrix}=2-12=-10$

$M_{21}=\begin{vmatrix} 0 & 1 \\ -2 & 4 \end{vmatrix}=0-(-2)=2, A_{21}=(-1)^{2+1}\begin{vmatrix} 0 & 1 \\ -2 & 4 \end{vmatrix}=(-1)^3[0-(-2)]=-2$

$M_{22}=\begin{vmatrix} 2 & 1 \\ 4 & 4 \end{vmatrix}=8-4=4, A_{22}=(-1)^{2+2}\begin{vmatrix} 2 & 1 \\ 4 & 4 \end{vmatrix}=8-4=4$

$M_{23}=\begin{vmatrix} 2 & 0 \\ 4 & -2 \end{vmatrix}=-4-0=-4, A_{23}=(-)^{2+3}\begin{vmatrix} 2 & 0 \\ 4 & -2 \end{vmatrix}=(-)^5(-4-0)=4$

$M_{31}=\begin{vmatrix} 0 & 1 \\ 3 & 6 \end{vmatrix}=0-3=-3, A_{31}=(-1)^{3+1}\begin{vmatrix} 0 & 1 \\ 3 & 6 \end{vmatrix}=0-3=-3$

$M_{32}=\begin{vmatrix} 2 & 1 \\ -1 & 6 \end{vmatrix}=12+1=13, A_{32}=(-1)^{3+2}\begin{vmatrix} 2 & 1 \\ -1 & 6 \end{vmatrix}=(-1)^5(12+1)=-13$

$M_{33}=\begin{vmatrix} 2 & 0 \\ -1 & 3 \end{vmatrix}=6-0=6, A_{33}=(-1)^{3+3}\begin{vmatrix} 2 & 0 \\ -1 & 3 \end{vmatrix}=6-0=6$

任一 n 阶行列式共有 n^2 个元素,相应有 n^2 个余子式或代数余子式.

行列式 D 按代数余子式展开为

$$D=\begin{vmatrix} a_{11} & a_{12} & \cdots & a_{1n} \\ a_{21} & a_{22} & \cdots & a_{2n} \\ \vdots & \vdots & & \vdots \\ a_{n1} & a_{n2} & \cdots & a_{nn} \end{vmatrix}=\sum_{i=1}^{n} a_{ij}A_{ij}=\sum_{j=1}^{n} a_{ij}A_{ij} \quad (j,i=1,2,3,\cdots,n)$$

即任 n 阶行列式等于其任一行(列)所有元素与其对应的代数余子式乘积的累加和.

例 4　用代数余子式展开法计算行列式 $\begin{vmatrix} 2 & 0 & 1 \\ -1 & 3 & 6 \\ 4 & -2 & 4 \end{vmatrix}$.

解　可按其任一行或任一列展开，现按第一行展开，有

$$\begin{vmatrix} 2 & 0 & 1 \\ -1 & 3 & 6 \\ 4 & -2 & 4 \end{vmatrix}=a_{11}A_{11}+a_{12}A_{12}+a_{13}A_{13}=2\times 24+0\times 28+1\times(-10)=38$$

有兴趣的同学可以按其他各行或列展开，验证其结果的一致性.

二、行列式的性质

将行列式 D 的行与相应的列互换(即 a_{ij} 与 a_{ji} 互换)后得到的新行列式，称为 D 的转置行列式，用 D^{T} 表示. 即

$$D=\begin{vmatrix} a_{11} & a_{12} & \cdots & a_{1n} \\ a_{21} & a_{22} & \cdots & a_{2n} \\ \vdots & \vdots & & \vdots \\ a_{n1} & a_{n2} & \cdots & a_{nn} \end{vmatrix}, \quad D^{\mathrm{T}}=\begin{vmatrix} a_{11} & a_{21} & \cdots & a_{n1} \\ a_{12} & a_{22} & \cdots & a_{n2} \\ \vdots & \vdots & & \vdots \\ a_{1n} & a_{2n} & \cdots & a_{nn} \end{vmatrix}$$

例如：$D=\begin{vmatrix} 1 & 2 & 3 \\ 4 & 5 & 6 \\ 7 & 8 & 9 \end{vmatrix}$，则 $D^{\mathrm{T}}=\begin{vmatrix} 1 & 4 & 7 \\ 2 & 5 & 8 \\ 3 & 6 & 9 \end{vmatrix}$.

性质 1　行列式与它的转置行列式相等.

性质 2　互换行列式的任意两行(列)，行列式变号.

例如
$$\begin{vmatrix} 1 & 2 & 3 \\ 4 & 5 & 6 \\ 7 & 8 & 9 \end{vmatrix}=-\begin{vmatrix} 4 & 5 & 6 \\ 1 & 2 & 3 \\ 7 & 8 & 9 \end{vmatrix}$$

推论 1　若行列式的两行(列)元素对应相同，则此行列式的值为零.

性质 3　行列式的某一行(列)中所有的元素都乘以同一数 k，等于用数 k 乘此行列式. 例如

$$40\times\begin{vmatrix} 1 & 2 & 3 \\ 4 & 5 & 6 \\ 7 & 8 & 9 \end{vmatrix}=\begin{vmatrix} 1 & 2 & 3 \\ 160 & 200 & 240 \\ 7 & 8 & 9 \end{vmatrix}$$

推论 2　行列式中某一行(列)的所有元素的公因子可以提到行列式符号的外面. 例如

$$\begin{vmatrix}1 & 2 & 3\\25 & 75 & 150\\7 & 8 & 9\end{vmatrix}=25\times\begin{vmatrix}1 & 2 & 3\\1 & 3 & 6\\7 & 8 & 9\end{vmatrix}$$

性质 4　行列式中如果有两行(列)元素对应成比例,则此行列式的值为零.

性质 5　如行列式的某一行(列)的元素都是两数之和(如行列式 D 的第 i 列都是两数之和),则行列式 D 等于下列行列式之和.

$$D=\begin{vmatrix}a_{11} & a_{12} & \cdots & (a_{1i}+a'_{1i}) & \cdots & a_{1n}\\a_{21} & a_{22} & \cdots & (a_{2i}+a'_{2i}) & \cdots & a_{2n}\\\vdots & \vdots & & \vdots & & \vdots\\a_{n1} & a_{n2} & \cdots & (a_{ni}+a'_{ni}) & \cdots & a_{nn}\end{vmatrix}$$

$$D=\begin{vmatrix}a_{11} & a_{12} & \cdots & a_{1i} & \cdots & a_{1n}\\a_{21} & a_{22} & \cdots & a_{2i} & \cdots & a_{2n}\\\vdots & \vdots & & \vdots & & \vdots\\a_{n1} & a_{n2} & \cdots & a_{ni} & \cdots & a_{nn}\end{vmatrix}+\begin{vmatrix}a_{11} & a_{12} & \cdots & a'_{1i} & \cdots & a_{1n}\\a_{21} & a_{22} & \cdots & a'_{2i} & \cdots & a_{2n}\\\vdots & \vdots & & \vdots & & \vdots\\a_{n1} & a_{n2} & \cdots & a'_{ni} & \cdots & a_{nn}\end{vmatrix}$$

性质 6　把行列式的某一行(列)的各元素乘以同一非零常数然后加到另一行(列)对应的元素上去,行列式不变.

为了表达方便,交换第 i 行(列)与第 j 行(列),用 $r_i\leftrightarrow r_j(c_i\leftrightarrow c_j)$ 表示;数 k 乘第 i 行(列)加到第 j 行(列),记为 $kr_i+r_j(kc_i+c_j)$.

例如
$$\begin{vmatrix}21 & 2 & -3\\1 & 3 & 6\\18 & 54 & 108\end{vmatrix}\xlongequal{-18\times r_2+r_3}\begin{vmatrix}21 & 2 & -3\\1 & 3 & 6\\0 & 0 & 0\end{vmatrix}=0$$

习　题　8-1

1. 计算下列行列式.

(1) $\begin{vmatrix}\sin\alpha & -\cos\alpha\\\cos\alpha & \sin\alpha\end{vmatrix}$;　　(2) $\begin{vmatrix}a & b\\a^2 & b^2\end{vmatrix}$;

(3) $\begin{vmatrix}1 & \log_a b\\\log_b a & 1\end{vmatrix}$;　　(4) $\begin{vmatrix}4 & 3 & 1\\0 & -2 & 5\\100 & 75 & 25\end{vmatrix}$;

(5) $\begin{vmatrix}0 & a & 0\\b & 0 & c\\0 & d & 0\end{vmatrix}$;　　(6) $\begin{vmatrix}a^2 & ab & b^2\\2a & a+b & 2b\\1 & 1 & 1\end{vmatrix}$.

2. 解下列方程.

(1) $\begin{vmatrix}6 & x-2\\x-1 & 2\end{vmatrix}=0$;　　(2) $\begin{vmatrix}a & a & x\\m & m & m\\b & x & b\end{vmatrix}=0$;

(3) $\begin{vmatrix}2x & 1 & 5\\1 & 1 & 2\\0 & 2 & x\end{vmatrix}=0$.

3. 按第 3 列展开行列式 $\begin{vmatrix} 1 & 0 & a & 1 \\ 0 & -1 & b & -1 \\ -1 & -1 & c & 1 \\ -1 & 1 & d & 0 \end{vmatrix}$，并计算其结果．

第 2 节　行列式的应用

一、行列式性质的应用

例 1　计算行列式 $\begin{vmatrix} a_{11} & 0 & \cdots & 0 \\ 0 & a_{22} & \cdots & 0 \\ \vdots & \vdots & & \vdots \\ 0 & 0 & \cdots & a_{nn} \end{vmatrix}$．

解　当 $i \neq j$ 时，$a_{ij}=0$，根据代数余子式展开法，选择按第一行展开，有

$$\begin{vmatrix} a_{11} & 0 & \cdots & 0 \\ 0 & a_{22} & \cdots & 0 \\ \vdots & \vdots & & \vdots \\ 0 & 0 & \cdots & a_{nn} \end{vmatrix} = a_{11}A_{11} + 0A_{12} + \cdots + 0A_{1n} = a_{11}A_{11} =$$

$$a_{11}\begin{vmatrix} a_{22} & 0 & \cdots & 0 \\ 0 & a_{33} & \cdots & 0 \\ \vdots & \vdots & & \vdots \\ 0 & 0 & \cdots & a_{nn} \end{vmatrix} \xlongequal{\text{按第一行展开}}$$

$$a_{11}a_{22}\begin{vmatrix} a_{33} & 0 & \cdots & 0 \\ 0 & a_{44} & \cdots & 0 \\ \vdots & \vdots & & \vdots \\ 0 & 0 & \cdots & a_{nn} \end{vmatrix} = \cdots = a_{11}a_{22}\cdots a_{nn}$$

例 2　计算行列式 $\begin{vmatrix} a_{11} & 0 & \cdots & 0 \\ a_{21} & a_{22} & \cdots & 0 \\ \vdots & \vdots & & \vdots \\ a_{n1} & a_{n2} & \cdots & a_{nn} \end{vmatrix}$．

解　当 $i < j$ 时，$a_{ij}=0$，根据代数余子式展开法，选择按第一行展开，有

$$\begin{vmatrix} a_{11} & 0 & \cdots & 0 \\ a_{21} & a_{22} & \cdots & 0 \\ \vdots & \vdots & & \vdots \\ a_{n1} & a_{n2} & \cdots & a_{nn} \end{vmatrix} = a_{11}A_{11} + 0A_{12} + \cdots + 0A_{1n} = a_{11}A_{11} =$$

$$a_{11}\begin{vmatrix} a_{22} & 0 & \cdots & 0 \\ a_{32} & a_{33} & \cdots & 0 \\ \vdots & \vdots & & \vdots \\ a_{n2} & a_{n3} & \cdots & a_{nn} \end{vmatrix} \xlongequal{\text{按第一行展开}}$$

$$a_{11}a_{22}\begin{vmatrix} a_{33} & 0 & \cdots & 0 \\ a_{43} & a_{44} & \cdots & 0 \\ \vdots & \vdots & & \vdots \\ a_{n3} & a_{n4} & \cdots & a_{nn} \end{vmatrix} = \cdots = a_{11}a_{22}\cdots a_{nn}$$

把形如 $\begin{vmatrix} a_{11} & 0 & \cdots & 0 \\ a_{21} & a_{22} & \cdots & 0 \\ \vdots & \vdots & & \vdots \\ a_{n1} & a_{n2} & \cdots & a_{nn} \end{vmatrix}$ 的行列式叫下三角行列式，形如 $\begin{vmatrix} a_{11} & a_{12} & \cdots & a_{1n} \\ 0 & a_{22} & \cdots & a_{2n} \\ \vdots & \vdots & & \vdots \\ 0 & 0 & \cdots & a_{nn} \end{vmatrix}$ 的行列式叫上三角行列式，可以证明：

$$\begin{vmatrix} a_{11} & a_{12} & \cdots & a_{1n} \\ 0 & a_{22} & \cdots & a_{2n} \\ \vdots & \vdots & & \vdots \\ 0 & 0 & \cdots & a_{nn} \end{vmatrix} = \begin{vmatrix} a_{11} & 0 & \cdots & 0 \\ a_{21} & a_{22} & \cdots & 0 \\ \vdots & \vdots & & \vdots \\ a_{n1} & a_{n2} & \cdots & a_{nn} \end{vmatrix} \overset{\text{按第一行展开}}{=\!=\!=} a_{11}a_{22}\cdots a_{nn}$$

根据以上结论，要计算 n 阶行列式：

$$\begin{vmatrix} a_{11} & a_{12} & \cdots & a_{1n} \\ a_{21} & a_{22} & \cdots & a_{2n} \\ \vdots & \vdots & & \vdots \\ a_{n1} & a_{n2} & \cdots & a_{nn} \end{vmatrix}$$

只需用行列式的性质将其化为三角形行列式即可得到其计算结果.

例 3 计算行列式 $\begin{vmatrix} 4 & 2 & 0 & -5 \\ 2 & 3 & 1 & -2 \\ -1 & 2 & 6 & -3 \\ 0 & 5 & -2 & 4 \end{vmatrix}$.

解

$$D = \begin{vmatrix} 4 & 2 & 0 & -5 \\ 2 & 3 & 1 & -2 \\ -1 & 2 & 6 & -3 \\ 0 & 5 & -2 & 4 \end{vmatrix} \overset{r_1 \leftrightarrow r_3}{=\!=\!=} - \begin{vmatrix} -1 & 2 & 6 & -3 \\ 2 & 3 & 1 & -2 \\ -4 & 2 & 0 & -5 \\ 0 & 5 & -2 & 4 \end{vmatrix} \underset{r_1 \times 4 + r_3}{\overset{r_1 \times 2 + r_2}{=\!=\!=}}$$

$$- \begin{vmatrix} -1 & 2 & 6 & -3 \\ 0 & 7 & 13 & -8 \\ 0 & 10 & 24 & -17 \\ 0 & 5 & -2 & 4 \end{vmatrix} \overset{r_2 \leftrightarrow r_4}{=\!=\!=} \begin{vmatrix} -1 & 2 & 6 & -3 \\ 0 & 5 & -2 & 4 \\ 0 & 10 & 24 & -17 \\ 0 & 7 & 13 & -8 \end{vmatrix} \underset{r_2 \times (-1) + r_4}{\overset{r_2 \times (-2) + r_3}{=\!=\!=}}$$

$$\begin{vmatrix} -1 & 2 & 6 & -3 \\ 0 & 5 & -2 & 4 \\ 0 & 0 & 28 & -25 \\ 0 & 2 & 15 & -12 \end{vmatrix} \overset{r_4 \times (-2) + r_2}{=\!=\!=} \begin{vmatrix} -1 & 2 & 6 & -3 \\ 0 & 1 & -32 & 28 \\ 0 & 0 & 28 & -25 \\ 0 & 2 & 15 & -12 \end{vmatrix} \overset{r_2 \times (-2) + r_4}{=\!=\!=}$$

$$\begin{vmatrix} -1 & 2 & 6 & -3 \\ 0 & 1 & -32 & 28 \\ 0 & 0 & 28 & -25 \\ 0 & 0 & 79 & -68 \end{vmatrix} \overset{r_3 \times (-3) + r_4}{=\!=\!=} \begin{vmatrix} -1 & 2 & 6 & -3 \\ 0 & 1 & -32 & 28 \\ 0 & 0 & 28 & -25 \\ 0 & 0 & -5 & 7 \end{vmatrix} \overset{r_4 \times 6 + r_3}{=\!=\!=}$$

$$\begin{vmatrix} -1 & 2 & 6 & -3 \\ 0 & 1 & -32 & 28 \\ 0 & 0 & -2 & 17 \\ 0 & 0 & -5 & 7 \end{vmatrix} \xlongequal{r_3\times(-2)+r_4} \begin{vmatrix} -1 & 2 & 6 & -3 \\ 0 & 1 & -32 & 28 \\ 0 & 0 & -2 & 17 \\ 0 & 0 & -1 & -27 \end{vmatrix} \xlongequal{r_3\leftrightarrow r_4}$$

$$-\begin{vmatrix} -1 & 2 & 6 & -3 \\ 0 & 1 & -32 & 28 \\ 0 & 0 & -1 & -27 \\ 0 & 0 & -2 & 17 \end{vmatrix} \xlongequal{r_3\times(-2)+r_4} -\begin{vmatrix} -1 & 2 & 6 & -3 \\ 0 & 1 & -32 & 28 \\ 0 & 0 & -1 & -27 \\ 0 & 0 & 0 & 71 \end{vmatrix} =$$

$$-(-1)\times1\times(-1)\times71=-71$$

将 n 阶行列式化为上三角行列式的一般步骤：

(1) 把 a_{11} 变换为1(用行列式的性质2或性质6,也可以用性质3,但尽量不用性质3,因为分数的出现会给后面的计算增加难度)；

(2) 把第一行分别乘以 $-a_{21},-a_{31},\cdots,-a_{n1}$,加到除第一行以外的各行对应元素上,把 $a_{i1}(i=2,3,\cdots n)$ 都化为零；

(3) 从第二行依次用类似的方法,将 $a_{ij}\ (i>j)$ 都化为零,即得上三角行列式.

计算行列式,除了将其化为三角形外,还可用"降阶法",即用行列式的性质将其某行(列)化为只有一个非零元素,然后按该行(列)用代数余子式展开法展开.

二、用行列式解线性方程组

含有 n 个方程的 n 元线性方程组的一般形式为

$$\left.\begin{array}{l} a_{11}x_1+a_{12}x_2+\cdots+a_{1n}x_n=b_1 \\ a_{21}x_1+a_{22}x_2+\cdots+a_{2n}x_n=b_2 \\ \cdots\cdots \\ a_{n1}x_1+a_{n2}x_2+\cdots+a_{nn}x_n=b_n \end{array}\right\} \tag{8.1}$$

将线性方程组系数组成的行列式称为方程组的系数行列式,记为 D,即

$$D=\begin{vmatrix} a_{11} & a_{12} & \cdots & a_{1n} \\ a_{21} & a_{22} & \cdots & a_{2n} \\ \vdots & \vdots & & \vdots \\ a_{n1} & a_{n2} & \cdots & a_{nn} \end{vmatrix}$$

用常数项 $b_1,b_2,\cdots,b_n$ 代替 D 中的第 j 列,组成的行列式记为 D_j,即

$$D_j=\begin{vmatrix} a_{11} & \cdots & a_{1j-1} & b_1 & a_{1j-1} & \cdots & a_{1n} \\ a_{21} & \cdots & a_{2j-1} & b_2 & a_{2j-1} & \cdots & a_{2n} \\ \vdots & & \vdots & \vdots & \vdots & & \vdots \\ a_{n1} & \cdots & a_{nj-1} & b_n & a_{nj-1} & \cdots & a_{nn} \end{vmatrix} \quad (j=1,2,\cdots,n)$$

定理 8.1(克莱姆法则)　若线性方程组的系数行列式 $D\neq0$,则方程组存在唯一解：$x_j=\dfrac{D_j}{D}(j=1,2,\cdots,n)$.

例 4　用行列式解线性方程组 $\begin{cases}3x-2y-3=0\\x+3y+1=0\end{cases}$.

解 将方程组写成一般形式为

$$\begin{cases}3x-2y=3\\x+3y=-1\end{cases}$$

因为 $D=\begin{vmatrix}3 & -2\\1 & 3\end{vmatrix}=11\neq 0$,所以方程组有唯一解,又

$$D_x=\begin{vmatrix}3 & -2\\-1 & 3\end{vmatrix}=7,D_y=\begin{vmatrix}3 & 3\\1 & -1\end{vmatrix}=-6$$

所以方程组的解为

$$\begin{cases}x=\dfrac{D_x}{D}=\dfrac{7}{11}\\y=\dfrac{D_y}{D}=-\dfrac{6}{11}\end{cases}$$

例 5 用行列式解线性方程组 $\begin{cases}2x-y+3z=3\\3x+y-5z=0.\\4x-y+z=3\end{cases}$

解 因为 $D=\begin{vmatrix}2 & -1 & 3\\3 & 1 & -5\\4 & -1 & 1\end{vmatrix}=-6\neq 0$,所以方程组有唯一解,又

$$D_x=\begin{vmatrix}3 & -1 & 3\\0 & 1 & -5\\3 & -1 & 1\end{vmatrix}=-6,D_y=\begin{vmatrix}2 & 3 & 3\\3 & 0 & -5\\4 & 3 & 1\end{vmatrix}=-12\neq 0,D_z=\begin{vmatrix}2 & -1 & 3\\3 & 1 & 0\\4 & -1 & 3\end{vmatrix}=-6$$

故方程组的解为

$$x=\frac{D_x}{D}=1,\quad y=\frac{D_y}{D}=2,\quad x=\frac{D_z}{D}=1$$

习 题 8-2

用克莱姆法则解方程组

(1) $\begin{cases}2x+y=5\\x-3y=-1\end{cases}$; (2) $\begin{cases}x-y+2z=13\\x+y+z=10\\2x+3y-z=1\end{cases}$; (3) $\begin{cases}6x+4z+w=3\\x-y+2z+w=1\\4x+y+2z=1\\x+y+z+w=0\end{cases}$.

第3节 矩阵的概念及运算

一、矩阵的概念

(一) 矩阵的概念

定义 8.3 由 $m\times n$ 个数排成 m 行 n 列的数表

$$\begin{bmatrix} a_{11} & a_{12} & \cdots & a_{1n} \\ a_{21} & a_{22} & \cdots & a_{2n} \\ \vdots & \vdots & & \vdots \\ a_{m1} & a_{m2} & \cdots & a_{mn} \end{bmatrix}$$

叫做 m 行 n 列矩阵. 其中的数 a_{ij} $(i=1,2,\cdots m; j=1,2\cdots n)$ 称为矩阵第 i 行第 j 列的元素.

一般情况下,用大写英文字母 $\boldsymbol{A},\boldsymbol{B},\boldsymbol{C}\cdots$ 表示矩阵. 为了表明矩阵的行数 m 和列数 n,可用 $\boldsymbol{A}_{m\times n}$ 表示,记为 $(a_{ij})_{m\times n}$.

(二) 几种特殊的矩阵

1. 行矩阵和列矩阵

仅有一行元素的矩阵叫行矩阵;仅有一列元素的矩阵叫做列矩阵.

例如,$\boldsymbol{A}=[a_1, a_2, \cdots a_n]$ 是行矩阵;

$$\boldsymbol{B}=\begin{bmatrix} b_1 \\ b_2 \\ \vdots \\ b_n \end{bmatrix}$$

是列矩阵.

2. 零矩阵

所有元素都是零的矩阵称为零矩阵,记作 $\boldsymbol{O}$.

3. 方阵

$n\times n$ 矩阵 $\begin{bmatrix} a_{11} & a_{12} & \cdots & a_{1n} \\ a_{21} & a_{22} & \cdots & a_{2n} \\ \vdots & \vdots & & \vdots \\ a_{n1} & a_{n2} & \cdots & a_{nn} \end{bmatrix}$ 称为 n 阶方阵.

4. 三角矩阵

主对角线下(上) 的元素都是 0 的方阵称为上(下) 三角矩阵.

即 $\begin{bmatrix} a_{11} & a_{12} & \cdots & a_{1n} \\ 0 & a_{22} & \cdots & a_{2n} \\ \vdots & \vdots & & \vdots \\ 0 & 0 & \cdots & a_{nn} \end{bmatrix}$ 及 $\begin{bmatrix} a_{11} & 0 & \cdots & 0 \\ a_{21} & a_{22} & \cdots & 0 \\ \vdots & \vdots & & \vdots \\ a_{n1} & a_{n2} & \cdots & a_{nn} \end{bmatrix}$ 分别为上、下三角矩阵.

5. 对角方阵

除对角线上的元素之外的元素都是 0 的方阵称为对角方阵.

$$\begin{bmatrix} a_{11} & 0 & \cdots & 0 \\ 0 & a_{22} & \cdots & 0 \\ \vdots & \vdots & & \vdots \\ 0 & 0 & \cdots & a_{nn} \end{bmatrix}$$

6. 数量矩阵

主对角线上的元素都是非零常数 a,其他元素都是 0 的方阵称数量矩阵.

例如，$\begin{bmatrix} a & 0 & \cdots & 0 \\ 0 & a & \cdots & 0 \\ \vdots & \vdots & & \vdots \\ 0 & 0 & \cdots & a \end{bmatrix}$是数量矩阵.

7. 单位矩阵

主对角线上的元素都是 1,其他元素都是 0 的方阵就称为单位矩阵,用 $\boldsymbol{E}$ 或 $\boldsymbol{I}$ 表示.

例如，$\begin{bmatrix} 1 & 0 & \cdots & 0 \\ 0 & 1 & \cdots & 0 \\ \vdots & \vdots & & \vdots \\ 0 & 0 & \cdots & 1 \end{bmatrix}$是单位矩阵.

(三) 矩阵的相等

定义 8.4　如果两个矩阵 $\boldsymbol{A},\boldsymbol{B}$ 的行数和列数分别相同,且各对应元素相等,则称矩阵 $\boldsymbol{A}$ 与矩阵 $\boldsymbol{B}$ 相等. 即若 $\boldsymbol{A}=(a_{ij})_{m\times n}$,$\boldsymbol{B}=(b_{ij})_{m\times n}$,且 $a_{ij}=b_{ij}(i=1,2,,\cdots,m;j=1,2,\cdots,n)$,则 $\boldsymbol{A}=\boldsymbol{B}$.

例 1　设 $\boldsymbol{A}=\begin{bmatrix} 3 & 2 & 0 \\ a-b & b & 3 \\ -1 & 1 & 2 \end{bmatrix}$,$\boldsymbol{B}=\begin{bmatrix} a+b & 2 & 0 \\ 5 & b & 3 \\ -1 & 1 & 2 \end{bmatrix}$,且 $\boldsymbol{A}=\boldsymbol{B}$,求 a,b.

解　由 $\boldsymbol{A}=\boldsymbol{B}$ 得,$\begin{cases} a+b=3 \\ a-b=5 \end{cases}$,解之得$\begin{cases} a=4 \\ b=-1 \end{cases}$.

(四) 矩阵的运算

1. 矩阵的加法

定义 8.5　设有两个 $m\times n$ 矩阵 $\boldsymbol{A}=(a_{ij})_{m\times n}$,$\boldsymbol{B}=(b_{ij})_{m\times n}$,则矩阵 $\boldsymbol{A}$ 与 $\boldsymbol{B}$ 的和记作$\boldsymbol{A}+\boldsymbol{B}$,有

$$\boldsymbol{A}+\boldsymbol{B}=\begin{bmatrix} a_{11}+b_{11} & a_{12}+b_{12} & \cdots & a_{1n}+b_{1n} \\ a_{21}+b_{21} & a_{22}+b_{22} & \cdots & a_{2n}+b_{2n} \\ \vdots & \vdots & & \vdots \\ a_{m1}+b_{m1} & a_{m2}+b_{m2} & \cdots & a_{mn}+b_{mn} \end{bmatrix}$$

说明　只有当两个矩阵的行数与列数分别相同时,这两个矩阵才能进行加法运算.

例 2　设 $\boldsymbol{A}=\begin{bmatrix} 3 & 5 & 7 & 2 \\ 2 & 0 & 4 & 3 \\ 0 & 1 & 2 & 3 \end{bmatrix}$,$\boldsymbol{B}=\begin{bmatrix} 1 & 3 & 2 & 0 \\ 2 & 1 & 5 & 7 \\ 0 & 6 & 4 & 8 \end{bmatrix}$,求 $\boldsymbol{A}+\boldsymbol{B}$.

解　$\boldsymbol{A}+\boldsymbol{B}=\begin{bmatrix} 3+1 & 5+3 & 7+2 & 2+0 \\ 2+2 & 0+1 & 4+5 & 3+7 \\ 0+0 & 1+6 & 2+4 & 3+8 \end{bmatrix}=\begin{bmatrix} 4 & 8 & 9 & 2 \\ 4 & 1 & 9 & 10 \\ 0 & 7 & 6 & 11 \end{bmatrix}$

矩阵的加法满足下列运算规律(设 $\boldsymbol{A},\boldsymbol{B},\boldsymbol{C}$ 都是 $m\times n$ 矩阵):

(1) 加法交换律:$\boldsymbol{A}+\boldsymbol{B}=\boldsymbol{B}+\boldsymbol{A}$;

(2) 加法结合律:$(\boldsymbol{A}+\boldsymbol{B})+\boldsymbol{C}=\boldsymbol{A}+(\boldsymbol{B}+\boldsymbol{C})$;

(3) 存在零矩阵满足:$\boldsymbol{A}+\boldsymbol{O}=\boldsymbol{A}$.

2. 数与矩阵的乘法

定义 8.6 数 λ 与矩阵 $\boldsymbol{A}$ 的乘积记作 $\lambda\boldsymbol{A}$ 或 $\boldsymbol{A}\lambda$. 规定为

$$\lambda\boldsymbol{A}=\begin{bmatrix}\lambda a_{11} & \lambda a_{12} & \cdots & \lambda a_{1n}\\ \lambda a_{21} & \lambda a_{22} & \cdots & \lambda a_{2n}\\ \vdots & \vdots & & \vdots\\ \lambda a_{m1} & \lambda a_{m2} & \cdots & \lambda a_{mn}\end{bmatrix}$$

当 $\lambda=-1$ 时，$\lambda\boldsymbol{A}=-\boldsymbol{A}$，所以 $\boldsymbol{A}-\boldsymbol{B}=\boldsymbol{A}+(-\boldsymbol{B})$.

例 3 设 $\boldsymbol{A}=\begin{bmatrix}-3 & 7 & 21\\ 6 & 4 & 5\end{bmatrix}$，求 $3\boldsymbol{A}$.

解 $3\boldsymbol{A}=\begin{bmatrix}3\times(-3) & 3\times 7 & 3\times 21\\ 3\times 6 & 3\times 4 & 3\times 5\end{bmatrix}=\begin{bmatrix}-9 & 21 & 63\\ 18 & 12 & 15\end{bmatrix}$

数与矩阵相乘满足下列运算规律（设 $\boldsymbol{A},\boldsymbol{B}$ 为 $m\times n$ 矩阵；λ,μ 为数）：

(1) 数与矩阵的结合律：$(\lambda\mu)\boldsymbol{A}=\lambda(\mu\boldsymbol{A})$；

(2) 矩阵对数的分配律：$(\lambda+\mu)\boldsymbol{A}=\lambda\boldsymbol{A}+\mu\boldsymbol{A}$；

(3) 数对矩阵的分配律：$\lambda(\boldsymbol{A}+\boldsymbol{B})=\lambda\boldsymbol{A}+\lambda\boldsymbol{B}$.

例 4 $\boldsymbol{A}=\begin{bmatrix}3 & -1 & 2 & 0\\ 1 & 5 & 7 & 9\\ 2 & 4 & 6 & 8\end{bmatrix}$，$\boldsymbol{B}=\begin{bmatrix}7 & 5 & -2 & 4\\ 5 & 1 & 9 & 7\\ 3 & 2 & -1 & 6\end{bmatrix}$，且 $\boldsymbol{A}+2\boldsymbol{D}=\boldsymbol{B}$，求 $\boldsymbol{D}$.

解 由 $\boldsymbol{A}+2\boldsymbol{D}=\boldsymbol{B}$，得

$$\boldsymbol{D}=\frac{1}{2}(\boldsymbol{B}-\boldsymbol{A})=\frac{1}{2}\begin{bmatrix}4 & 6 & -4 & 4\\ 4 & -4 & 2 & -2\\ 1 & -2 & -7 & -2\end{bmatrix}=\begin{bmatrix}2 & 3 & -2 & 2\\ 2 & -2 & 1 & -1\\ \frac{1}{2} & -1 & -\frac{7}{2} & -1\end{bmatrix}$$

3. 矩阵的乘法

定义 8.7 设 $\boldsymbol{A}$ 是一个 $m\times s$ 矩阵，$\boldsymbol{B}$ 是一个 $s\times n$ 矩阵，则矩阵 $\boldsymbol{A}$ 与矩阵 $\boldsymbol{B}$ 的乘积是一个 $m\times n$ 矩阵 $\boldsymbol{C}=(c_{ij})_{m\times n}$，其中 $c_{ij}=\sum\limits_{k=1}^{s}a_{ik}b_{kj}\,(i=1,2,\cdots,m;j=1,2,\cdots,n)$，把此乘积记作 $\boldsymbol{C}=\boldsymbol{A}\times\boldsymbol{B}$.

说明 并不是任意两矩阵都能相乘，只有第一矩阵的列数等于第二矩阵的行数时，这两个矩阵才能相乘.

例 5 设 $\boldsymbol{A}=\begin{bmatrix}3 & -1\\ 0 & 3\\ 1 & 4\end{bmatrix}$，$\boldsymbol{B}=\begin{bmatrix}1 & 3 & 1 & 2\\ 0 & -2 & 1 & 0\end{bmatrix}$，求 $\boldsymbol{AB}$.

解 $\boldsymbol{AB}=$

$$\begin{bmatrix}3\times 1+(-1)\times 0 & 3\times 3+(-1)\times(-2) & 3\times 1+(-1)\times 1 & 3\times 2+(-1)\times 0\\ 0\times 1+3\times 0 & 0\times 3+3\times(-2) & 0\times 1+3\times 1 & 0\times 2+3\times 0\\ 1\times 1+4\times 0 & 1\times 3+4\times(-2) & 1\times 1+4\times 1 & 1\times 2+4\times 0\end{bmatrix}=$$

$$\begin{bmatrix}3 & 11 & 2 & 6\\ 0 & -6 & 3 & 0\\ 1 & -5 & 5 & 2\end{bmatrix}$$

例 6　设 $\boldsymbol{A}=\begin{bmatrix}0&0&0\\a&b&c\end{bmatrix}$,$\boldsymbol{B}=\begin{bmatrix}d&0\\e&0\\f&0\end{bmatrix}$,求 $\boldsymbol{AB}$,$\boldsymbol{BA}$.

解　$\boldsymbol{AB}=\begin{bmatrix}0&0\\ad+be+cf&0\end{bmatrix}$,$\boldsymbol{BA}=\begin{bmatrix}0&0&0\\0&0&0\\0&0&0\end{bmatrix}$

说明　(1) 矩阵乘法不满足交换律,即 $\boldsymbol{AB}$ 与 $\boldsymbol{BA}$ 不一定相等;

(2) 矩阵乘法不满足消去律,即 $\boldsymbol{AB}=\boldsymbol{O}$ 不能得到 $\boldsymbol{A}=\boldsymbol{O}$ 或 $\boldsymbol{B}=\boldsymbol{O}$.

4. 矩阵的转置

定义 8.8　将矩阵 $\boldsymbol{D}$ 的行与相应的列互换(即 a_{ij} 与 a_{ji} 互换)后得到的新矩阵,称为 $\boldsymbol{D}$ 的转置矩阵,用 $\boldsymbol{D}^{\mathrm{T}}$ 表示. 即

$$\boldsymbol{D}=\begin{bmatrix}a_{11}&a_{12}&\cdots&a_{1n}\\a_{21}&a_{22}&\cdots&a_{2n}\\\vdots&\vdots&&\vdots\\a_{n1}&a_{n2}&\cdots&a_{nn}\end{bmatrix},\boldsymbol{D}^{\mathrm{T}}=\begin{bmatrix}a_{11}&a_{21}&\cdots&a_{n1}\\a_{12}&a_{22}&\cdots&a_{n2}\\\vdots&\vdots&&\vdots\\a_{1n}&a_{2n}&\cdots&a_{nn}\end{bmatrix}$$

转置矩阵的性质:

(1) $(\boldsymbol{A}^{\mathrm{T}})^{\mathrm{T}}=\boldsymbol{A}$;

(2) $(\boldsymbol{A}+\boldsymbol{B})^{\mathrm{T}}=\boldsymbol{A}^{\mathrm{T}}+\boldsymbol{B}^{\mathrm{T}}$;

(3) $(\lambda\boldsymbol{A})^{\mathrm{T}}=\lambda\boldsymbol{A}^{\mathrm{T}}$;

(4) $(\boldsymbol{AB})^{\mathrm{T}}=\boldsymbol{B}^{\mathrm{T}}\boldsymbol{A}^{\mathrm{T}}$.

例 7　设 $\boldsymbol{A}=[1\ \ -1\ \ 2]$,$\boldsymbol{B}=\begin{bmatrix}2&-1&0\\1&1&3\\4&2&1\end{bmatrix}$,求 $\boldsymbol{A}^{\mathrm{T}}$,$\boldsymbol{B}^{\mathrm{T}}$,$\boldsymbol{B}^{\mathrm{T}}\boldsymbol{A}^{\mathrm{T}}$.

解　$\boldsymbol{A}^{\mathrm{T}}=\begin{bmatrix}1\\-1\\2\end{bmatrix}$,$\boldsymbol{B}^{\mathrm{T}}=\begin{bmatrix}2&1&4\\-1&1&2\\0&3&1\end{bmatrix}$,$\boldsymbol{B}^{\mathrm{T}}\boldsymbol{A}^{\mathrm{T}}=\begin{bmatrix}2&1&4\\-1&1&2\\0&3&1\end{bmatrix}\begin{bmatrix}1\\-1\\2\end{bmatrix}=\begin{bmatrix}9\\2\\-1\end{bmatrix}$

5. 方阵的行列式

定义 8.9　如果 $\boldsymbol{A}$ 是一个已知方阵,以 $\boldsymbol{A}$ 的元素按原次序所构成的行列式,叫做 $\boldsymbol{A}$ 的行列式,记为 $|\boldsymbol{A}|$.

说明　方阵与行列式是两个不同的概念.

定理 8.1　设 $\boldsymbol{A}$,$\boldsymbol{B}$ 是两个 n 阶方阵,则 $|\boldsymbol{AB}|=|\boldsymbol{A}||\boldsymbol{B}|$.

例 8　已知 $\boldsymbol{A}=\begin{bmatrix}1&3\\2&-2\end{bmatrix}$,$\boldsymbol{B}=\begin{bmatrix}2&5\\3&4\end{bmatrix}$,求 $|\boldsymbol{A}|$,$|\boldsymbol{B}|$,$|\boldsymbol{AB}|$,$|\boldsymbol{BA}|$.

解

$$\boldsymbol{AB}=\begin{bmatrix}11&17\\-2&2\end{bmatrix},\boldsymbol{BA}=\begin{bmatrix}12&-4\\11&1\end{bmatrix}$$

故

$$|\boldsymbol{A}|=\begin{vmatrix}1&3\\2&-2\end{vmatrix}=-8,|\boldsymbol{B}|=\begin{vmatrix}2&5\\3&4\end{vmatrix}=-7$$

$$|\boldsymbol{AB}|=\begin{vmatrix}11&17\\-2&2\end{vmatrix}=56,|\boldsymbol{BA}|=\begin{vmatrix}12&-4\\11&1\end{vmatrix}$$

或 $$|\boldsymbol{AB}|=|\boldsymbol{A}||\boldsymbol{B}|=|\boldsymbol{B}||\boldsymbol{A}|=|\boldsymbol{BA}|=56$$

对于方阵 $\boldsymbol{A},\boldsymbol{B},\boldsymbol{AB}$ 不一定等于 $\boldsymbol{BA}$，但 $|\boldsymbol{AB}|=|\boldsymbol{BA}|$.

根据行列式的性质，有 $|\boldsymbol{A}^{\mathrm{T}}|=|\boldsymbol{A}|$.

习 题 8-3

1. 计算.

(1) $4\begin{bmatrix}2&3&4\\-2&4&5\\10&1&2\end{bmatrix}-\begin{bmatrix}6&10&20\\0&9&3\\1&3&1\end{bmatrix}$；(2) $\begin{bmatrix}1&2&3\end{bmatrix}\begin{bmatrix}3\\2\\1\end{bmatrix}$.

2. 设 $\boldsymbol{A}=\begin{bmatrix}1&2&2&1\\2&1&1&2\\1&2&2&-1\end{bmatrix}$，$\boldsymbol{B}=\begin{bmatrix}3&-1&2&1\\-2&1&-2&1\\0&1&0&-1\end{bmatrix}$.

求：(1) $3\boldsymbol{A}-\boldsymbol{B}$；

(2) 若 $\boldsymbol{X}$ 满足 $\boldsymbol{A}+\boldsymbol{X}=\boldsymbol{B}$，求 $\boldsymbol{X}$；

(3) 若 $\boldsymbol{Y}$ 满足 $(2\boldsymbol{A}-\boldsymbol{Y})+2(\boldsymbol{B}-\boldsymbol{Y})=0$，求 $\boldsymbol{Y}$.

3. 已知 $\boldsymbol{A}=\begin{bmatrix}1&2&1\\2&1&2\\1&-1&3\end{bmatrix}$，$\boldsymbol{B}=\begin{bmatrix}4&1&1\\1&0&1\\2&1&-2\end{bmatrix}$，求 $(\boldsymbol{A}+\boldsymbol{B})^2-(\boldsymbol{A}^2+2\boldsymbol{AB}+\boldsymbol{B}^2)$.

4. 设 $\boldsymbol{A}$ 为 n 阶方阵，k 为非零常数，证明：$|k\boldsymbol{A}|=k^n|\boldsymbol{A}|$.

第4节 矩阵的初等行变换及矩阵的秩

一、矩阵的初等行变换

定义 8.10 对矩阵施以下列3种变换，称为矩阵的初等行变换.

(1) 互换变换：即交换矩阵的第 i 行和第 j 行（用 $r_i \leftrightarrow r_j$ 表示）；

(2) 倍法变换：即用某非零常数 k 乘以矩阵的第 i 行（用 kr_i 表示）；

(3) 消法变换：把矩阵第 i 行的 k 倍加到第 j 行的对应元素上（用 kr_i+r_j 表示）.

定义 8.11 把满足下列条件的矩阵称为行阶梯矩阵（简称阶梯形）.

(1) 如果第 i 行元素全为零，当 $j>i$ 时，第 j 行（如果有的话）的元素也都为零；

(2) 如果第 i 行元素不全为零，并且其第一个不为零的元素位于第 j 列，当 $k>i$ 时，$a_{kj}=0$.

如 $$\boldsymbol{A}=\begin{bmatrix}1&3&-1&2\\0&2&3&-2\\0&0&4&1\end{bmatrix},\boldsymbol{B}=\begin{bmatrix}2&1&4&4\\0&2&9&3\\0&0&0&0\\0&0&0&0\end{bmatrix},\boldsymbol{C}=\begin{bmatrix}-7&1&5&11\\0&0&4&2\\0&0&0&-2\\0&0&0&0\end{bmatrix}$$

等都是阶梯形，但

$$\boldsymbol{D}=\begin{bmatrix}-2&1&3&6\\2&4&-6&5\\0&0&-3&1\\0&0&2&4\end{bmatrix}$$

不是阶梯形.

定义 8.12　一阶梯形矩阵称为行最简形矩阵，如果其元素不全为零行的第一个不为零的元素都为 1，并且其所在列的其他元素都为零.

如　$A=\begin{bmatrix}1&0&\cdots&0\\0&1&\cdots&0\\\vdots&\vdots&&\vdots\\0&0&\cdots&1\end{bmatrix}$，$B=\begin{bmatrix}1&2&0&0&0\\0&0&1&0&-3\\0&0&0&1&4\\0&0&0&0&0\end{bmatrix}$，$C=\begin{bmatrix}1&-3&2&0&0\\0&0&0&1&0\\0&0&0&0&1\\0&0&0&0&0\end{bmatrix}$

都是行最简形矩阵.

例 1　将矩阵 $A=\begin{bmatrix}1&-2&3&-1&1\\3&-1&5&-3&6\\2&1&2&-2&8\end{bmatrix}$ 化为阶梯形矩阵.

解　$$A=\begin{bmatrix}1&-2&3&-1&1\\3&-1&5&-3&6\\2&1&2&-2&8\end{bmatrix}\xrightarrow{(-3)\times r_1+r_2,(-2)\times r_1+r_3}$$

$$\begin{bmatrix}1&-2&3&-1&1\\0&5&-4&0&3\\0&5&-4&0&6\end{bmatrix}\xrightarrow{(-1)\times r_2+r_3}$$

$$\begin{bmatrix}1&-2&3&-1&1\\0&5&-4&0&3\\0&0&0&0&3\end{bmatrix}$$

例 2　将矩阵 $A=\begin{bmatrix}1&2&-3&13\\2&3&1&4\\3&-1&2&-1\\1&-1&3&-8\end{bmatrix}$ 化为行最简矩阵.

解　$$A=\begin{bmatrix}1&2&-3&13\\2&3&1&4\\3&-1&2&-1\\1&-1&3&-8\end{bmatrix}\xrightarrow{(-2)\times r_1+r_2,(-3)\times r_1+r_3,(-1)\times r_1+r_4}$$

$$\begin{bmatrix}1&2&-3&13\\0&-1&7&-22\\0&-7&11&-40\\0&-3&6&-21\end{bmatrix}\xrightarrow{(-7)\times_2+r_3,(-3)\times r_2+r_4}$$

$$\begin{bmatrix}1&2&-3&13\\0&-1&7&-22\\0&0&-38&114\\0&0&-15&45\end{bmatrix}\xrightarrow{\left(-\frac{15}{38}\right)\times r_3+r_4,-\frac{1}{38}\times r_3}$$

$$\begin{bmatrix}1&2&-3&13\\0&-1&7&-22\\0&0&1&-3\\0&0&0&0\end{bmatrix}\xrightarrow{(-7)\times r_3+r_2,3\times r_3+r_1}$$

$$\begin{bmatrix}1&2&0&4\\0&-1&0&-1\\0&0&1&-3\\0&0&0&0\end{bmatrix}\xrightarrow{2\times r_2+r_1,\ -1\times r_2}\begin{bmatrix}1&0&0&2\\0&1&0&1\\0&0&1&-3\\0&0&0&0\end{bmatrix}$$

二、矩阵的秩

(一) 矩阵秩的概念

定义 8.13 从矩阵 $\mathbf{A}$ 中任选 r 行及 r 列，将同时出现在这 r 行及 r 列中的 r^2 个元素按原次序组成一个行列式，则该行列式叫矩阵 $\mathbf{A}$ 的一个 r 阶子行列式（简称 r 阶子式），其中 $r\leqslant\min(m,n)$. 如果矩阵 $\mathbf{A}$ 中至少含有一个 r 阶子行列式不为零，而所有高于 r 阶的子行列式均为 0，则称 r 为矩阵 $\mathbf{A}$ 的秩，记为 $r(\mathbf{A})=r$，如果 $\mathbf{A}$ 是 n 阶非奇异方阵，即 $r=n$，则称 $\mathbf{A}$ 是一个满秩矩阵.

例 3 求矩阵 $\mathbf{A}=\begin{bmatrix}2&2&1\\-3&12&3\\8&-2&1\\2&12&4\end{bmatrix}$ 的秩.

解 因为 $\begin{vmatrix}2&2\\-3&12\end{vmatrix}\neq 0$，而矩阵的所有三阶子式都有为零，即

$$\begin{vmatrix}2&2&1\\-3&12&3\\8&-2&1\end{vmatrix}=0,\ \begin{vmatrix}2&2&1\\-3&12&3\\2&12&4\end{vmatrix}=0,\ \begin{vmatrix}-3&12&3\\8&-2&1\\2&12&4\end{vmatrix}=0,\ \begin{vmatrix}2&2&1\\8&-2&1\\2&12&4\end{vmatrix}=0$$

所以 $r(\mathbf{A})=2$.

(二) 用矩阵的初等行变换求矩阵的秩

定理 8.2 矩阵的初等行变换不改变矩阵的秩.

根据定理，可以用矩阵初等行变换将矩阵化为阶梯形，然后对化简后的矩阵求其秩.

例 4 求矩阵 $\mathbf{A}=\begin{bmatrix}0&2&4&1&-1\\0&1&2&2&1\\0&1&2&1&0\end{bmatrix}$ 的秩.

解 $$\mathbf{A}=\begin{bmatrix}0&2&4&1&-1\\0&1&2&2&1\\0&1&2&1&0\end{bmatrix}\xrightarrow{r_1\leftrightarrow r_3}\begin{bmatrix}0&1&2&1&0\\0&1&2&2&1\\0&2&4&1&-1\end{bmatrix}\xrightarrow{-r_1+r_2,(-2)r_1+r_3}$$

$$\begin{bmatrix}0&1&2&1&0\\0&0&0&1&1\\0&0&0&-1&-1\end{bmatrix}\xrightarrow{r_2+r_3}\begin{bmatrix}0&1&2&1&0\\0&0&0&1&1\\0&0&0&0&0\end{bmatrix}$$

由于 $\begin{vmatrix}2&1\\0&1\end{vmatrix}\neq 0$，而其所有三阶子式都有为零，所以 $r(\mathbf{A})=2$.

从上例可以看出，用矩阵初等行变换将矩阵化为阶梯形，得到矩阵的非零行的个数即是矩阵的秩.

例 5　求矩阵 $A=\begin{bmatrix}1 & -2 & -1 & 0 & 2\\ 2 & -4 & 2 & 6 & -6\\ 2 & -1 & 0 & 2 & 3\\ 3 & 3 & 3 & 3 & 4\end{bmatrix}$ 的秩．

解

$$A=\begin{bmatrix}1 & -2 & -1 & 0 & 2\\ -2 & -4 & 2 & 6 & -6\\ 2 & -1 & 0 & 2 & 3\\ 3 & 3 & 3 & 3 & 4\end{bmatrix}\xrightarrow{2\times r_1+r_2,(-2)\times r_1+r_3,(-3)\times r_1+r_4}$$

$$\begin{bmatrix}1 & -2 & -1 & 0 & 2\\ 0 & 0 & 0 & 6 & -2\\ 0 & 3 & 2 & 2 & -1\\ 0 & 9 & 6 & 3 & -2\end{bmatrix}\xrightarrow{r_2\leftrightarrow r_3,r_3\leftrightarrow r_4}$$

$$\begin{bmatrix}1 & -2 & -1 & 0 & 2\\ 0 & 3 & 2 & 2 & -1\\ 0 & 9 & 6 & 3 & -2\\ 0 & 0 & 0 & 6 & -2\end{bmatrix}\xrightarrow{(-3)\times r_2+r_3}$$

$$\begin{bmatrix}1 & -2 & -1 & 0 & 2\\ 0 & 3 & 2 & 2 & -1\\ 0 & 0 & 0 & -3 & 1\\ 0 & 0 & 0 & 6 & -2\end{bmatrix}\xrightarrow{2\times r_3++r_4}\begin{bmatrix}1 & -2 & -1 & 0 & 2\\ 0 & 3 & 2 & 2 & -1\\ 0 & 0 & 0 & -3 & 1\\ 0 & 0 & 0 & 0 & 0\end{bmatrix}$$

非零行的个数为 3，所以 $r(A)=3$．

习　题　8 - 4

1. 化矩阵 $A=\begin{bmatrix}1 & -2 & 3 & -1\\ 3 & -1 & 5 & -3\\ 2 & 1 & 2 & -2\end{bmatrix}$ 为阶梯形．

2. 化矩阵 $A=\begin{bmatrix}2 & 2 & -1 & 6\\ 1 & -2 & 4 & 3\\ 5 & 7 & 1 & 28\end{bmatrix}$ 为行最简形矩阵．

3. 求下列矩阵的秩．

(1) $A=\begin{bmatrix}2 & -1 & 1\\ 4 & -2 & 1\\ -3 & 2 & -1\end{bmatrix}$；　(2) $A=\begin{bmatrix}1 & 2 & 11\\ 1 & -3 & -14\\ 3 & 1 & 8\end{bmatrix}$；

(3) $A=\begin{bmatrix}0 & 1 & -1 & 3\\ 2 & -3 & 2 & -8\\ 6 & 2 & -5 & 5\\ 0 & 0 & 0 & -2\\ -8 & 4 & 0 & 11\end{bmatrix}$；　(4) $A=\begin{bmatrix}2 & -4 & 4 & 10 & -4\\ 0 & 1 & -1 & 3 & 1\\ 1 & -2 & 1 & -4 & 2\\ 4 & -7 & 4 & -4 & 5\end{bmatrix}$．

第5节 一般线性方程组解的讨论

一、一般线性方程组解的讨论

含有 m 个方程的 n 元线性方程组的一般形式为

$$\left.\begin{array}{l} a_{11}x_1+a_{12}x_2+\cdots+a_{1n}x_n=b_1 \\ a_{21}x_1+a_{22}x+\cdots+a_{2n}x_n=b_2 \\ \cdots\cdots \\ a_{m1}x_1+a_{m2}x+\cdots+a_{mn}x_n=b_m \end{array}\right\} \tag{8.2}$$

将线性方程组系数组成的矩阵 $\boldsymbol{A}$ 称为方程组的系数矩阵，由方程组的常数组成的列矩阵 $\boldsymbol{B}$ 叫常数矩阵，在 $\boldsymbol{A}$ 中加入常数项作为最后一列得到的矩阵 $\widetilde{\boldsymbol{A}}$ 叫方程组的增广矩阵，即

$$\boldsymbol{A}=\begin{bmatrix} a_{11} & a_{12} & \cdots & a_{1n} \\ a_{21} & a_{22} & \cdots & a_{2n} \\ \vdots & \vdots & & \vdots \\ a_{m1} & a_{m2} & \cdots & a_{mn} \end{bmatrix},\boldsymbol{B}=\begin{bmatrix} b_1 \\ b_2 \\ \vdots \\ b_m \end{bmatrix},\widetilde{\boldsymbol{A}}=\left[\begin{array}{cccc|c} a_{11} & a_{12} & \cdots & a_{1n} & b_1 \\ a_{21} & a_{22} & \cdots & a_{2n} & b_2 \\ \vdots & \vdots & & \vdots & \vdots \\ a_{m1} & a_{m2} & \cdots & a_{mn} & b_m \end{array}\right]$$

设 $\boldsymbol{X}=\begin{bmatrix} x_1 \\ x_2 \\ \vdots \\ x_n \end{bmatrix}$，则方程组可写成 $\boldsymbol{AX}=\boldsymbol{B}$，$\boldsymbol{B}=\begin{bmatrix} b_1 \\ b_2 \\ \vdots \\ b_m \end{bmatrix}\neq \boldsymbol{O}$. 时，方程组(8.2)叫非齐次线性方程组.

定理 8.3 非齐次线性方程组有解的充分必要条件是系数矩阵的秩与增广矩阵的秩相等，即 $r(\boldsymbol{A})=r(\widetilde{\boldsymbol{A}})$.

例 1 判断线性方程组 $\begin{cases} x_1-2x_2+3x_3-x_4=1 \\ 3x_1-x_2+5x_3-3x_4=6 \\ 2x_1+x_2+2x_3-2x_4=8 \end{cases}$ 是否有解.

解 $\boldsymbol{A}=\begin{bmatrix} 1 & -2 & 3 & -1 \\ 3 & -1 & 5 & -3 \\ 2 & 1 & 2 & -2 \end{bmatrix}\xrightarrow{\text{初等行变换}}\begin{bmatrix} 1 & -2 & 3 & -1 \\ 0 & 5 & -4 & 0 \\ 0 & 0 & 0 & 0 \end{bmatrix}$

$$\widetilde{\boldsymbol{A}}=\left[\begin{array}{cccc|c} 1 & -2 & 3 & -1 & 1 \\ 3 & -1 & 5 & -3 & 6 \\ 2 & 1 & 2 & -2 & 8 \end{array}\right]\xrightarrow{\text{初等行变换}}\left[\begin{array}{cccc|c} 1 & -2 & 3 & -1 & 1 \\ 0 & 5 & -4 & 0 & 3 \\ 0 & 0 & 0 & 0 & 3 \end{array}\right]$$

$r(\boldsymbol{A})=2\neq 3=r(\widetilde{\boldsymbol{A}})$，故原方程组无解.

定理 8.4 对于含 n 个未知数 m 个方程的线性方程组(8.2)，若 $r(\boldsymbol{A})=r(\widetilde{\boldsymbol{A}})=r$，则当 $r=n$ 时，方程组有唯一解；当 $r<n$ 时，方程组有无穷多组解.

例 2 判断方程组 $\begin{cases} x_1+2x_2-3x_3=13 \\ 2x_1+3x_2+x_3=4 \\ 3x_1-x_2+2x_3=-1 \\ x_1-x_2+3x_3=-8 \end{cases}$ 是否有解，若有解，则求其解.

解　因为系数矩阵包含于增广矩阵中，所以对增广矩阵作初等行变换的同时系数矩阵也相应变换，有

$$\widetilde{\boldsymbol{A}}=\left[\begin{array}{ccc:c}1 & 2 & -3 & 13\\ 2 & 3 & 1 & 4\\ 3 & -1 & 2 & -1\\ 1 & -1 & 3 & -8\end{array}\right]\xrightarrow{\text{初等行变换}}\left[\begin{array}{ccc:c}1 & 2 & -3 & 13\\ 0 & -1 & 7 & -22\\ 0 & 0 & 1 & -3\\ 0 & 0 & 0 & 0\end{array}\right]=\boldsymbol{B},r(\boldsymbol{A})=3=r(\widetilde{\boldsymbol{A}})$$

所以原方程组有唯一解. 又

$$\boldsymbol{B}=\left[\begin{array}{ccc:c}1 & 2 & -3 & 13\\ 0 & -1 & 7 & -22\\ 0 & 0 & 1 & -3\\ 0 & 0 & 0 & 0\end{array}\right]\xrightarrow{\text{初等行变换}}\left[\begin{array}{ccc:c}1 & 0 & 0 & 2\\ 0 & 1 & 0 & 1\\ 0 & 0 & 1 & -3\\ 0 & 0 & 0 & 0\end{array}\right]$$

故方程组的解为

$$x_1=2,x_2=1,x_3=-3$$

例 3　判断方程组$\begin{cases}x_1+x_2-3x_3-x_4=1\\ 3x_1-x_2-3x_3+4x_4=4\\ x_1+5x_2-9x_3-8x_4=0\end{cases}$是否有解，若有解则求其解.

解　$$\widetilde{\boldsymbol{A}}=\left[\begin{array}{cccc:c}1 & 1 & -3 & -1 & 1\\ 3 & -1 & -3 & 4 & 4\\ 1 & 5 & -9 & -8 & 0\end{array}\right]\xrightarrow{\text{初等行变换}}\left[\begin{array}{cccc:c}1 & 1 & -3 & -1 & 1\\ 0 & -4 & 6 & 7 & 1\\ 0 & 0 & 0 & 0 & 0\end{array}\right]=\boldsymbol{B}$$

$r(\boldsymbol{A})=3=r(\widetilde{\boldsymbol{A}})$，所以原方程组有唯一解. 又

$$\boldsymbol{B}=\left[\begin{array}{cccc:c}1 & 1 & -3 & -1 & 1\\ 0 & -4 & 6 & 7 & 1\\ 0 & 0 & 0 & 0 & 0\end{array}\right]\xrightarrow{\text{初等行变换}}\left[\begin{array}{cccc:c}1 & 0 & -\frac{3}{2} & \frac{3}{4} & \frac{5}{4}\\ 0 & 1 & -\frac{3}{2} & -\frac{7}{4} & -\frac{1}{4}\\ 0 & 0 & 0 & 0 & 0\end{array}\right]$$

故方程组的解为

$$x_1=\frac{3}{2}c_1-\frac{3}{4}c_2+\frac{5}{4},x_2=\frac{3}{2}c_1+\frac{7}{4}c_2-\frac{1}{4},x_3=c_1,x_4=c_2\ (c_1,c_2\ \text{为任意常数})$$

习　题　8 - 5

判断下列方程组是否有解，如有解，则求方程组的解.

(1)$\begin{cases}2x_1+2x_2+2x_3=3\\ -2x_1-2x_2-3x_3=-1\\ x_1+x_2-x_3=-1\end{cases}$;

(2)$\begin{cases}2x_2+2x_3=1\\ 2x_1-2x_2=-1\\ 2x_1-2x_3=2\\ 4x_1-3x_2-x_3=-\frac{1}{2}\\ 4x_1-2x_2-2x_3=1\end{cases}$;

$$(3)\begin{cases}x_1-2x_2-x_3+2x_4=1\\2x_1-4x_2+3x_3+x_4=-1.\\-x_1+2x_2-4x_3+x_4=2\end{cases}$$

复习题8

1. 已知$\begin{bmatrix}3x & y\\-1 & 2\end{bmatrix}+\begin{bmatrix}-2y & -2x\\1 & -1\end{bmatrix}=\begin{bmatrix}1 & 0\\0 & 1\end{bmatrix}$，求 x,y 的值.

2. 已知$\boldsymbol{A}=\begin{bmatrix}1 & 2 & 3\\1 & 0 & 1\end{bmatrix}$，$\boldsymbol{B}=\begin{bmatrix}3 & -1 & 2\\0 & 2 & 1\end{bmatrix}$.

(1) 求 $2\boldsymbol{A}-3\boldsymbol{B}$；

(2)$3\boldsymbol{A}-2\boldsymbol{X}=\boldsymbol{B}$，求 $\boldsymbol{X}$.

3. 已知$\boldsymbol{A}=\begin{bmatrix}-2 & 4\\1 & -2\end{bmatrix}$，$\boldsymbol{B}=\begin{bmatrix}2 & 4\\-3 & -6\end{bmatrix}$，求 $\boldsymbol{AB}$，$\boldsymbol{BA}$.

4. 求满足方程 $\boldsymbol{X}\begin{bmatrix}1 & -1 & 1\\1 & 1 & 0\\2 & 1 & 1\end{bmatrix}=\begin{bmatrix}1 & 2 & -3\\2 & 0 & 4\\0 & -1 & 5\end{bmatrix}$ 的矩阵 $\boldsymbol{X}$.

5. 求下列矩阵的秩.

(1)$\boldsymbol{A}=\begin{bmatrix}0 & 3 & 0 & 0 & 1\\3 & 0 & 6 & -1 & 1\\2 & -2 & 4 & -2 & 0\\1 & -1 & 2 & 1 & 0\end{bmatrix}$；　(2)$\boldsymbol{A}=\begin{bmatrix}1 & 0 & 1 & 1 & 0 & 1 & 1\\1 & 1 & 0 & 1 & 1 & 0 & 0\\1 & 0 & 1 & 2 & 1 & 0 & 1\\2 & 1 & 1 & 3 & 2 & 0 & 1\end{bmatrix}$.

6. 用矩阵的初等变换解方程组.

$$(1)\begin{cases}2x_2+3x_3=-8\\x_1+3x_2-2x_3=2\\2x_1-3x_2+7x_3=-9\end{cases};\qquad(2)\begin{cases}x_1+5x_2-x_3-x_4=-1\\x_1-2x_2+x_3+3x_4=3\\3x_1+8x_2-x_3+x_4=1\\x_1-9x_2+3x_3+7x_4=7\end{cases}.$$

参考答案

第 1 章

习 题 1-1

1.(1)$(-2,0)\cup(0,2)$； (2)$[-1,3]$； (3)$(-\infty,-3)\cup(1,+\infty)$；
(4)$[0,+\infty)$； (5)$[-1,1]$； (6)$\{x \mid x \geqslant -2$ 且 $x \neq \pm 1\}$

2.$\frac{3-x}{5-x}$，$\frac{6-x}{11-2x}$，$\frac{3}{5}$

3.0， 0， $-\frac{3}{4}$

4.(1)$y=\sin u, u=4x-3$； (2) $y=u^5, u=3-2x$； (3)$y=\tan^2 u, u=\frac{x}{3}$；

(4) $y=\cos\sqrt{u}$，$u=\ln x$； (5)$y=3^u$，$u=\arctan t, t=\frac{1}{x}$； (6) $y=\ln u, u=\ln t, t=\ln x$

习 题 1-2

1.(1)4； (2) 分母无穷小时，不能直接用法则

2.(1)1； (2) $\frac{1}{2}$； (3) $\frac{1}{4}$； (4)0； (5) $\frac{1}{2}$； (6) $\frac{1}{5}$； (7) 0； (8) $-\frac{3}{2}$

习 题 1-3

(1)3;(2)2;(3)1;(4) $\frac{1}{2}$;(5)e^6;(6)e;(7)$e^{\frac{1}{2}}$;(8)$e^{-\frac{1}{2}}$

习 题 1-4

1.(1) 无穷小量； (2) 无穷小量； (3) 无穷大量；
(4) 无穷小量； (5) 无穷大量； (6) 无穷小量

2.(1) $x \to \infty$ 为无穷大量，$x \to \frac{1}{2}$ 为无穷小量； (2) $x \to \infty$ 为无穷小量，$x \to 1$ 为无穷大量；

(3) $x\to+\infty$ 为无穷大量，$x\to1$ 为无穷小量；(4) $x\to+\infty$ 为无穷大量，$x\to-\infty$ 为无穷小量

3. (1)0； (2)0； (3)0； (4)0

4. (1)x^2 是 x 的 2 阶无穷小量； (2) 同阶无穷小

习　题　1-5

1. (1) 可去间断点； (2) 跳跃间断点； (3) 无穷间断点； (4) 无间断点

2. $(-\infty,-1)\cup(-1,1)\cup(1,+\infty)$，$x=-1$ 无穷间断点，$x=1$ 可去间断点

3. (1)1； (2)0； (3)1； (4)0

4. 略

5. $a=1,b=1$

复习题 1

一、1. $[-2,2]$　2. $(1,2)$　3. $(x-2)^2+1$　4. 3　5. $y=e^u,u=\tan t,t=3x$　6. $x=3$，$x=-1$　7. 1　8. 2　9. 0　10. 0

二、1. B　2. C　3. B　4. B　5. C　6. D　7. C　8. B　9. C　10. B

三、1. x^6+1，　$(x^3+1)^3+1$

2. (1) $\frac{3}{2}$； (2) $\frac{1}{16}$； (3)0； (4) $-\frac{1}{2}$； (5) $\frac{2}{3}$； (6) -1；(7) $\frac{1}{3^2}$； (8) $\frac{3}{2}$； (9) $\frac{\sin1}{2}$；(10) -5

3. $a=2,b=1$

4. 略

第 2 章

习　题　2-1

1. (1) × (2) √ (3) ×

2. (1) $1+\Delta t$；(2)1

3. (1) $2x$；(2) $2\cos 2x$

4. (1)3；(2)1

5. 4

6. $4x-y-1=0$，

7. $x-ey+e-1=0$，$ex+y-e^2-1=0$

8. $3x-y-2=0$，$3x-2+2=0$

习　题　2-2

1. (1) $6x-1$；　(2) $3^x e^x(\ln 3+1)$；

(3) $\frac{x\sqrt{x}+1}{x^2}$；　(4) $x-\frac{4}{x^3}$；

(5)$\ln x+1$；　(6) $\dfrac{5(1-x^2)}{(1+x^2)}$；

(7) $-\dfrac{4}{x(1+2\ln x)^2}$；　(8)$\sin x+x\cos x$；

(9)$2x\tan x+x^2\sec 2x$　(10)$-\sin x+\csc x\cot x$；

(11) $\dfrac{5}{1+\cos x}$；　(12)$x^2 e^x(x+3)$；

(13)$e^x+2x+2^{x\ln 2}$；　(14)$\arcsin x+\dfrac{x\sqrt{1-x^2}}{1-x^2}$；

(15) $\dfrac{2x^3+2x+1}{1+x^2}$；　(16)$\sec x\tan x+\dfrac{1}{x}$

2. $-\dfrac{\sqrt{2}}{4}+1+\dfrac{\pi}{2}$

习　题　2－3

(1)$5(x+2)^4$；　(2) $\dfrac{\sqrt{x+1}}{2(x+1)}$；

(3)$3e^{3x}$；　(4)$-5\sin x(5x+1)$；

(5)$2\tan x\sec^2 x$；　(6 $\dfrac{1}{x\ln x}$；

(7) $\dfrac{\sqrt{9-x^2}}{9-x^2}$；　(8) $\dfrac{1}{1+x^2}$；

(9)$x\sin^2 x(2\sin x+3x\cos x)$；　(10)$2x\cos\dfrac{1}{x}+\sin\dfrac{1}{x}$；

(11)$-e^{-x}(\cos 2x+2\sin 2x)$；　(12) $\dfrac{(8x^2+1)\sqrt{1-4x^2}}{4x^2-1}$；

(13)$\sin(2x^2+1)+x4\cos(2x^2+1)$；　(14) $\dfrac{6\ln^2(2x+1)}{2x+1}$；

(15)$y=x\tan x^2\sqrt{\cos^2 x}$

习　题　2－4

1. (1) $-\dfrac{y+2x}{1+x}$；　(2) $\dfrac{e^{x+y}}{2y-e^{x+y}}$；

(3) $\dfrac{2y}{1+2y}$；　(4) $\dfrac{\cos y-\cos(x+y)}{\cos(x+y)+x\sin x}$；

(5) $\dfrac{x^2+y\cos\dfrac{y}{x}}{x\cos\dfrac{y}{x}}$；　(6)$-1$

2. (1)$(\cos x)^{\sin x}\left(\cos x\ln\cos x-\dfrac{\sin^2 x}{\cos x}\right)$；　(2)$2x^{\sqrt{x}}\left(\dfrac{\ln x}{2\sqrt{x}}+\dfrac{1}{\sqrt{x}}\right)$；

(3) $\sqrt{\dfrac{1-x}{1+x}}\,\dfrac{1-x-x^2}{1-x^2}$；　(4) $\dfrac{\sqrt{x+2}(3-x)}{(2x+1)^5}\left[\dfrac{1}{2(x+2)}-\dfrac{1}{3-x}-\dfrac{10}{2x+1}\right]$

3. (1) $\frac{1-\cos t}{2}$； (2) $\frac{-\sin t}{2t}$

4. $3x=y-4=0$

习　题　2-5

1. (1) $90x^8+60x^3$； (2) e^x+6x； (3) $-2\sin x-x\cos x$； (4) $\sec^2 x\tan x$

2. 0

3. (1) $(-1)^{n+1}(n-1)!\ (x+1)^{-n}$； (2) ne^x+xe^x

习　题　2-6

1. (1) $\Delta y=0.06, dy=0.06$； (2) $\Delta y=-0.0399, dy=-0.04$

2. 0.1

3. (1) $(3x^2+6x)dx$； (2) $\left(\frac{1}{3}x^{-\frac{2}{3}}+3x^2\right)dx$；

(3) $\frac{4x}{(x^2+1)^2}dx$； (4) $2(\cos 2x-\sin 2x)dx$；

(5) $-6x(4-x^2)^2dx$； (6) $\frac{2\varphi(\sin x)\varphi'(\sin x)\cos x}{\varphi^2\sin x}dx$

4. (1) 9.993 3； (2) 0.874 7

5. 0.331, 0.363

复习题 2

一、1. 4　2. $x-2y+1=0$　3. 27　4. $y=f(x_0), x=x_0$　5. $\frac{1}{2}$

6. 3　7. $-0.0396, -0.04$　8. $(-1)^n e^{-x}$　9. 1.001, 0.01　10. $-\sqrt{\frac{y}{x}}$

二、1. B　2. D　3. D　4. D　5. A　6. A　7. D　8. A

三、1. (1) $(1+x^2)(5x^2+4x+1)$； (2) $\frac{x(9x^2+8)}{\sqrt{1+x^2}}$；

(3) $\frac{2x}{(1+x^2)\ln 10}$； (4) $\cos x e^{\sin x}$；

(5) $\frac{2}{\sqrt{-4x^2-2x}}$； (6) $\frac{1}{1+x^2}$；

(7) $-\frac{4x}{3(1+x^2)^3}\sqrt{\frac{1}{(1-x^2)^2(1+x)}}$；

(8) $\frac{1}{2}\cos\frac{x}{2}+\frac{1}{x}$； (9) $3x^2+2e^{2x}$；

(10) $2x\arctan 2x+\frac{2x^2}{1+4x^2}$； (11) $(\sin x)^x(\ln\sin x+x\cot x)$；

(12) $(x+1)\sqrt{\frac{x^2+1}{(x-1)(x+3)}}\left(\frac{1}{x+1}+\frac{x}{x^2+1}-\frac{1}{2x-4}-\frac{1}{2x+6}\right)$；

2. $\dfrac{dy}{dx}=\dfrac{2x-y}{x-2y}$

3. (1) $-\dfrac{x^2}{\sqrt[3]{(1-x^3)^2}}dx$；　(2) $-e^{-x}(\cos x+\sin x)dx$；

(3) $\dfrac{1}{2}\sec^2\dfrac{x}{2}dx$；　(4) $-\dfrac{y}{x}dx$

4. $x+y-\pi=0$

5. (1) $v(t)=v_0-gt$；(2) $t=\dfrac{v_0}{g}$

第 3 章

习　题　3－1

1. $\dfrac{3}{2}$　2. $\dfrac{\pi}{2}$　3. (1) $\dfrac{\sqrt{3}}{3}$；(2) $\dfrac{\sqrt{21}}{3}$；(3)1

4. 3个实根，分别在区间(1,2)，(2,3)，(3,4)内

习　题　3－2

1. (1) $-\dfrac{1}{3}$；　(2) α；　(3)2；　(4)1；　(5) $\dfrac{3}{2}$；　(6) ∞；　(7) $\dfrac{4}{5}$；(8) $\dfrac{1}{2}$

2. (1)0；　(2)1；　(3)1；　(4) $-\dfrac{1}{2}$

习　题　3－3

1. (1) 单调增加区间$(1,+\infty)$，单调减少区间$(-\infty,1)$；

(2) 单调增加函数；

(3) 单调增加区间$(-\infty,2)$和$(2,+\infty)$；

(4) 单调增加区间$\left(\dfrac{1}{e},+\infty\right)$；单调减少区间$\left(0,\dfrac{1}{e}\right)$

2. (1) $x=-1$时取得极大值$\dfrac{1}{2}$，$x=0$时取得极小值0，$x=1$时取得极大值$\dfrac{1}{2}$；

(2) $x=-\dfrac{1}{2}$时取得极大值$\dfrac{15}{4}$，$x=1$时取得极小值-3；

(3) $x=\dfrac{1}{2}$时取得极小值$\dfrac{1}{2}+\ln 2$；

(4) $x=0$时取得极小值0

3. $a=2$，$f\left(\dfrac{\pi}{3}\right)=-\sqrt{3}$取得极小值

4. (1) $x=-1$和$x=2$时取得最大值11，$x=-2$和$x=1$时取得最小值-1；

(2) $x=\dfrac{3}{4}$时取得最大值$\dfrac{5}{4}$，$x=-5$时取得最小值$\sqrt{6}-5$

5. 用$\frac{24\pi}{4+\pi}$做圆，用$\frac{96}{4+\pi}$做正方形

6. $q=140$

习　题　3-4

1. (1) 凸的；(2) 凸的

2. (1) $\left(\frac{1}{2},+\infty\right)$为凹区间，$\left(-\infty,-\frac{1}{2}\right)$为凸区间，拐点$\left(-\frac{1}{2},2\right)$；

(2) $(-\infty,0)$和$\left(\frac{2}{3},+\infty\right)$为凹区间，$\left(0,\frac{2}{3}\right)$为凸区间，拐点$(0,1)$，$\left(\frac{2}{3},\frac{1}{27}\right)$；

(3) $(-1,1)$为凹区间，$(-\infty,-1)$和$(1,+\infty)$为凸区间，拐点$(-1,\ln2)$，$(1,\ln2)$；

(4) $\left(-\infty,-\frac{\sqrt{2}}{2}\right)$ 和 $\left(\frac{\sqrt{2}}{2},+\infty\right)$为凹区间，$\left(-\frac{\sqrt{2}}{2},\frac{\sqrt{2}}{2}\right)$为凸区间，拐点$\left(-\frac{\sqrt{2}}{2},e^{\frac{1}{2}}\right)$，$\left(\frac{\sqrt{2}}{2},e^{-\frac{1}{2}}\right)$

3. $a=-\frac{3}{2}$，$b=-\frac{9}{2}$

4. $b=\frac{9}{2}$

5. (1) $y=0$为水平渐近线，$x=1$为垂渐近线；
(2) 无水平渐近线，$x=1$为垂渐近线；
(3) $y=0$为水平渐近线，$x=0$为垂渐近线；
(4) $y=0$为水平渐近线，$x=0$，$x=1$为垂渐近线

6. 略

习　题　3-5

1. 76　2. (1) 2 800；　(2) 28；　(3) 13

3. 9 975，199.5，199

4. (1) $E=-p\ln3$；　(2) $E\Big|_{p=30}=-30\ln3$

5. (1) $R(p)=75p-p^3$；　(2) $E=\frac{75-3p^2}{75-p^2}$

复习题 3

一、1. 0　2. $\pm\frac{\sqrt{3}}{3}$　3. 1/8　4. $0\cdot\infty$，$\frac{\ln x}{\frac{1}{x}}$　5. $(-1,1)$

6. $(-\infty,+\infty)$，$(-\infty,0)$，$(0,0)$　7. $\frac{\pi}{4}$，$\frac{5\pi}{4}$，$\sqrt{2}$，$-\sqrt{2}$　8. 4　9. $(1,2)$

10. $y=1$，$x=2$

二、1. C　2. C　3. A　4. D　5. D　6. B　7. C　8. D　9. A　10. B

三、1. (1) $-\frac{2}{5}$；(2) -1；(3) $-\frac{1}{2}$；(4) ∞；(5) 0；(6) 1

2. (1) $x=-1$ 取簸是极大值 19，$x=3$ 取得极小值 -13；

(2) $x=\frac{12}{5}$ 取得极大值 $\frac{\sqrt{205}}{10}$

3. 略

4. (1) 最小值 -5，最大值 160；(2) 最小值 -1，最大值 3

5. (1) 凹区间 $\left(\frac{5}{3},+\infty\right)$，凸区间 $\left(-\infty,\frac{5}{3}\right)$，拐点 $\left(\frac{5}{3},\frac{20}{27}\right)$；

(2) 凹区间 $(1,+\infty)$，凸区间 $(-\infty,1)$ 拐点 $(1,e^{-2})$

6. 略

7. 3

第 4 章

习 题 4－1

1. $e^x(\cos 2x-2\sin 2x)+C$

2. (1) 否；(2) 否；(3) 是；(4) 否

3. (1) $2\sqrt{x}-3\cos x-2\ln|x|+C$；(2) $x+\frac{1}{2}x^2+\frac{4}{3}x^{3/2}+C$；

(3) $\arcsin x+C$；(4) $\frac{2^x}{3^x(\ln 2-\ln 3)}+C$；

(5) $2(x-\arcsin x)+C$；(6) $\ln|x|+2\arctan x+C$；

(7) $-\frac{1}{x}+\arctan x+C$；(8) $\tan x-\frac{1}{x}+C$；

(9) $x+\arcsin x+C$；(10) $\tan x-\sec x+C$；

(11) $\sin x-\cos x+C$

习 题 4－2

1. 略

2. (1) $\frac{1}{18}(3x+4)^6+C$；(2) $\frac{-2}{9}(1-3x)\sqrt{1-3x}+C$；

(3) $-\frac{1}{2}\ln|3-2x|+C$；(4) $\frac{1}{2}\arctan 2x+C$；

(5) $-\frac{1}{4}\cos^4 u+C$；(6) $-\ln(1+e^{-x})+C$；

(7) $\frac{2}{3}(\arcsin x)^{\frac{3}{2}}+C$；(8) $\frac{1}{3}(2+x^2)^{\frac{3}{2}}+C$；

(9) $-\sqrt{1-x^2}+C$；(10) $-\frac{1}{\ln x}+C$；

(11)$\cos\frac{1}{x}+C$； (12)$2e^{\sqrt{x}}+C$；

(13)$-\frac{1}{4}e^{-2t^2}+C$； (14)$\frac{1}{2}\ln(1+e^{2x})+C$；

(15)$\sin e^{\theta}+C$； (16)$-\frac{2}{3}(1-e^x)^{\frac{3}{2}}+C$；

(17)$2\ln(1+\sqrt{x})+C$； (18)$2\arctan\sqrt{x}+C$；

(19)$\frac{1}{2}x+\frac{1}{4}\sin 2x+C$； (20)$-\cos x+\frac{1}{3}\cos^3 x+C$；

(21)$\frac{1}{2}\sec^2 x+C$； (22)$\frac{1}{3}\sec^3 x\sec x+C$；

(23)$-\cos(\ln x)+C$； (24)$2\sqrt{x}+\ln|\ln x|+C$；

(25)$\arctan|1+x|+C$； (26)$\ln|x^2+3x-5|+C$

3. (1)$\frac{2}{5}(1+x^2)^{\frac{5}{2}}-\frac{2}{3}(1+x)^{\frac{3}{2}}+C$； (2)$2(\sqrt{x-1}-\ln(1+\sqrt{x-1}))+C$；

(3)$\frac{2}{3}\sqrt{x+1}(x-2)+C$； (4)$\frac{1}{2}(\arcsin x-x\sqrt{1-x^2})+C$；

(5)$\ln\left|\frac{\sqrt{x^2+1}-1}{x}\right|+C$； (6)$-\sqrt{4-x^2}+C$

习　题　4-3

(1)$\frac{1}{2}\sin 2x+\frac{1}{4}\cos 2x+C$； (2)$-e^{-t}(t+1)+C$；

(3)$\frac{1}{16}x^4(\ln x-1)+C$； (4)$-\frac{1}{4}(\ln x+1)+C$；

(5)$x\arctan x-\frac{1}{2}\ln(1+x^2)+C$； (6)$x\ln^2 x-x^2\ln x+\frac{1}{2}x^2+C$；

(7)$-\frac{1}{4}x\cos^2 x+\frac{1}{8}\sin 2x+C$； (8)$\frac{1}{4}(x^2+x\sin 2x)+\frac{1}{8}\cos 2x+C$；

(9)$-2(\sqrt{x}\cos\sqrt{x}+\sin\sqrt{x})+C$； (10)$x\ln x+\ln|\cos x|+C$

习　题　4-4

1. (1)2； (2)$\frac{\pi}{2}$； (3)0

2. $\int_2^4 x^2\,dx$

3. 略

4. 略

习　题　4-5

1. (1)$\sqrt{1+x^3}$； (2)$-\frac{1}{1+x^2}$； (3)$\frac{1}{2\sqrt{x}}e^{-\sqrt{x}}$

2. $\frac{1}{3}$

3. (1)0； (2) $\frac{\pi}{3}$； (3) -1； (4) $\frac{\pi}{4}$； (5) $\frac{5}{2}$； (6)4； (7) $-\frac{4}{3}$

习　题　4-6

(1) $\frac{1}{24}$； (2) $\frac{1}{4}$； (3) $\frac{1}{3}$； (4) $\frac{1}{2}(1-e^{-1})$；

(5) $\frac{2}{3}$； (6) $\frac{22}{75}$； (7) $\frac{\pi}{12}\frac{\sqrt{3}}{8}$； (8) $\ln\frac{(6-\sqrt{3})(\sqrt{2}-1)}{3}$；

(9)0； (10) $\frac{\pi}{4}$； (11) $(\ln 2)^2$； (12) $\frac{\pi}{2}-1$

习　题　4-7

1. $\frac{4}{3}$；　2. 18　3. $\frac{2}{3}\sqrt{2}$　4. $\frac{128}{7}\pi$　5. $\frac{64}{5}\pi$

习　题　4-8

(1) 发散； (2)2； (3)π； (4) $\frac{1}{2}$

复习题4

一、1. $2\sqrt{x}+\frac{2}{3}x\sqrt{x}+C$　　2. $\ln(1+x^2)+C$

3. $2(x-\arctan x)+C$　　4. $\frac{\cos x}{1+\sin^2 x}$

5. $\frac{\sin x}{1+\cos^2 x}+C$　　6. $2dx$

7. $-\sin x$　　8. $b-a-1$

9. $\frac{1}{2\sqrt{x}}e^{-x}$　　10. 0

二、1. D　2. A　3. C　4. B　5. A　6. B　7. D　8. C　9. A　10. A

三、1. (1) $\frac{2}{5}x^{\frac{5}{2}}+2^x\ln 2+\ln|x|+C$； (2) $2x+3\arctan x+C$；

(3) $\ln|x-1|-\frac{1}{x-1}+C$；　(4) $e^x+\tan x-x+C$；

(5) $-\cot x+\csc x+C$；　(6) $\frac{10^{2s+1}}{2\ln 10}+C$；

(7) $-\frac{1}{2}\ln|2-x^2|+C$；　(8) $\frac{1}{3}(1+x^3)^{\frac{3}{2}}+C$；

(9) $\frac{1}{4}\ln^4 x+C$；　(10) $2\sqrt{1+\ln x}+C$；

(11) $\frac{1}{2}(\arcsin x)^2+C$；　(12)$2\sqrt{x-1}-2\ln(1+\sqrt{x-1})+C$；

(13)$-\frac{1}{2}\ln|3-2e^x|+C$；　(14)$2\sqrt{\sin x}+C$；

(15) $\frac{5}{2}\left(\arcsin\frac{x}{5}-\frac{x\sqrt{25-x^2}}{25}\right)+C$；

(16)$-\frac{1}{9}e^{-3t}(3t+1)+C$；　(17) $\frac{3}{2}+2\ln 2$；

(18) $\frac{2}{5}$；　(19)9；

(20) $\frac{\pi^2}{8}$

2. $\frac{4}{3}$

四、1. 2　2. $\frac{32}{3}$　3. $\frac{7}{6}$　4. 54　5. (1)1996；　(2) 1988

第 5 章

习　题　5-1

1. (1)1；　(2)2；　(3)3；　(4)1；　(5)2；(6)1
2. (1) 是；　(2) 是；　(3) 否；　(4) 否
3. 略
4. (1)$C=25, x^2-y^2=-25$；　(2)$C_1=0, C_2=1, y=xe^{2x}$；

(3)$C_1=1, C_2=\frac{\pi}{2}, y=\sin\left(x-\frac{\pi}{2}\right)$

习　题　5-2

1. (1)$y=C(1+x^2)^{-\frac{1}{2}}$；　(2)$y=Ce^{-\sin x}$；　(3)$y=(x+C)e^{-x}$；　(4)$-\frac{3}{3}+Ce^{\frac{3}{2}x^2}$

2. (1)$y=4\cos x-3$；　(2)$y=e^{\frac{1-\cos x}{\sin x}}$；(3)$y=\frac{1}{2}(\sin x-\cos x)+\frac{1}{2}+\frac{1}{2}e^x$

习　题　5-3

1. (1)$\sin\frac{y}{x}=Cx$；　(2)$x=\frac{1}{y}\left(\frac{y^4}{4}+C\right)$

2. (1)$y^2=2x^2(\ln|x|+2)$；　(2)$y=\frac{2}{3}(4-e^{-3x})$

习　题　5-4

1. (1)$y''-y'-y=0, y=C_1e^{2x}+C_2e^{-x}$；　(2)$y''-4y'+4y=0, y=(C_1+C_2x)e^{2x}$；

(3) $y''+2y'+2y=0, y=e^{-x}(C_1\sin x+C_2\cos x)$

2. (1) $y=C_1e^{-2x}+C_2e^{x}$； (2) $y=C_1+C_2e^{4x}$；

(3) $y=C_1\cos x+C_2\sin x$；

(4) $y=e^{-3x}(C_1\cos 2x+C_2\sin 2x)$

3. (1) $y=4e^{x}+2e^{3x}$； (2) $y=(x+2)e^{\frac{x}{2}}$； (3) $y=e^{-x}-e^{-4x}$

复习题 5

一、1. $e^{y}=C-e^{x}$ 2. $xy'=2y-x$ 3. $y=Ce^{-\sin x}$ 4. $y=e^{x}+C$

二、1. C 2. C 3. C 4. C

第 6 章

习 题 6-1

1. (1) ×；(2) √；(3) ×；(4) ×；(5) ×；(6) ×；(7) √；(8) ×；(9) √；(10) √；(11) √；(12) ×

2. (1) 发散； (2) 发散； (3) 收敛； (4) 发散

习 题 6-2

1. (1) 发散； (2) 收敛； (3) 收敛

2. (1) 发散； (2) 发散

3. (1) 条件收敛； (2) 条件收敛； (3) 条件收敛； (4) 绝对收敛

习 题 6-3

1. (1) $(2-R, 2+R)$； (2) $(-\sqrt[3]{R}, \sqrt[3]{R})$

2. (1) $(-1,1)$； (2) $(-1,1)$； (3) $\left(-\frac{1}{2},\frac{1}{2}\right)$； (4) $(-3,3)$

3. (1) $-\frac{1}{x}\ln(1-x)(|x|<1)$； (2) $\frac{1}{2}\ln\frac{1-x}{1+x}$；

(3) $s(x)=\begin{cases}-\frac{1}{x}\ln(1-x), & x\in(-1,0)\cup(0,1)\\ 1, & x=0\end{cases}$

习 题 6-4

1. (1) $\sum\limits_{n=0}^{\infty}\frac{(-1)^n}{n!}x^{2n}(-\infty<x<+\infty)$； (2) $\sum\limits_{n=0}^{\infty}\frac{(-1)^n}{2(2n)!}(2x)^{2n}(-\infty<x<+\infty)$

(3) $\ln 3+\sum\limits_{n=1}^{\infty}\frac{(-1)^{n-1}}{n}\left(\frac{x}{3}\right)^n(-3<x\leqslant 3)$； (4) $1-\sum\limits_{n=1}^{\infty}\frac{(-1)^n}{n+1}x^{n+1}$

2. $\frac{1}{2}\sum\limits_{n=1}^{\infty}\frac{(x+4)^n}{2^n}-\frac{1}{3}\sum\limits_{n=0}^{\infty}\frac{(x+4)^n}{3^n}=\sum\limits_{n=0}^{\infty}\left(\frac{1}{2^{n+1}}-\frac{1}{3^{n+1}}\right)(x+4)^n(-6<x<-2)$

复习题 6

一、1. $\ln(1+x)$　2. $(0,6)$　3. $-\frac{3}{2}$　4. $\sum_{n=0}^{\infty}\frac{x^n}{n!\,2^n}(-\infty<x<+\infty)$

二、1. B　2. B　3. B　4. B　5. C　6. A　7. B　8. B

三、1. (1) $\sum_{n=0}^{\infty}(-1)^n\frac{x^{n+1}}{(n+1)2^{n+1}}+\ln 2$； (2) $\sum_{n=0}^{\infty}(-1)^n\frac{(2x)^{n+1}}{(2n+1)!}$； (3) $\sum_{n=1}^{\infty}\frac{x^{2n}}{n!}$

2. (1) $R=1,(-1,1)$； (2) $R=1,(-1,1)$； (3) $R=1,(0,2)$

第 7 章

习 题 7-1

$5\boldsymbol{a}-4\boldsymbol{b}+\boldsymbol{c}$

习 题 7-2

一、1. $M_1(x,-y,-z)$；$M_2(x,y-z)$；$M_3(-x,-y,-z)$

2. $\left(\frac{1}{\sqrt{3}},\frac{1}{\sqrt{3}},\frac{1}{\sqrt{3}}\right),\frac{1}{5}$

3. $5\boldsymbol{a}-11\boldsymbol{b}+7\boldsymbol{c}$

4. $-1,-\sqrt{2},1$

5. $\left(\frac{8}{\sqrt{73}},0,\frac{3}{\sqrt{73}}\right)$

6. $(12,4,-8)$，　$(12,-20,48)$

7. 3，　6，　3

二、1. 与原点距离 7，与 x 轴距离 $\sqrt{34}$，与 y 轴距离 $\sqrt{41}$，与 z 轴距离 $\sqrt{21}$，与 xOy 平面距离 5，与 xOz 平面距离 3，与 yOz 平面距离 4.

2. $\left(0,0,\frac{4}{19}\right)$

3. $(5,-4,-9)$

习 题 7-3

一、1. C　2. C　3. A　4. C　5. D　6. A　7. C

二、1. (1) -18，　$(-3,1,7)$；　(2) $\frac{\sqrt{7}}{7}$

2. (1) 5；　(2) $\frac{5}{3}$；　(3) $\frac{5}{9}\sqrt{3}$

3. $(1,-3,3)$

4. $S=\frac{2}{3}\sqrt{6}$

习 题 7-4

1.(1) 过 z 轴; (2) 过原点; (3) 与 x 轴平行; (4) 与坐标面 xOy 平行

2. $2x-2y+z-35=0$

3. $-3x+2y+6z-12=0$

4. $-2y+3z=0$

5. $\frac{1}{3}$, $\frac{2}{3}$, $\frac{2}{3}$

6. $\frac{10}{3}$

习 题 7-5

一、1. $x-3y-z+4=0$

2. $L_1:\frac{x-1}{2}=\frac{y-2}{1}=\frac{z-3}{1}$

二、1. A 2. D

三、1. (1) $\frac{x+1}{3}=\frac{y-2}{-7}=\frac{z-5}{2}$; (2) $\frac{x-2}{0}=\frac{y}{1}=\frac{z+1}{0}$;

(3) $\frac{x+1}{1}=\frac{y-3}{5}=\frac{z-1}{13}$

2. 对称式方程:$\frac{x}{-2}=\frac{y-\frac{3}{2}}{1}=\frac{z-\frac{5}{2}}{3}$,参数式方程:$\begin{cases}x=-2t\\ y=t+\frac{3}{2}\\ z=3t+\frac{5}{2}\end{cases}$

3. $\frac{x}{-4}=\frac{y-2}{3}=\frac{z-4}{1}$

4. $-16x+14y+11z+65=0$

5. 0

6. $5x+2y+z-15=-0$

7. $(1,2,2)$

8. $x-y+z=0$

复习题 7

一、1. 0 2. $-\frac{3}{2}$ 3. 40 4. $y=0$,平面

二、1. C 2. B 3. B 4. C

三、1. $\left(-\frac{2}{\sqrt{62}},\frac{3}{\sqrt{62}},\frac{7}{\sqrt{62}}\right)$

2. $x-3y-6z+8=0$

3. (1) $\{-4,-3,-1\}$; (2) $4x+3y+z-13=0$

第 8 章

习 题 8-1

1. (1)1； (2)ab^3-ba^3； (3)0； (4)0； (5)0； (6)$(a-b)^3$

2. (1)-2 或 5； (2)a 或 h； (3)2 或 $\frac{5}{2}$

3. $3a+3b+3d$

习 题 8-2

(1)$\begin{cases}x=2\\y=1\end{cases}$； (2)$\begin{cases}x=1\\y=2\\z=7\end{cases}$； (3)$\begin{cases}x=0\\y=0\\z=1\\\omega=-1\end{cases}$

习 题 8-3

1. (1)$\begin{bmatrix}2 & 2 & -4\\-8 & 7 & 17\\39 & 1 & 7\end{bmatrix}$； (2)[10]

2. (1)$\begin{bmatrix}0 & 7 & 4 & 2\\8 & 2 & 8 & 5\\3 & 5 & 6 & -2\end{bmatrix}$； (2)$\begin{bmatrix}2 & -3 & 0 & 0\\-4 & 0 & -3 & -1\\-1 & -1 & -2 & 0\end{bmatrix}$； (3)$\begin{bmatrix}\frac{2}{3} & \frac{2}{3} & \frac{2}{3} & \frac{4}{2}\\0 & \frac{4}{2} & -\frac{2}{3} & 2\\\frac{2}{3} & 2 & \frac{4}{3} & -\frac{4}{3}\end{bmatrix}$

3. $\begin{bmatrix}-4 & 6 & 8\\-11 & -3 & 5\\-7 & 3 & 4\end{bmatrix}$

4. 略

习 题 8-4

1. $\begin{bmatrix}1 & -2 & 3 & -1\\0 & 5 & -4 & 0\\0 & 0 & 0 & 0\end{bmatrix}$

2. $\begin{bmatrix}1 & 0 & 0 & 1\\10 & 1 & 0 & 3\\0 & 0 & 1 & 2\end{bmatrix}$

3. (1)3； (2)3； (3)3； (4)3

习 题 8-5

1. 无解

2. 无解

3. $\begin{cases} x_1 = -1 \\ x_2 = -0 \\ x_3 = 0 \\ x_4 = 1 \end{cases}$

复习题 8

1. $x = -1, y = -2$

2. (1) $\begin{bmatrix} -7 & 7 & 0 \\ 2 & -6 & -1 \end{bmatrix}$； (2) $\begin{bmatrix} 0 & \frac{7}{2} & \frac{7}{2} \\ \frac{3}{2} & -1 & 1 \end{bmatrix}$

3. $\boldsymbol{AB} = \begin{bmatrix} -16 & -32 \\ 8 & 16 \end{bmatrix}$， $\boldsymbol{BA} = \begin{bmatrix} 0 & 0 \\ 0 & 0 \end{bmatrix}$

4. $\begin{bmatrix} 2 & 9 & -5 \\ -2 & -8 & 6 \\ -4 & -14 & 9 \end{bmatrix}$

5. (1)3； (2)3

6. (1) $\begin{cases} x_1 = 1 \\ x_2 = -1 \\ x_3 = -2 \end{cases}$； (2) $\begin{cases} x_1 = -\frac{3}{7} \\ x_2 = \frac{2}{7} \\ x_3 = 1 \\ x_4 = 1 \end{cases}$

参考文献

[1] 同济大学.高等数学:上、下册.北京:高等教育出版社,2001.
[2] 盛祥耀.高等数学:上、下册.北京:高等教育出版社,2001.
[3] 曹勃,云连英.微积分应用基础.北京:高等教育出版社,2006.
[4] 侯风波.高等数学.北京:高等教育出版社,2001.
[5] 宋然兵,张学兵.高等数学.南京:南京大学出版社,2012.
[6] 顾静相.经济数学基础.北京:高等教育出版社,2000.
[7] 钱椿林.线性代数.北京:高等教育出版社,2000.
[8] 冯宁.高等数学(工科类).北京:高等教育出版社,2005.